# 农机具应用技术

郭　健　张金果　主　编

杨继芳　戚凌超

张小莉　刘志明　副主编

东南大学出版社
SOUTHEAST UNIVERSITY PRESS
·南京·

**图书在版编目(CIP)数据**

农机具应用技术 / 郭健，张金果主编. -- 南京：
东南大学出版社，2025. 7. -- ISBN 978-7-5766-1886
-0

Ⅰ. S22

中国国家版本馆 CIP 数据核字第 2025SY3925 号

策划编辑:邹　垒　责任编辑:赵莉娜　责任校对:韩小亮　封面设计:余武莉　责任印制:周荣虎

**农机具应用技术**

Nongjiju Yingyong Jishu

主　　编:郭　健　张金果
出版发行:东南大学出版社
出 版 人:白云飞
社　　址:南京市四牌楼 2 号(210096)　邮编:210096　电话:025-83793330
网　　址:http://www.seupress.com
经　　销:全国各地新华书店
排　　版:南京布克文化发展有限公司
印　　刷:广东虎彩云印刷有限公司
开　　本:787 mm×1092 mm　1/16
印　　张:17.5
字　　数:420 千
版 印 次:2025 年 7 月第 1 版第 1 次印刷
书　　号:ISBN 978-7-5766-1886-0
定　　价:55.00 元

在职业教育赋能教育强国、现代农业装备筑基农业强国的战略交汇期，职业教育承担着培养"精技术、懂农业、善创新"的新时代农机人才的使命。本教材以服务现代农业装备转型升级为导向，紧密对接《国家职业教育改革实施方案》与《加快建设农业强国规划》要求，依据国家相关工种的职业标准，遵循基于工作过程开发课程的理念，以田间典型工作情景为任务载体，突出学生职业能力培养，使学生在完成农机作业任务的同时，掌握常用农机具构造、技术特性、使用维护等农机专业知识，培养学生运用现代农机具从事集约化农机作业的能力及良好的职业素养。

本书具有以下特色：

1. 在作业机具选择上，选取具有鲜明区域特点的精准作业、规模化作业机型，在服务现代农业装备转型升级与现代农业装备技术应用推广方面发挥积极作用。

2. 在编写顺序的安排上，依据农业作业的季节性和作物生长规律，构建农机作业学习情境，立足学生认知规律和农机应用岗位工作过程，对学习内容和工作任务进行重构与序化。

3. 在编写内容的选取上，以农机作业工作过程为参照，将陈述性知识和过程性知识、理论知识和实践知识进行整合。既包含对机具构造、调整操作、维护保养和常见故障分析与排除等陈述性知识和技术的阐述，也涵盖对作业对象、内容、手段、组织、环境、过程、质量、检查等过程性知识的梳理和能力架构。

本书由郭健、张金果规划统筹并定稿；学习情境一、四由戚凌超负责编写，学习情境二由刘志明负责编写，学习情境三由杨继芳负责编写，学习情境五由张小莉负责编写。

本书可作为现代农业装备应用技术专业及相关专业的教学用书，也可作为相关专业的岗位培训教材，供相关专业从业人员参考使用。编者谨向为本教材编写工作提供支持与帮助的企业、机构及院校的各位同仁致以最诚挚的谢意。

由于编者水平有限，书中难免有错误和不妥之处，恳请广大读者批评指正。

# 目录 Contents

学习情境一

土地耕作

# 工作任务一　液压翻转双向犁耕地

## ⊙ 情境描述

操作 1LF-440 型调幅液压翻转双向犁秋耕 700 亩(1 亩＝666.67 m²)棉花茬地。

## ⊙ 作业质量要求

1. 掌握农时,及时耕作,达到"深、齐、平、碎、严、净"六字标准。
2. 耕翻深度 27～30 cm,深浅一致,误差不超过±1 cm。
3. 翻垡良好,覆盖严密,无回垡、立垡现象,耕后地表平整,无明显垄沟、土包和沟坑,无残草土堆。
4. 不漏耕,不重耕,耕到头,耕到边,要整齐。

## ⊙ 学习目标

掌握 1LF-440 型调幅液压翻转双向犁的构造、工作原理,熟悉其性能和技术规格。

## ⊙ 技能目标

正确使用 1LF-440 型调幅液压翻转双向犁耕地,达到作业质量要求;掌握作业过程;熟练地装配、挂接机具;正确地进行技术状态检查;合理地调整、使用和维护保养机具;掌握安全操作规程。

## ⊙ 所需设备、工具和材料

1. 功率在 80 kW 以上的拖拉机,如东方红- LG1504 型拖拉机。
2. 新疆科神农业装备科技开发有限公司制造的 1LF-440 型调幅液压翻转双向犁。
3. 调整安装用工具。
4. 直尺及卷尺(皮尺)。

## ⊙ 相关知识

液压翻转双向犁是目前广为采用的耕地作业机具,其在新疆生产建设兵团(简称"新疆兵团")农牧团场应用尤为广泛,且以 1LF-440 型调幅液压翻转双向犁的使用居多。该机是原新疆科神农业装备科技开发有限公司(现为新疆科神农业装备科技开发股份有限公司)依据原国家标准《铧式犁 技术条件》(GB/T 14225.2—1993)[①],针对我国北方土质

---

① 该标准已废止,现行标准为《铧式犁》(GB/T 14225—2008)。

条件和土壤结构制造的。在液压控制下,其能在耕作的往返行程中进行梭形双向作业,交替变换犁的翻垡方向,使土垡向地块的同一侧翻转,减少了空行率,耕后地表平整,无沟无垄,地头空行少,在坡地上同向翻垡,可逐年降低耕地坡度。

一、液压翻转双向犁的构造和工作过程

1LF-440 型调幅液压翻转双向犁的整体构造如图 1-1 所示,主要由悬挂架、翻转液压油缸(包括操作部分)、犁架、限深轮、犁体等几部分组成。

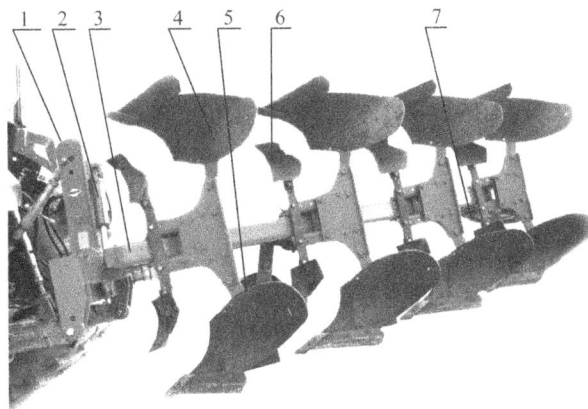

1—悬挂架　2—油缸　3—犁架　4—主犁体　5—限深轮　6—小犁体　7—尾轮

**图 1-1　1LF-440 型调幅液压翻转双向犁**

犁体、限深轮等工作部件装在犁架上,犁架通过悬挂装置与拖拉机连接,由拖拉机液压机构操纵。作业时,操作拖拉机液压机构使犁架降落,工作部件入土;运输及地头转弯时,依靠拖拉机液压机构使整个犁体升起离开地面,悬挂在拖拉机上。

二、液压翻转双向犁的主要技术参数

1LF 系列调幅液压翻转双向犁的主要技术参数见表 1-1。

**表 1-1　1LF 系列调幅液压翻转双向犁的主要技术参数**

| 型号规格 | 参数名称 | | | | | | |
|---|---|---|---|---|---|---|---|
| | 外形尺寸<br>(长×宽×高)/cm | 整机重量<br>/kg | 单铧幅宽<br>/cm | 耕深范围<br>/cm | 犁体斜向<br>间距/cm | 犁架高度<br>/cm | 配套动力<br>/kW |
| 1SF-330 | 220×145×130 | 450 | 30 | 18~27 | 67 | 60 | 37.28~52.20 |
| 1SF-335 | 265×150×145 | 560 | 35 | 22~30 | 70 | 65 | 44.74~59.66 |
| 1SF-435A | 265×180×140 | 820 | 35 | 22~30 | 70 | 65 | 59.66~74.57 |
| 1SF-435B | 300×150×140 | 810 | 35 | 22~30 | 70 | 65 | 59.66~74.57 |
| 1SF-435B1 | 355×160×155 | 890/1 030<br>(带附犁) | 35 | 24~32 | 90 | 70 | 74.57~89.48 |
| 1SFP-435(偏置犁) | 390×165×163 | 970/1 160<br>(带附犁) | 35 | 24~32 | 90 | 75 | 89.48~96.94 |

续表

| 型号规格 | 参数名称 | | | | | | |
|---|---|---|---|---|---|---|---|
| | 外形尺寸<br>(长×宽×高)/cm | 整机重量<br>/kg | 单铧幅宽<br>/cm | 耕深范围<br>/cm | 犁体斜向<br>间距/cm | 犁架高度<br>/cm | 配套动力<br>/kW |
| 1SF-440(调幅) | 350×210×150 | 1 060 | 40、45 | 24～32 | 90、96 | 70 | 89.48～104.40 |
| 1SF-535A | 300×180×150 | 1 020 | 35 | 24～32 | 70 | 70 | 104.40～119.31 |
| 1SFT-435(调幅犁) | 380×170×165 | 1 100 | 30～40 | 24～32 | 85 | 75 | 89.48～96.94 |
| 1SFT-535(调幅犁) | 535×200×165 | 1 350 | 30～40 | 24～32 | 85 | 75 | 119.31～134.23 |

### 三、液压翻转双向犁的主要部件及安装

#### 1. 主要部件

（1）犁体总成　犁体总成的构造如图1-2所示。犁体主要由犁刀、小犁壁、大犁壁、犁柱、犁侧板、犁托等零件组成。犁刀的作用是入土和切土,大犁壁、小犁壁和犁刀一起构成犁体曲面,将犁刀切出来的土垡加以破碎和翻转,三者均用沉头螺栓固定在犁托上;犁侧板(又称犁床)的作用是承受并平衡耕作时产生的侧向力和部分垂直压力,用沉头螺栓安装在犁托的侧面;犁托则用沉头螺栓安装在犁柱上。为了降低犁的使用成本和减少机组的非作业时间,在沙土地上作业时,犁体可换装有分离犁尖的犁刀,如图1-3所示。当犁尖磨损时,可从犁体总成上卸下犁尖,并将犁尖翻转180°,将备用犁尖或磨损的犁尖经磨刃后装回犁托即可。

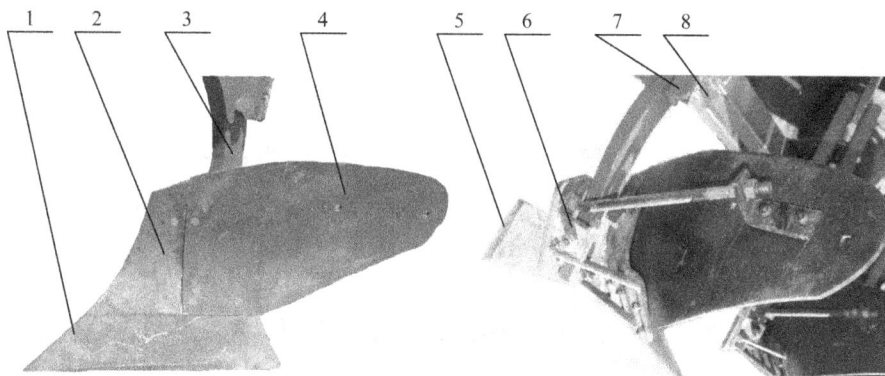

1—犁刀　2—小犁壁　3—犁柱　4—大犁壁　5—犁侧板　6—犁托　7—犁体连接板　8—主梁

图1-2　犁体

（2）犁柱夹板　1LF-440型调幅液压翻转双向犁犁柱夹板的构造如图1-3所示。犁柱夹板是连接犁体总成和主梁的重要部件。犁体总成用固定螺栓连接在犁柱上,犁柱又用连接螺栓连接在犁柱夹板上,犁柱夹板则用四个螺栓分别与主梁两侧的两块固定板连接。在固定板上还留有可以安装小犁体的安装孔,必要时,可以用两个螺栓将小犁体通过两块固定板连接在主梁上。小犁体的结构基本与主犁体相同,如图1-1所示。在茬地或杂草较多、土壤板结的地块耕作时,需安装小犁体,使小犁体切出的土垡在主垡片翻转前

落入犁沟底,以改善主犁体受力状况和主犁体翻垡覆盖质量。

(3)犁架 1LF-440型调幅液压翻转双向犁的犁架结构如图1-4所示。它是用空心矩形管焊接而成的,由主梁、横梁、纵梁、悬挂架和挡块等结构组成。犁的绝大多数零件都直接或间接地安装在犁架上,可见犁架是犁的核心零件,因此,犁架应有足够的刚度和强度来承受阻力和传递动力。

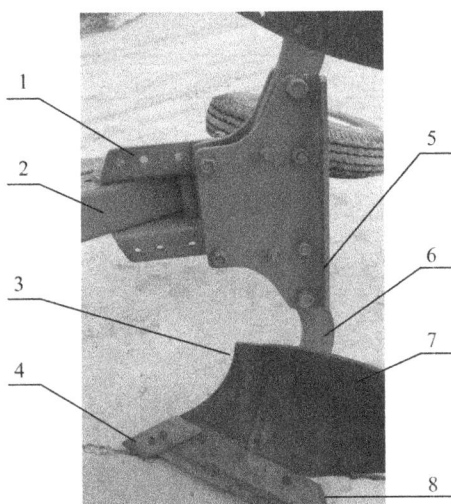

1—固定板 2—主梁 3—小犁壁 4—犁尖
5—犁柱夹板 6—犁柱 7—大犁壁 8—犁刀
图1-3 犁尖及犁柱夹板

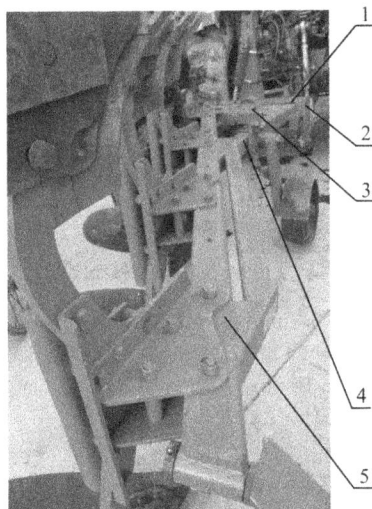

1—挡块 2—悬挂架 3—横梁
4—纵梁 5—主梁
图1-4 犁架

2.安装

(1)犁柱、犁体的安装 犁体是犁铧的主要工作部件。安装时,先将犁柱夹板和固定板安装在犁架主梁上(如图1-4所示),再将组装好的犁体(连同犁柱一起)按同一方向(正或反)安装在犁柱夹板上。第一铧犁柱装在斜梁(主梁)的最前头,相邻两犁体沿着斜梁方向的间距为90 cm(或96 cm,可调幅),按此距离,在装好第一犁体后,依次安装第二、第三和第四犁体。

左右犁体的区分方法是:站在犁体的尾部,后犁壁曲面向左翻的是左犁体,反之是右犁体。

(2)翻转油缸的安装 翻转油缸是犁体作业时产生翻转作用的动力装置,安装位置如图1-5所示,安装方法是:

① 将悬挂架转至与横梁约成90°;

② 将翻转油缸活塞杆一端挂在横梁转销上,装上垫片及开口销;

③ 将翻转油缸活塞杆的另一端通过销子、垫片及开口销铰接在悬挂架的吊耳上;

④ 将两根高压油管分别连接在换向阀T、U接口上(见自动换向阀的安装)。

(3)自动换向阀的安装 在拖拉机液压操纵杆的控制下,通过自动换向阀,可实现犁体的自动翻转。自动换向阀的安装如图1-5所示。

① 将自动换向阀放在悬挂架换向阀支座上,并拧紧两个固定螺栓;

1—自动换向阀 2—支座 3—上吊耳 4—油缸 5—悬挂架 6—转销 7—横梁

**图 1-5 翻转油缸和自动换向阀**

② 将两根短油管的一端分别接在换向阀 T、U 接口上;

③ 将连接自动换向阀 T 接口的短油管的另一端接在翻转油缸的上接口,另一根短油管的另一端接在翻转油缸的下接口;

④ 将两根长油管的一端分别接在换向阀的 R、P 接口上;

⑤ 将两根长油管的另一端分别接在拖拉机的液压输出口上。

(4)限深轮的安装 通过调节装置改变限深轮与犁架的相对高度,可以调整、控制犁的耕深。限深轮的安装如图 1-6(a)所示。

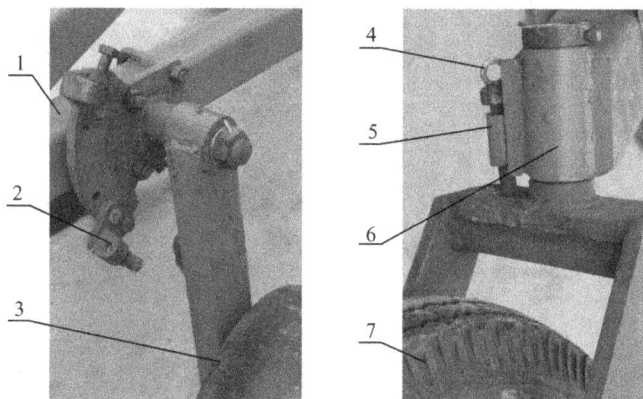

(a)限深轮 (b)尾轮

1—纵梁 2—调节螺钉 3—限深轮 4—定位销 5—销套 6—转套 7—尾轮

**图 1-6 限深轮和尾轮**

① 用两幅 U 型卡子将组装好的限深轮固定在犁架纵梁前部的外侧;

② 安装位置在第二根犁柱相对应处,可根据需要的耕深,前后调整安装位置;

③ 可通过调节支座上的调节螺钉,使耕深达到要求。

(5)尾轮的安装和使用 尾轮是机组在转移地块和运输时支撑犁体重量的部件。尾轮安装如图 1-6(b)所示。

① 将尾轮总成装入犁架转套内,并穿入开口销;

② 犁地作业时,可以将尾轮卸下,或者将尾轮转 90°,插入定位销;

③ 机组转移地块和运输时,若是牵引运输,应将定位销拔出,使轮轴能够自由转动;若是悬挂运输,应将定位销插入锁定套内,以防机组转弯时犁向一边倾斜。

### 四、液压翻转双向犁的使用性能

**1. 悬挂犁的瞬时回转中心**

悬挂机组上的牵引点如图 1-7 所示,$A_1$、$A_2$ 为虚牵引点,$ab$ 杆为拖拉机悬挂机构的上拉杆,下面左右两杆 $cd$、$c'd'$ 为下拉杆。操作时由拖拉机的液压装置通过提升臂控制左右下拉杆的升降来实现犁的起落。

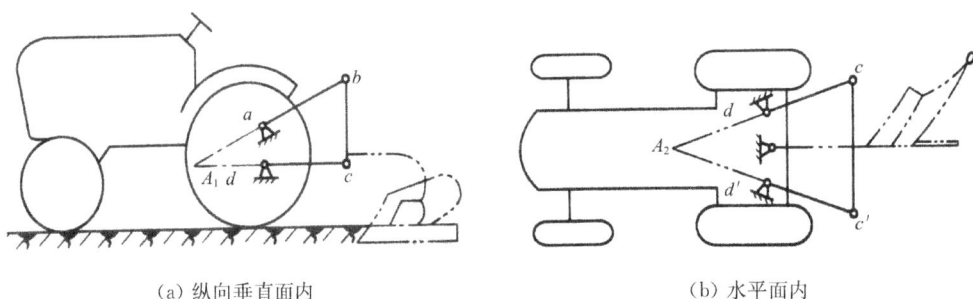

(a) 纵向垂直面内　　　　　　　　　(b) 水平面内

图 1-7　悬挂犁的瞬时回转中心

在纵向垂直平面内,可以看作犁是悬挂在 $abcd$ 四杆机构上,工作中 $bc$ 杆的运动表示犁的运动。在某一瞬时,犁可以 $ab$ 杆与 $cd$ 杆延长线的交点 $A_1$ 点为中心摆动,$A_1$ 点即为犁在纵向垂直平面内的瞬时回转中心。由此看出,$bc$ 杆的长短决定了 $A_1$ 的位置,也直接影响着悬挂犁的入土性能。

在水平面内,可以看作犁是悬挂在 $cdd'c'$ 四杆机构上,在某一瞬时,犁可以 $cd$ 杆与 $c'd'$ 杆延长线的交点 $A_2$ 点为中心摆动,$A_2$ 点即为犁在水平面内的瞬时回转中心。该点对机组工作性能有着直接的影响。

**2. 悬挂犁的牵引状态**

悬挂犁在水平面内工作时,要求犁体正向前行,不偏斜,并在工作中保持耕宽稳定。但由于犁的阻力中心 $Q_C$、拖拉机的动力中心 $Q_T$ 及瞬时回转中心 $A_2$ 三者之间的相对位置可能不同,其会对机组产生四种不同的牵引状态,如图 1-8 所示。

(1) 正牵引状态　拖拉机的动力中心 $Q_T$ 是拖拉机驱动合力的作用点,轮式拖拉机的动力中心 $Q_T$ 位于后轴中点稍前的位置。如图 1-8(a)所示,在工作中,拖拉机的牵引线通过动力中心 $Q_T$ 并与前进方向一致,即为正牵引,这是理想的牵引状态,在该状态下,拖拉机和犁都易于走正,机组具有良好的行驶直线性。但由于犁的工作幅宽与拖拉机轮距不易配得合适,所以这种工作状态不易获得。

(2) 偏牵引状态　牵引线与前进方向一致,但牵引线不通过动力中心 $Q_T$,而是偏在动力中心 $Q_T$ 的右侧,即为偏牵引,如图 1-8(b)所示。偏牵引对犁的工作有利,但对拖拉机不利。工作中犁的水平阻力会对拖拉机产生一个偏转力矩,影响机组行驶直线性。

(3)斜牵引状态 牵引线通过动力中心 $Q_T$,但与机组前进方向偏斜,此种工作状态为斜牵引,如图 1-8(c)所示。这种工作状态对拖拉机有利,但对犁的工作不利。工作中水平牵引力的分力对犁的耕宽稳定性有一定的影响。

(4)偏斜牵引状态 牵引线与机组前进方向偏斜,且牵引线又不通过动力中心 $Q_T$,此种工作状态即为偏斜牵引,如图 1-8(d)所示。这种工作状态介于偏牵引和斜牵引之间。

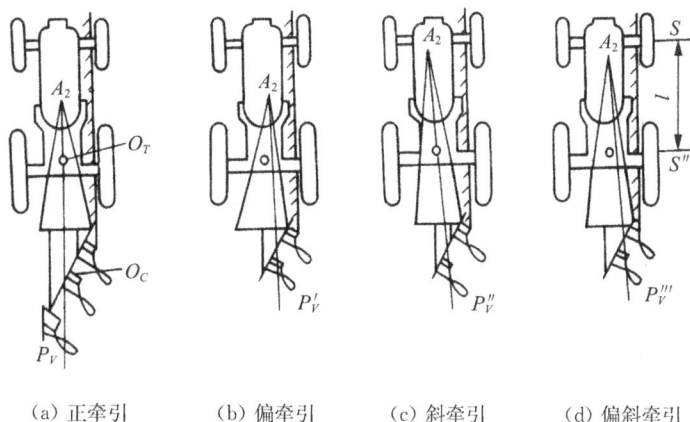

(a)正牵引      (b)偏牵引      (c)斜牵引      (d)偏斜牵引

**图 1-8 悬挂犁水平面内的几种牵引状态**

**3. 悬挂犁的入土性能**

犁的入土性能是以入土行程来衡量的,入土行程是指最后犁体的铧尖触及地面至达到规定耕深处的水平距离。入土行程越短,犁的入土性能越好。保证入土性能的条件是入土角和入土力矩。

(1)入土角 入土角是指铧尖落地时,犁底平面与地平面之间的夹角,如图 1-9(a)所示的 $\beta$ 角。如果入土角为零[如图 1-9(b)所示],或入土角为负[如图 1-9(c)所示],犁落地时,不是犁尖先着地,而是整个犁体或犁侧板末端先着地,犁体显然不能入土。只有入土角为正值时,犁才能顺利入土。为了保证入土角为正值,瞬时回转中心 $A_1$ 必须配备在犁的前方;如果 $A_1$ 在犁的后方,入土角为负值,犁是无法入土的。

(2)入土力矩 为保证犁有良好的入土性能,要求犁具有一定的入土力矩,使瞬时回转中心 $A_1$ 保证在入土全过程中都配备在犁的前方;否则,即使有足够的入土角,也会使犁入土困难,或达不到规定的耕深。

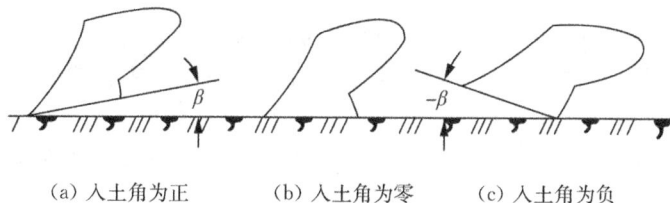

(a)入土角为正      (b)入土角为零      (c)入土角为负

**图 1-9 犁体的入土角**

## ◉ 工作过程

一、工作课时

要求本单元的理论和实训课时分别为 14 课时和 60 课时。

二、工作过程

1. 液压翻转双向犁与拖拉机的悬挂连接

（1）拖拉机轮距的调整　在悬挂翻转双向犁前，要根据犁的耕幅先将拖拉机的轮距调整好。悬挂犁的耕幅应与拖拉机的轮距相适应，工作时拖拉机的右轮行走在前一趟犁沟内，而第一犁铧与犁沟相接并保持正常耕宽。此时，犁的阻力中心 $Q_C$ 与犁在水平面内的瞬时回转中心 $A_2$ 的连线应通过拖拉机的动力中心 $Q_T$，并与机组的前进方向平行［如图 1-8(a)所示］，这样才能使机组在水平面内保持平衡作业。

根据上述要求，拖拉机两驱动轮的中心距应为

$$L = B + b + E \tag{1-1}$$

式中：$B$——犁的总耕幅（mm）；

$b$——单犁体耕幅（mm）；

$E$——驱动轮轮胎宽度（mm）；

$L$——拖拉机轮距（mm）。

为了达到上述要求，可在一定范围内调整拖拉机的轮距，一般后轮内宽尺寸在 1.2～1.3 m 范围内。要注意的是，在调整中要使得前后轮距的中心距保持一致。

（2）犁与拖拉机的挂接　犁与拖拉机通过悬挂机构组成一个悬挂犁机组进行犁地作业。目前三点悬挂机构应用最为广泛。犁与拖拉机挂接的示例如图 1-10 所示。犁的悬挂架上的上悬挂点和左右两个下悬挂点分别与拖拉机上的上拉杆和左右连接杆挂接在一起。连接时将拖拉机液压操作手柄置于下降位置，调整左右拉杆的长度使其一致，挂接上左、右下拉杆，再连接上拉杆，并用锁销锁住。犁的上、下悬挂点均备有多个孔位供挂接时选择。犁的牵引、耕深、水平等状态可通过拖拉机的三个拉杆上的螺纹进行调整。

2. 作业前的检查调整

（1）作业前的常规检查　主要检查以下内容，以确保机组工作正常：

① 检查翻转油缸的油管连接是否可靠，翻转工作是否正常；

② 检查所有连接螺栓螺母是否紧固；

1、4—左、右拉杆　2—上拉杆

3—连接杆　5—悬挂架

图 1-10　翻转双向犁与

东方红-LG1504 型拖拉机挂接

③ 检查轮胎的压力是否在规定的范围内；

④ 检查犁的翻转是否正常。即将悬挂架上的定位锁销抽出，操作拖拉机驾驶室右侧的分配器操作手柄，先将犁架提升到最高位置，将分配器手柄置于"提升"位置不动；然后操作犁架翻转手柄，使犁架翻转，当犁架翻转 180°后（犁架纵梁与悬挂架挡块相抵），翻转过程结束，可松开操作手柄。

（2）作业前调整 作业前要对耕深、垂直度、水平度、耕宽等参数进行调整。

① 垂直度调整 此项调整可以在机组停放在地面上的时候进行，调整的目的是保证翻转犁两侧各组犁铧均处在同一水平面上，确保犁与地面之间的角度正确。调整操作的步骤如下：

a. 操作拖拉机的分配器手柄，使机器的重量不再压在翻转支座上；

b. 调整调节螺钉，以此调整犁的角度，使同一组犁铧尖都处在同一水平线上；

c. 将犁翻转 180°；

d. 对另一侧的调整螺钉重复上述操作。

② 耕深调整 犁与拖拉机的挂接和作业前的常规检查结束后，应进行试耕，并在试耕时对耕深进行调整，以使作业质量达到要求。在试耕中出现的问题及调整方法，可参见表 1-2。

表 1-2 犁的耕深调整

| 现象 | | 调整方法 |
| --- | --- | --- |
| 作业深度 | 太深 | 调节限深轮支座调节螺钉，增加限深轮相对机架的高度，减小耕深 |
| | | 用拖拉机液压分配器手柄控制耕深 |
| | | 将拖拉机左右拉杆缩短 |
| | 太浅 | 用拖拉机液压分配器手柄控制耕深 |
| | | 将拖拉机左右拉杆伸长 |
| | | 调节限深轮支座调节螺钉，降低限深轮相对机架的高度，增加耕深 |
| 第一犁铧 | 太深 | 伸长拖拉机上拉杆，使第一犁铧耕深变浅 |
| | 太浅 | 缩短拖拉机上拉杆，使第一犁铧耕深增加 |

③ 水平调整 试耕后或在耕地时，犁架在前后、左右方向均应和地面相平行，以保持各犁体耕深一致，否则应进行调整。

a. 开墒调整。开墒时，拖拉机左右轮都走在未耕地上，只有把右拉杆伸长，才能迫使第一犁铧入土。待机组作业进入第二行程时，拖拉机的右轮便走在了墒沟里，此时应恢复右拉杆的长度，将犁架调平为止。

b. 悬挂调整。悬挂架上端的三个孔位的作用是：适应拖拉机机身的高低，机身高用上孔，机身低用下孔；调整入土角，如果拖拉机不变，使用上孔位时，入土角增大，否则入土角减小，在土质坚硬的地块作业时，可使用上孔位。

c. 作业调整。此项调整分为纵向调整和横向调整，参见表 1-3。

④ 耕宽调整 调幅型液压翻转双向犁的第一犁铧的耕宽不用调整，出厂时已固定。但可以根据需要，通过出厂时机架上预留的四个调整孔调整机组的作业耕宽。

表 1-3　犁的水平调整

| | 现象 | 调整方法 |
|---|---|---|
| 纵向（前后） | 前犁深,后犁浅 | 伸长拖拉机上拉杆,直至犁架前后水平 |
| | 前犁浅,后犁深 | 缩短拖拉机上拉杆,直至犁架前后水平 |
| 横向（左右） | 沟底前犁深,后犁浅,接垡不平 | 缩短拖拉机右拉杆,直至犁架左右水平 |
| | 沟底前犁浅,后犁深,接垡不平 | 伸长拖拉机右拉杆,直至犁架左右水平 |

⑤ 入土性能调整　可通过调整犁的入土角改变犁的入土性能。通过调整拖拉机悬挂机构的上拉杆的长度来改变入土角的大小。一般在犁降落过程中观察第一犁铧,犁尖着地时入土角在 $3°\sim6°$ 为正常。缩短上拉杆的长度,入土角变大;反之则减小。但调整时要注意,入土角不易调整得过大,否则,会使犁在达到规定耕深时,入土角仍然不为零,造成沟底不平,耕深不稳定。

3. 田间清理

耕翻前要清理或散开地里成堆的秸秆、颖壳,散开有机肥料,清除障碍物。对于不能清除的障碍物,如电杆、输电铁塔等,应作明显的标识,以便耕作时绕行。

4. 小区和地头宽度规划

（1）确定耕向　如果是坡地,应沿等高线耕翻,以防止水土流失;对于土地平坦,区宽在 500 m 以上的地块或方形的田块,则应纵横交替,隔年变换耕向;翻压绿肥时应顺垄耕作。

（2）规划小区　拖拉机悬挂液压翻转双向犁,并采用梭耕法进行耕地作业时,可以将整个 700 亩地块视为一个耕作小区;如果要采用套耕法,则应将大地块划分成若干个小区。

划分的小区应是耕幅的整数倍,1LF - 440 型调幅液压翻转双向犁的幅宽为 1 600 mm,考虑到犁是翻转双向耕作,再考虑到机组的地头转弯的非作业机时,每个小区的宽度应以耕幅的 $5\sim10$ 倍为宜,且必须是整数倍。

（3）规划地头　地头是供机组转弯用的,地头宽度与机组长度和机组类型有关。一般而言,在满足机组长度要求的前提下,地头宽度应为机组工作幅宽的 2 倍。所以,地头的宽度应为 3 200 mm。

（4）耕地头线　地头线是起落犁的标志,它与机组行进方向垂直,地块的两端均应耕出地头线。首先耕出地块一边的地头线,另一边的地头线待机组开墒过去后再耕出。一般用犁耕一个行程作为地头线。地头线的耕法视地块的土壤情况而定,土壤干硬时,应采用外翻耕法,即从地头线向地边方向耕翻,以便落犁时减少冲击,犁也易入土;在土壤松软的情况下,应采用内翻法,即从地头线向地边的相反方向耕翻。地头线耕作的深度应为正常深度的 $1/3\sim1/2$。

5. 开墒

在未耕地上耕出第一犁叫开墒。开墒的好坏会直接影响耕作的质量和生产效率。开墒时对机组的要求是:一要走直走正,尤其是在长地块上作业时,如果弯曲不正,以后行程中就会产生耕幅宽窄不一的现象,造成重耕、漏耕;二要留垄小,漏耕少,覆盖严。为了达到开墒的要求,如驾驶员耕地经验不足,最好在第一犁开墒行程线的位置上插上标杆,各标杆应在一条直线上,拖拉机按照三点一线的方法对准标杆行驶,且应采用低档作业。

开墒方法很多,常用的有以下几种:

(1) 直接开墒 将第一铧的耕深调至规定耕深的一半左右,最后一铧保证达到规定的耕深,往返耕两个行程。开墒后,应将各犁铧的耕深调至规定值,并进行正常作业。这种耕翻法生产率比较高,而且调整起来较为简单,适用于耕翻大面积地块。

(2) 重一犁法 如图 1-11(a)所示,先沿小区中线用外翻法耕两个行程,此时,地中间形成一条墒沟;再用内翻法重耕两个行程,把外翻的土垡翻回沟中;最后用内翻法正常作业。用此方法作业后,地块的垄埂矮小,沟底下也能耕透,只是增加了两趟功耗。

(3) 重半犁法 如图 1-11(b)所示,在第一行程耕完返回耕第二行程时,犁的前两铧重耕第一行程两铧耕过的地方。用此方法作业后,可降低地块的垄埂高度,沟底下也能够基本耕透,覆盖也较好。

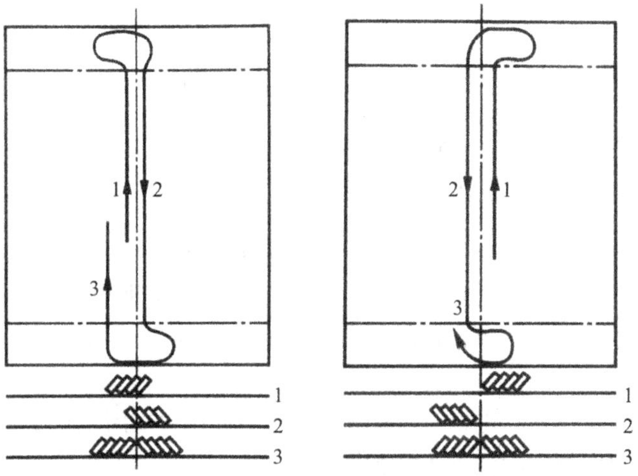

(a) 重一犁法          (b) 重半犁法

**图 1-11 开墒法**

6. 犁耕作业

开墒以后,机组就可以采用合适的行走方法进行犁耕作业。常用的行走方法有以下几种:

(1) 梭耕法 如图 1-12(a)所示,当拖拉机悬挂翻转双向犁作业时,即可采用梭耕法,本学习情境采用的就是该方法。如果第一行程是向右翻垡,转弯掉头后,液压驱动翻转犁铧,回程时则向左翻垡,如此一右一左交替翻垡耕作,使地表平整,地块中间也不会留下沟垄。

(2) 单向耕作法 如果是在不规则的小块地上作业,可以采用单向耕作法。单向耕作的机组行走方法如图 1-12(b)所示。机组只向一个方向耕作,到对面地头后,升起犁铧,快速倒退到起始耕作的地头,再落犁耕作下一行程。这种耕作法比较省机时,而且只留下一个地头。

(3) 内翻法 机组沿耕作区中心线左侧耕第一行程,到地头后起犁,按顺时针方向进行有环节的转弯,紧靠第一行程的右侧返回耕作第二行程,如图1-13(a)所示。依次围绕小区中线向内翻垡,作业后在作业小区中间留有一条垄。

(4) 外翻法　如图1-13(b)所示,机组由作业小区的右侧入区耕作第一行程,耕到地头起犁,按照逆时针方向行走,到耕区左侧地边落犁,耕作第二行程;依次由地边向作业小区中间绕行作业,向外翻垡,最后在小区中间收墒出区。作业后在作业小区中间留有墒沟。

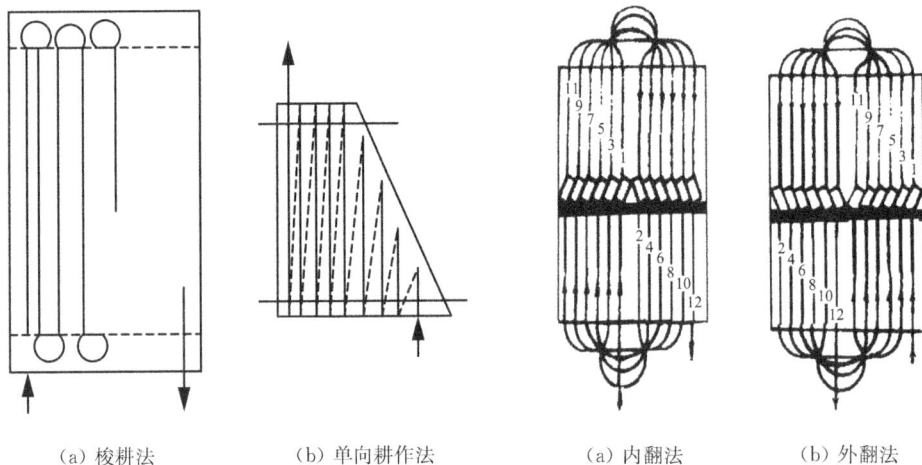

(a) 梭耕法　　(b)单向耕作法　　　(a) 内翻法　　(b) 外翻法

图1-12　梭耕法和单向耕作法　　　图1-13　内、外翻垡法

(5) 套耕法　采用内翻法或外翻法作业时,机组在地头都要作有环节的转弯,操作不方便,空行程较多。耕作本学习情境中的大地块时,采用套耕法可以减少地头宽度,避免转小弯,操作方便,也减少了开闭垄,有效提高了机组的作业质量。套耕法分双区套耕法和四区套耕法。

① 双区套耕法　如图1-14(a)所示,将规划的小区每两小区作为一组,先用外翻法耕作第一小区,耕到中间剩下的宽度不能使机组作无环节的转弯时,转到第二小区仍用外翻法作业,同样耕到机组不能作无环节的转弯时,再用外翻法套耕两区剩下的两条宽度相近的未耕地。

② 四区套耕法　如图1-14(b)所示,将规划的小区每四小区作为一组,采用内翻法先由第一小区右侧耕作第一行程,再从第三小区左侧耕作第二行程,耕完第一、第三小区,再围绕第三小区耕作第二、第四小区。

7. 合墒

犁耕的最后一个行程叫合墒。合墒时将产生墒沟,会给后续作业带来许多麻烦。为了尽量减少墒沟,使耕后的地表平整,应合理采用合墒的方法。采用内翻法时,墒沟留在地边,合墒时只需将犁的耕深调浅一些即可;采用外翻法时,墒沟留在地块的中间,合墒时除了要将耕深调浅一些外,还可以采用"重一犁法",即在最后一个行程时,在已耕地上重复浅耕一个行程,这样可以避免留下大沟,只留下两条小沟。

8. 犁耕地头

最后进行的是耕地头,地头的耕作可视地头的宽度情况采用单独耕法或圈耕法。

(1) 单独耕法　较宽的地头可以作为小区进行耕作。用悬挂犁耕作较窄的地头时,可以采用单向耕作法,向一侧翻垡,减少沟或垄。本学习情境可采用此方法。

(2)圈耕法 如图1-15所示,规划小区时,在耕区两边留出与地头宽度一致的地边不耕,最后采用内翻法对地边和地头一起采用内翻法进行顺时针圈耕,机组可在四角提犁转弯。

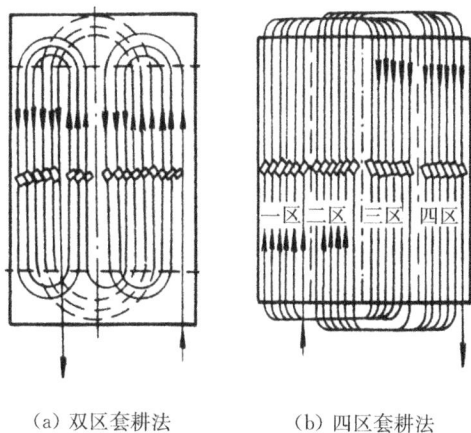

(a)双区套耕法　(b)四区套耕法

图1-14　双区和四区套耕法

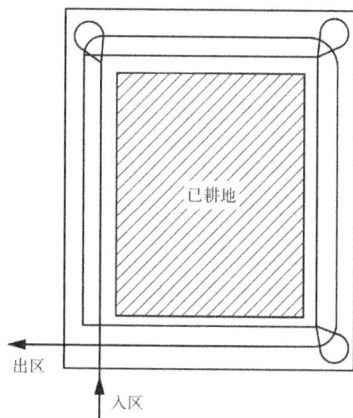

图1-15　圈耕法

9.质量检查

质量检查是提高耕地质量、保证耕地效果的重要的工作环节。可按照质量检测要求,对每班次进行不少于3次的检查。

10.犁的技术保养

犁地作业结束后,要不时对机具进行技术保养。技术保养分为班次保养和定期保养。

(1)班次保养 班次保养的内容是:清除犁铧、犁刀、地轮及各润滑点上的泥土和残株;检查犁体、犁架等零部件的固定情况,必要时应拧紧固定螺栓;检查犁铧和犁壁的磨损情况,必要时进行更换;对各润滑部位加注润滑油,对限深轮、犁架翻转处等润滑部位,每天应加注润滑脂1～2次;每班次的工作结束后,应检查所有螺栓的紧固情况,松动的螺栓必须拧紧。

(2)定期保养 机组的每个作业季节结束后,除班次保养外,还需进行定期保养。定期保养的主要内容是:拆卸升降机构、限深轮和尾轮进行检查,清洗轴和轴套,检查限深轮和尾轮半轴与轴套的配合间隙,间隙超过规定时应进行调整,并更换磨损严重的部件;检查耕深调节机构及水平调节机构,更换磨损部件,紧固松动件,加注润滑油;检查液压零部件,更换磨损严重的密封毡圈;检查犁铧、犁壁、犁侧板等易损件的磨损情况,磨损超过规定时应进行更换;如要长期停放,应将整台犁清洗干净,犁体曲面应涂上防锈油,停放在地势较高的地方,或停放在机具棚内。

三、操作及安全注意事项

1.犁的操作使用注意事项

(1)在耕地作业前,应先划出(或耕出)地头线,以保证起落犁在一条直线上,确保耕地质量。

（2）若犁的入土性能不好需加配重,配重应紧固在犁架上。

（3）在地块转移、过田埂和地头转弯时,机组应低速行驶。

（4）在运输时,应将悬挂犁升到最高位置,并将升降手柄固定好,还应缩短拖拉机上拉杆的长度,使第一铧犁尖距离地面 25 mm 以上,以防运输中将铧尖碰坏。

（5）落犁时应慢降轻放,防止犁及犁架等装置受到冲击剧烈震动而损坏。

（6）在过硬和过黏的土壤条件下作业时,应适当减少耕深或耕宽,以免阻力过大而损坏机件。

（7）在地头转弯时应减小油门,待犁铧出土后再转弯。

（8）犁铧未升起前禁止翻转。

（9）应定期检查高压油管,一旦发现油管损坏,应立即更换。

（10）班次作业结束时,应及时进行保养,检查各部位螺栓、螺母是否松动,如有松动应立即拧紧。

（11）犁与拖拉机分离时,应将犁支撑好,以便下次挂接。

2. 安全注意事项

（1）在工作中不得对犁进行检查和修理,若有必要进行检查和修理,则应停车进行。

（2）作业中或运输中,翻转犁上禁止坐人。

（3）犁体翻转或升降时,要确保犁体旁无人或其他物体。

（4）翻转犁的操作者只能是一个人,无关人员必须远离翻转犁转动和升降的区域。

（5）严禁在犁提升后又不加任何支撑和保险的情况下,在犁架下进行维修和保养。

（6）液压翻转犁的相关部位都应贴有安全标示,操作中应多加留意。

### ◉ 质量检测

1. 耕深检查

机组作业耕深检查分为作业中的检查和作业后的检查。作业中进行耕深检查时,应

**图 1-16 耕深测量**

沿不同耕幅的犁沟,在地块两头和地块中间的不同地段随机测取 5～7 个点,用直尺测量沟壁高度(如图 1-16 所示),并求其平均值作为实际耕深,与规定耕深要求相差不超过 1 cm 为合格;作业后检查时,沿地块的对角线随机取 5～7 个点,整平测量点,用直尺插入犁沟底测其深度,其平均值再减去 20％的土壤膨松度即为实际的耕深,耕深应符合要求。

2. 各犁铧耕深检查

在已耕地上随机取 2～3 个点,剖开耕幅断面,露出犁底层,再沿已耕地面拉一条直线,垂直测量各铧深度,各铧深度相差应不超过 1 cm。

3. 耕幅检查

顺着沟墙平行方向,在未耕地上取 3 个点(距沟墙垂直距离应大于 2 个耕幅),插上标记,当机组耕过两个行程后,再测各点

至新沟墙的垂直距离,将各点距新沟墙垂直距离的平均值除以2,即为平均耕幅宽度。

4. 翻垡覆盖质量检查

在机组耕地过程中,观察是否有回垡和立垡来评定耕翻的质量。犁耕后的土垡的稳定翻转角度应小于52°,翻转角度为90°±10°的土垡视为立垡,翻后垡片又滚回沟底的土垡为回垡。

5. 开闭垄检查

若采用了套耕法,则要进行开闭垄检查。对于各开垄和闭垄,随机取3～5个点,测出各点的宽度、深度和高度,各求其平均值即可。

6. 地表平整度检查

在进行地表平整度检查时,以地面为基准,在10 m宽的范围内,用皮尺(卷尺)和直尺测量检查,求被测地表实际的高低差。

### 故障诊断与排除

在作业中,1LF-440型调幅液压翻转双向犁的常见故障及排除方法见表1-4。

表1-4 1LF-440型调幅液压翻转双向犁的常见故障及排除方法

| 故障 | | 排除方法 |
| --- | --- | --- |
| 作业深度 | 太深 | 升高限深轮:调节限深轮支座螺栓,使限深轮升高,减小耕作深度 |
| | | 用液压分配器手柄控制耕深 |
| | | 将拖拉机左右斜拉杆缩短 |
| | 太浅 | 调节液压分配器手柄,控制耕深 |
| | | 降低限深轮:调节限深轮支座螺栓,使限深轮降低,增加耕作深度 |
| | | 将拖拉机左右斜拉杆伸长 |
| 挂接 | 后面深 | 缩短上拉杆,使后犁铧耕浅 |
| | 前面深 | 伸长上拉杆,使前犁铧耕浅 |
| 第一犁铧 | 太深 | 缩短上拉杆,使前犁铧耕浅 |
| | 太浅 | 伸长上拉杆,使前犁铧耕深 |
| | 太宽 | 检查犁柱垂直度:要求犁托立板与地面垂直 |
| | | 检查拖拉机轮距:确认轮距内宽是否与犁型配合 |
| 犁铲难以入土 | | 检查拖拉机与犁的挂接情况,降低连接点,使犁铲入土深度合适 |
| | | 降低限深轮,并检查其在犁架上的位置,如需要,则向后移动 |
| | | 缩短上拉杆,增加犁铲的入土角度 |
| 拖拉机负荷重,打滑 | | 调整限深轮,减少深度 |
| | | 调整犁体入土角:调整螺栓,减少犁铧入土角 |
| | | 将犁铧入土深度,调节到技术要求的深度 |
| | | 检查轮胎压力,使轮胎气压处于正常范围 |

| 故障 | 排除方法 |
|---|---|
| 拖拉机稳定性<br>不足,跑偏 | 检查犁的挂接是否在中心,调整使三点悬挂在拖拉机的中心 |
|  | 两升降臂对称,到轮胎内侧距离相等 |
|  | 调整各犁柱间距,使其达到技术要求 |
| 左、右犁铧耕作<br>深度不一致 | 测量右犁铧尖到主梁的距离,翻转 180°后,测量左犁铧尖到主梁的距离,使两个距离一致 |
|  | 调整悬挂架两端的挡块螺栓,使犁架水平 |

# 工作任务二 牵引犁耕地

## 情境描述

操作 1LG-535 型高架牵引犁耕作 650 亩玉米茬地。

## 作业质量要求

1. 掌握农时,及时耕作,达到"深、齐、平、碎、严、净"六字标准。
2. 耕翻深度 27~30 cm,深浅一致,误差不超过±1 cm。
3. 翻垡良好,覆盖严密,无回垡、立垡现象,耕后地表平整,无明显垄沟、土包和沟坑,无残草土堆。
4. 不漏耕,不重耕,耕到头,耕到边,要整齐。

## 学习目标

掌握 1LG-535 型高架牵引犁的构造、工作原理,熟悉牵引犁的性能和技术规格。

## 技能目标

能够正确地装配、挂接、使用和调整牵引犁,并熟练地对其进行技术状态检查和日常维护;熟练掌握牵引犁耕地的工作方法和工作过程,达到作业质量要求;掌握牵引犁耕地的安全操作规程。

## 所需设备、工具和材料

1. 功率在 60 kW 以上的拖拉机,如东方红-802 型拖拉机。
2. 1LG-535 型高架牵引犁。
3. 调整安装用工具。
4. 直尺、钢卷尺。

## 相关知识

随着新疆兵团农业机械化推广基地和现代农业示范基地建设的深入推进,传统的牵引犁耕作技术已渐渐地从兵团的土地耕作作业中淡出,但在个别边缘团场和新疆地方的一些农场,牵引犁的耕作技术仍然有着一定的应用。1LG-535 型高架牵引犁是目前应用较广泛的一种牵引犁,该机是新疆石河子天振农牧机械制造厂根据我国北方土质条件和土壤结构,并依据原国家标准《铧式犁 技术条件》(GB/T 14225.2—1993)制造的。

## 一、牵引犁的构造和工作过程

牵引犁由犁架、犁体、牵引装置(部件 6—12)、水平调节机构、耕深调节机构、地轮、沟轮和尾轮等组成,如图 1-17 所示。牵引犁由拖拉机牵引,工作时通过起落机构使犁架降落,犁体入土,对土壤进行耕翻;运输和地头转弯时,通过起落机构使犁架升起,犁体出土离开地面,犁由犁轮支撑。牵引犁与拖拉机采用单点挂接,拖拉机的挂接装置对犁只起牵引作用,在工作和运输时,牵引犁的重量均由本身具有的轮子支撑。

牵引犁的机组转弯半径较大,机动性远不如液压悬挂翻转双向犁。

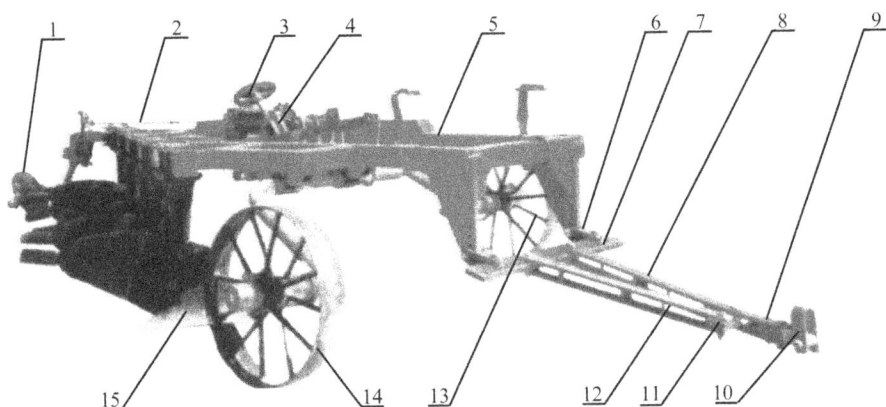

1—尾轮　2—尾轮拉杆　3—水平调节机构　4—耕深调节机构　5—犁架　6—耳环　7—横拉杆
8—主拉杆　9—安全器　10—挂钩　11—联块　12—斜拉杆　13—地轮　14—沟轮　15—犁体

**图 1-17　牵引犁**

## 二、牵引犁的主要部件

牵引犁的主要部件包括犁体、犁架、耕深调节机构、水平调节机构、尾轮机构等。

### 1. 犁体总成

1LG-535 型高架牵引犁的犁体总成的结构与图 1-2 所示的 1LF-440 型调幅液压翻转双向犁的犁体总成的结构基本一样,均是组合型犁体,如图 1-18 所示。不同的是:1LF-440 型调幅液压翻转双向犁的犁壁是组合式的,且犁壁的翼部(后部)无延长板;而 1LG-535 型高架牵引犁的犁壁是整体式的,且犁壁的翼部加装了延长板,用以保证耕深增大时犁体的翻土性能良好。

### 2. 犁架

犁架是犁的基础部件,用来安装工作部件和辅助部件,并传递动力。1LG-535 型高架牵引犁的犁架是平面组合式的结构,如图 1-19 所示。犁梁用矩形钢管焊接而成,重量较轻,抗弯性能好。犁体总成用螺栓安装在犁架的主斜梁上,可以通过改变安装位置调整犁的耕宽,以便实现犁的系列化。

### 3. 牵引装置

牵引装置安装在犁架的前端,如图 1-17 所示,用来与拖拉机的牵引装置相连,实现犁

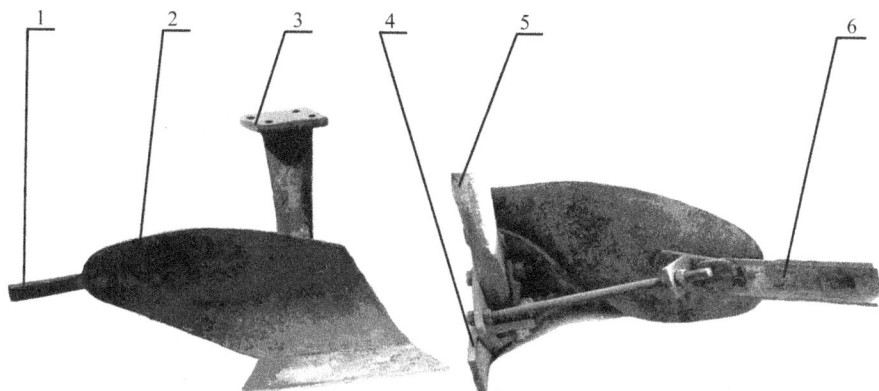

1、6—延长板　2—整体式犁壁　3、5—犁柱　4—犁侧板

**图 1-18　牵引犁犁体**

和拖拉机的挂接。牵引装置由主拉杆、斜拉杆、横拉杆、挂钩、耳环和安全器等组成。横拉杆通过左右两个耳环固定在犁架纵梁前端的调节孔内,主拉杆和斜拉杆的一端固定在横拉杆上,横拉杆上有不同的调整孔,用以改变主拉杆和斜拉杆的安装位置。主拉杆的前端通过安全器与牵引器相连。斜拉杆的作用是保持主拉杆和斜拉杆的连接稳定性。安装时应保证主拉杆与横拉杆垂直。

4. 安全器

1LG-535 型高架牵引犁的安全器结构是摩擦销钉式,如图 1-20 所示。它的作用是:当犁的工作负荷超过规定值时,安全销被剪断,犁与拖拉机脱开,以保证犁的安全。

**图 1-19　牵引犁犁架**

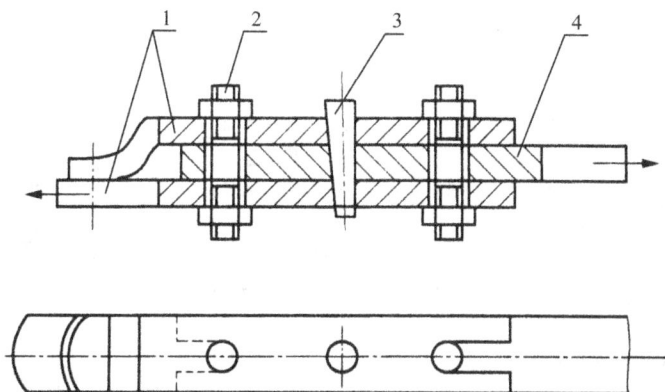

1—主拉杆　2—连接螺栓　3—安全销　4—牵引拉杆

**图 1-20　安全器**

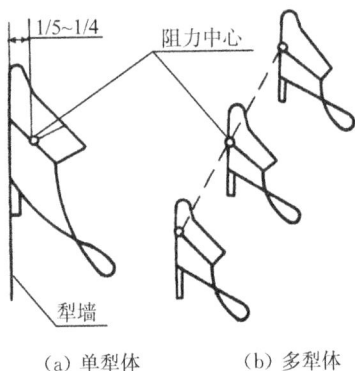

图 1-21 犁的阻力中心

(a) 单犁体　　(b) 多犁体

### 三、牵引犁的牵引性能

犁在工作中的受力情况比较复杂,作用在犁上的力有牵引力、土壤对犁体工作面的阻力、犁的重力、犁轮支反力和滚动阻力等。犁的牵引性能的好坏将直接影响到犁的作业质量。牵引犁的牵引性能可以用牵引线的位置来衡量。牵引线是指犁的挂接点、拖拉机的动力中心和犁的阻力中心三点的连线。履带式拖拉机的动力中心是驱动力的合力作用点,当拖拉机直线行驶时,动力中心位于两条履带压力中心连线与拖拉机纵轴线的交点上;犁的挂接点即为犁的牵引点;阻力中心是犁的重力、土壤阻力、犁轮支反力和滚动阻力等力的合力作用点。阻力中心的位置随着耕深、土壤条件、机具类型和技术状态的不同而变化。根据经验测得,单犁铧的阻力中心位于犁铧和犁壁的接缝线上,距犁体胫刃线(犁铧与犁壁左边缘)1/5～1/4 处,如图 1-21(a)所示;多犁铧的阻力中心则是各犁铧阻力中心连线的中点,如图 1-21(b)所示。

**1. 垂直面内的牵引性能**

耕地作业时,在纵向垂直平面内,拖拉机对犁的牵引力与犁所受到的各种阻力对犁产生的力矩应保持很好的平衡,如图 1-22(a)所示,此时,犁在纵向垂直平面内处于正确牵引状态,犁在这种牵引状态下,耕深稳定,犁架水平,前后犁铧的耕深一致。当拖拉机对犁的牵引力产生的力矩小于犁所受到的各种阻力对犁产生的力矩时,犁相对阻力中心会产生顺时针偏转的倾向,如图 1-22(b)所示,此时,会出现整个犁架前低后高的现象,使得前犁铧耕深增加,后犁铧耕深变浅,整个犁有耕深增加的倾向,从而导致工作质量差,工作阻力大,机组功率消耗大。当拖拉机对犁的牵引力力矩大于犁所受到的各种阻力对犁产生的力矩时,犁相对阻力中心会产生逆时针偏转的倾向,如图 1-22(c)所示,此时,会出现整个犁架前高后低的现象,使得前犁铧耕深变浅,后犁铧耕深增加,整个犁有耕深变浅的倾向,导致工作质量差。

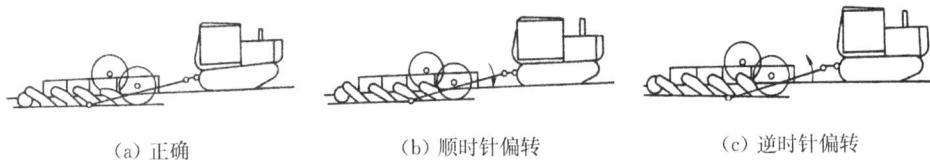

(a) 正确　　　　　　(b) 顺时针偏转　　　　　(c) 逆时针偏转

图 1-22 垂直面牵引性能

**2. 水平面内的牵引性能**

在水平面内,如牵引线通过阻力中心,并与机组前进方向平行,则是犁处于正确牵引状态,如图 1-23(a)所示,此时,犁的耕作不偏斜,耕宽稳定,不重不漏。在作业中,当牵引线不通过阻力中心,而是向左偏,使得拖拉机的牵引力对犁产生一个顺时针偏转的力矩,犁架就会产生顺时针偏转的倾向,如图 1-23(b)所示,此时,各犁铧的耕作幅宽变窄,犁铧间会产生漏耕。当牵引线不通过阻力中心,而是向右偏,使得拖拉机的牵引力对犁产生一个逆时针偏转的力矩,犁架就会产生逆时针偏转的倾向,如图 1-23(c)所示,此时,各犁铧的耕作幅宽变宽,犁铧间会产生重耕。

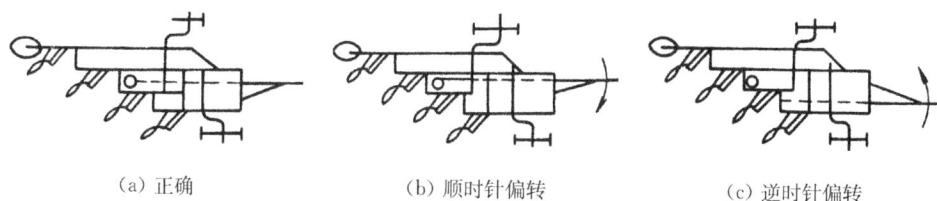

（a）正确                （b）顺时针偏转                （c）逆时针偏转

图 1-23　水平面牵引性能

因此,为了保证耕作质量,不论是在水平面内,还是在垂直面内,都应使犁保持正确的牵引状态。

### 工作过程

一、工作课时

要求本单元的理论和实训课时分别为 4 课时和 30 课时。

二、工作过程

1. 作业前的检查

在作业季节开始之前或在犁装配完成之后,应对犁的技术状态进行检查,以保证其处于完好的技术状态下,能满足作业要求。检查分为整机检查和犁体检查。

（1）整机检查　将犁调至运输状态,使犁体离开地面,犁架呈现水平状态。检查以下内容:

① 犁架平整,犁梁平直无变形。

② 犁体组装正确,在犁架上安装牢固,间距相等,否则需进行调整。

③ 从第一犁铧铧尖到最后一犁铧铧尖拉一条直线,其余各犁铧的铧尖均应在此直线上,偏差不得超过±5 mm,否则,应更换变形较大的犁体或进行安装调整。

④ 测量从安装犁体的犁梁底面至犁铧铧刃的垂直距离,此距离为犁体的安装高度。各犁体安装高度差不得超过 10 mm,必要时可通过在犁柱与犁梁之间加装垫片调整安装高度。

⑤ 犁的各部分连接螺栓（螺钉）、螺母应拧紧,螺栓头应露出螺母 2～6 扣。

⑥ 犁轮安装正确,转动灵活,地轮轴、沟轮轴和尾轮轴不得变形,各轴套轴向和径向间隙均不得大于 2 mm。

⑦ 牵引犁的安全装置应可靠。

（2）犁体检查

① 犁体的工作表面应光滑,犁壁与犁铧的结合处应紧密,缝隙不得大于 1 mm。接缝处犁壁不得高出犁铧,允许犁铧高出犁壁,但最大高出量不得超过 1 mm。

② 犁铧刃口应锋利,刃口厚度不得大于 1 mm。

③ 犁铧、犁壁、犁侧板、犁铧延长板应配合紧密,螺栓连接处不能有间隙,其沉头螺钉不应高出工作面,允许个别螺钉下凹,但下凹的深度不应大于 1 mm。

④ 犁体的胫刃线应在同一铅垂面内,如有偏差,不允许犁壁凸出犁铧,而只允许犁铧凸出犁壁,但凸出量应小于 5 mm。

⑤ 犁侧板和延长板弯曲或磨损严重时应更换。

2. 作业前犁与拖拉机的挂接与调整

为了保证耕作质量,使犁在工作中平稳前进,不偏不斜,耕深和耕宽稳定,不重耕、不漏耕,且保证良好的牵引性能,使牵引阻力较小,必须对犁进行正确的挂接和试耕后的调整。

(1) 犁的挂接 将犁停放在平坦的地面上,使其处于落犁的状态,然后把地轮垫起,垫起的高度等于所需的耕深再加 2 cm 的下陷量。转动耕深调节轮和水平调节轮,使各犁体与地面接触均匀一致,犁架横向水平。找出犁的阻力中心,如图 1-21(b) 所示,然后自该点与机组前进方向平行向前拉线,拉线前端的高度等于拖拉机挂钩牵引点处的高度,亦即拖拉机挂钩离地面的高度加上犁体被垫起的高度。根据拉线与犁架纵梁前端的交点来确定犁的横拉杆的安装高度,并根据拉线与横拉杆的交点确定犁的主拉杆在横拉杆上的安装位置。若拉线介于犁架前弯端的两个孔之间,横拉杆的安装位置应视土质情况确定,地干硬时,横拉杆选上孔安装,地湿软时,选下孔安装。斜拉杆的安装应保证主拉杆与横拉杆处于垂直状态。调整好横拉杆、主拉杆和斜拉杆的安装位置后,便可将犁与拖拉机挂接。

(2) 试耕后的调整 牵引犁挂接后,在耕翻作业前需进行试耕,根据试耕情况调整机组的工作状态。调整的内容分水平面内的调整和垂直面内的调整。

① 垂直面内的调整 图 1-22 所示为犁在耕翻作业时,犁在垂直面内的三种工作状态。试耕后,若耕深稳定,前后犁铧的耕深一致,则在垂直面内无需对犁进行调整;若试耕后发现前犁铧耕深增加,后犁铧耕深变浅,整个犁的耕深增加时,可通过调低拖拉机牵引板的位置或降低犁的横拉杆在犁架前弯端上的位置,实现犁在垂直面内的正确挂接,减少前犁铧的耕深,增加后犁铧的耕深,使得前后犁铧的耕深趋于一致;若试耕后出现前犁铧耕深变浅,后犁铧耕深增加,整个犁的耕深减少的现象,可通过调高拖拉机牵引板的位置或调高犁的横拉杆在犁架前弯端上的位置,实现犁在垂直面内的正确挂接,增加前犁铧的耕深,减少后犁铧的耕深,使得前后犁铧的耕深趋于一致,从而达到耕翻质量的要求。

② 水平面内的调整 图 1-23 所示为犁在耕翻作业时,犁在水平面内的三种工作状态。根据试耕情况,若犁的耕作不偏斜,耕宽稳定,不重不漏,则在水平面内无需对犁进行调整;若各犁铧的耕作幅宽变窄,犁铧间有漏耕现象,应将主拉杆的安装位置向右移动(站在犁的后方向机组的前方看);若各犁铧的耕作幅宽变宽,犁铧间出现重耕时,应将主拉杆的安装位置向左移动,通过调整达到耕作要求。

(3) 尾轮的调整 为了减少犁侧板和沟墙间的摩擦力,尾轮边缘应较后犁体犁侧板偏向沟墙 10~20 mm;同时,为了减少犁侧板与沟底的摩擦力,改善犁的入土性能,尾轮的下缘应低于后犁体犁侧板下缘 8~10 mm。可通过尾轮的纵向和横向调整达到此要求。在纵向调整方面,可将后犁体垫起 8~10 mm,然后将尾轮纵向调整顶丝拧松,搬动尾轮,使得尾轮着地,拧紧顶丝,使其刚好与尾轮轴架相抵,并锁紧顶丝,如图 1-24 所示。通过调整尾轮纵向调整顶丝,还可调整犁的纵向水平。即当犁架出现前倾时,最后犁铧的耕深会减少,此时,应将顶丝向外拧,使尾轮向上抬起,后犁铧耕深增加;反之,将顶丝向内拧,使尾轮向下落,后犁铧耕深减少。

如图 1-24 所示,在横向调整时,是将后犁体垫起 8~10 mm,然后将尾轮横向调整顶丝拧松,搬动尾轮,使得尾轮着地,尾轮边缘较后犁体犁侧板偏向沟墙 10~20 mm,拧紧顶丝,并锁紧。

运输和地头转弯时,应拉紧尾轮拉杆将犁架升起;耕翻作业时,应放松尾轮拉杆,使犁架落下。如图 1-17 和如图 1-24 所示,正确调整尾轮拉杆的长度,可以通过尾轮升降杠杆实现犁的起落。

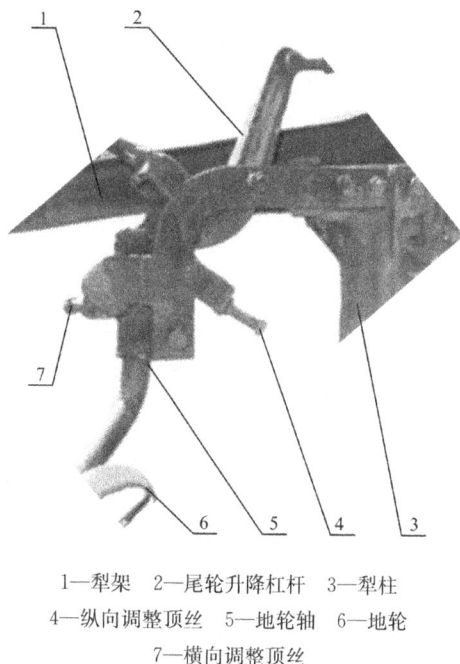

1—犁架　2—尾轮升降杠杆　3—犁柱
4—纵向调整顶丝　5—地轮轴　6—地轮
7—横向调整顶丝

**图 1-24　尾轮调整装置**

3. 田间清理与确定耕向

作业情境要求茬地平整、无沟无坡、无障碍物,因此,需在耕翻前清理或散开地里成堆的秸秆、颖壳,散开有机肥料。耕向可确定为沿着地块的长度方向。

4. 小区和地头宽度规划

(1) 规划地头　1LG-535 型高架牵引犁的长度是 7 200 mm,作业宽度是 1 750 mm,东方红-802 拖拉机的车身长度是 4 100 mm。据此,地头的宽度应为 21 m,同时,在耕区两边各留出与地头宽度一致的地边不耕,配合最后的地头耕作。

(2) 规划小区　由于应用牵引犁耕地,考虑到地头转弯的方便性,采用双区套耕法耕作,如图 1-14(a)所示,按照一个小区宽 80 m 对 650 亩地块划分小区。

5. 耕地头线

虽然地块土壤松软,但考虑到落犁时要减少冲击和犁的入土容易程度,采用外翻耕法先耕出地块一边的地头线,另一边的地头线待机组开墒过去后再耕出。地头线耕作的深度应调整为正常深度的 1/3~1/2。

6. 犁耕作业

(1) 开墒　每两个小区为一组,将拖拉机挂在低档位置,机组从每组的第二个小区的右侧入地,采用重一犁开墒。

(2) 耕作行走　为了提高机组的作业质量和生产效率,必须合理地选择机组的行走方法。本作业情境采用双区套耕法耕作。先用外翻法耕作第一小区,耕到中间剩下的宽度不能使机组作无环节的转弯时,转到第二小区仍用外翻法作业,也耕到不能使机组作无环节的转弯时,再用外翻法套耕两小区剩下的两条宽度相近的未耕地。

前两小区套耕作业结束后,即可按前两小区套耕作业的方式耕作后两小区。如此不断重复耕作,直到耕完整个地块。

(3) 合垄  可以采用重一犁法来合垄,即最后一个行程时,在已耕地上重复浅耕一个行程。

**7. 犁耕地头**

由于在小区和地头规划时,耕区两边和地头留出的未耕区宽度是 21 m,对于牵引犁,可采用圈耕的方法耕作地头,如图 1-15 所示。

**8. 质量检查**

依据作业质量的要求,每班次要进行 2～3 次的作业质量检查,检查内容和方法见"质量检测"环节。

**9. 犁的技术保养**

(1) 班次保养  在完成液压翻转双向犁的班次保养的同时,还要对牵引犁进行以下的班次保养:随时检查安全器的安全销和前后两个紧固螺栓的紧度,保证连接可靠;检查起落机构是否灵活,必要时应加注润滑油,并及时更换磨损零部件。

(2) 定期保养  作业期结束,应对地轮、沟轮和尾轮进行检查,清洗轴和轴套,检查配合间隙,若超过规定要求应进行调整,并更换磨损件;检查犁铧、犁壁、犁侧板等易损件的磨损情况,磨损超过规定要求时应进行更换;检查犁铧的磨损程度,必要时应磨锐,当犁铧宽度小于 100 mm 时,应更换新件;地轮、沟轮弯轴与轴承配合间隙应符合要求,磨损严重时应及时更换;如是长期停放,应将整台犁清洗干净,犁体曲面应涂上防锈油,停放在地势较高的地方,或停放在机具棚内。

**三、操作及安全注意事项**

在作业过程中,为避免人身伤亡、机械事故,以及减少非作业时间、提高机组的作业效率,作业人员必须注意以下事项。

**1. 犁的操作使用注意事项**

(1) 机组工作人员必须熟悉犁的构造,熟悉调整方法,能正确地进行犁的技术保养,否则不应参加耕地作业。

(2) 在耕地作业前,应先划出(或耕出)地头线,以保证起落犁在一条直线上,确保耕地质量。

(3) 在地块转移、过田埂和地头转弯时,机组应低速行驶。

(4) 在地头转弯时应减小油门,待犁铧出土后再转弯。

(5) 在过硬和过黏的土壤上作业时,应适当减少耕深或耕宽,以免阻力过大而损坏机件。

(6) 若犁被堵塞,应在转弯地带停机清理犁体工作表面的泥土和挂满的杂草。

(7) 机组在地块转移时,应将犁的工作部件升起到最高位置,避免损坏犁铧。

(8) 在长途转移运输时,应将犁铧的升降装置锁紧,防止犁体振动而下落。

(9) 班次作业结束时,应及时进行保养,检查各部位螺栓、螺母是否松动,如有松动应立即拧紧。

(10) 犁与拖拉机分离时,应将犁支撑好,以便下次挂接。

2. 安全注意事项

（1）在工作中不得对犁进行检查和修理，若有必要检查和修理，应停车进行。

（2）作业中或运输中，犁架上禁止坐人。

（3）运输时，机组工作人员不准坐在犁架上。

（4）机组在夜间作业时，应配备足够的照明设备，机组工作人员也应熟悉地块的情况。

（5）严禁在犁升起后又不加任何支撑和保险的情况下，在犁架下进行维修和保养。

## ● 质量检测

牵引犁的机组作业质量检测方法和内容，可参考"工作任务一 液压翻转双向犁耕地"的作业质量检测方法和内容。

## ● 故障诊断与排除

犁工作时的自然条件不同，不同犁本身结构与制造质量存在差别，因此，犁工作时可能出现的故障也有所不同。牵引犁的常见故障、故障产生原因及排除方法见表1-5。

表1-5 牵引犁的常见故障、故障产生原因及排除方法

| 故障 | 产生原因 | 排除方法 |
|---|---|---|
| 犁铧入土困难 | 犁铧过度磨损 | 修理或更换犁铧 |
| | 垂直间隙过小 | 修理或更换犁体、犁侧板，重新安装犁侧板 |
| | 限深轮没有升起 | 将限深轮调到规定的耕深 |
| | 犁架、犁柱变形 | 校正或更换变形的犁架和犁柱 |
| | 运输状态改为工作状态后，下拉杆限位链条未放松 | 放松限位链条 |
| | 土质太硬，机身太轻 | 可在犁架上加配重 |
| 耕作阻力大 | 犁铧过度磨损 | 修理或更换犁铧 |
| | 犁体曲面变形或不光滑，犁铧与犁壁安装不符合技术要求 | 修理或更换犁壁 |
| | 犁架或犁柱变形，使犁体不能正向前进 | 校正或更换变形犁柱、犁梁 |
| | 犁架歪斜，使犁体不能正向前进 | 校正犁架，或调整牵引机构的牵引位置 |
| | 耕深过大 | 调小耕深，或调整限深轮的纵向调整顶丝 |
| 耕深不一致，耕后地表不平 | 犁的水平调整不当 | 正确进行犁的水平面调整 |
| | 在纵向垂直面内的牵引调整不当 | 正确进行犁的垂直面调整 |
| | 犁柱或犁架变形 | 校正犁柱或犁架 |
| | 犁铧严重磨损，且各犁铧磨损程度不一致 | 更换犁铧 |
| | 个别犁铧挂草拖堆 | 清除挂草 |

续表

| 故障 | 产生原因 | 排除方法 |
| --- | --- | --- |
| 翻土和覆盖不良，有立垡和回垡现象 | 拖拉机工作速度太慢 | 适当提高车速 |
| | 耕深过大，耕深与耕宽的比例不当 | 适当减少耕深 |
| | 犁体工作曲面类型选用不当 | 正确选用犁体工作曲面类型 |
| 重耕或漏耕 | 犁架因偏牵引而歪斜 | 调整牵引点 |
| | 犁体前后距离安装调整不当 | 重新安装或调整 |
| | 犁柱变形 | 修理或更换 |
| 接垄不平 | 机组行走不直 | 保持直线行走 |
| | 犁架前后、左右不平 | 调整犁架，使其水平 |

学习情境二

地块平整

# 工作任务一　动力驱动耙整地

## ⬇ 情境描述

操作 1BD-300(400)型多功能动力驱动耙平整 650 亩春灌地(冬灌地或新耕翻地)白地。

## ⬇ 作业质量要求

1. 掌握农时,及时整地,达到"齐、平、碎、墒、松、净"六字标准,使土地符合播种要求。
2. 春秋耙耕深度在 8~12 cm,夏耕深度要求浅些,深度一致。
3. 地表平整无沟埂,碎土均匀无土块。
4. 不重耕,不漏耕,耕到头,耕到边。
5. 地表无杂草、残膜。

## ⬇ 学习目标

掌握 1BD-300(400)型多功能动力驱动耙的构造、工作原理;熟悉该机的性能和技术规格。

## ⬇ 技能目标

正确运用 1BD-300(400)型多功能动力驱动耙做好播前的白地平整,达到作业质量要求;掌握工作过程;正确调整、使用和维护保养联合整地机具;掌握整地安全操作规程。

## ⬇ 所需设备、工具和材料

1. 功率在 88 kW 以上的拖拉机,如东方红- LG1504 型拖拉机。
2. 动力驱动耙。
3. 调整安装用工具。
4. 直尺及卷尺。

## ⬇ 相关知识

土地耕作后,土垡间空隙较大、土块较大,地面的平整状态也较差,满足不了播种作业的技术要求,以及作物发芽、生长的需求,所以,必须进一步进行土地平整,耙碎土块,消除土垡间过大的间隙,平整地块,压紧土壤,压实表土,保持土壤水分。有的地区在整地作业的同时,还要求进行灭茬和秸秆还田作业。

进行土地平整可选用的整地机械的种类很多,常用的有旋耕机、动力驱动耙、圆盘耙、镇压器、钉齿耙等。我国西部地区土质黏重、土壤结构坚硬,所以多用动力驱动耙进行农业耕作中播种前的种床准备和二次耕整,在各种动力驱动耙中,以多功能动力驱动耙的应用最为广泛,它不仅切土和碎土能力强,耕后地表平整、松软,而且更换部分部件后还可用于秸秆粉碎还田作业,为一机多用机具。

**图 2-1 多功能动力驱动耙外形图**

### 一、动力驱动耙的结构、特点和工作过程

1BD-300(400)型多功能动力驱动耙是新疆科神农业装备科技开发股份有限公司依据企业标准《动力驱动耙》(Q/XKS 17—2008)生产的整地机械。该动力驱动耙的外形如图 2-1 所示,其结构如图 2-2 所示。它主要由触发式安全离合器、耙刀支架盘总成、传动箱总成、变速器总成、镇压轮(辊)总成、平土杠总成等部件组成。

该机具的主要特点是:工作时,各相邻两耙刀作方向相反的旋转运动,由此可以获得理想的碎土层,而不混合土壤表层,使播种土质获得良好的性能;碎土效果与耙刀旋转速度及拖拉机前进速度相关,在不考虑前进速度的情况下,可通过更换驱动耙变速器对室内的齿轮调速,从而达到最理想的碎土效果;驱动耙的主机和后部镇压轮通过杠杆连接为一体,通过拖拉机悬挂装置悬挂,并进行升降,通过主机侧面的调节孔调节杠杆和主机相对高度位置,即可调节耙刀的入土深度,主机后部的镇压轮对土壤起着平整和镇压的作用;配置在该机具镇压轮前面的碎土平整杠,可使土壤的碎土效果及平整效果更佳;该机具结构紧凑,可与播种机联合使用,以同时完成整地和播种两项作业;通过改变调速齿轮配置,卸去平土杠、镇压轮,换装围板及行走轮,换下耙刀并装上秸秆粉碎刀盘,即可将驱动耙改换为秸秆粉碎还田机,如图 2-3 所示,从而实现一机多用的目的;该驱动耙适合在包括砂土、黏土和胶土在内的多种土壤条件下作业。

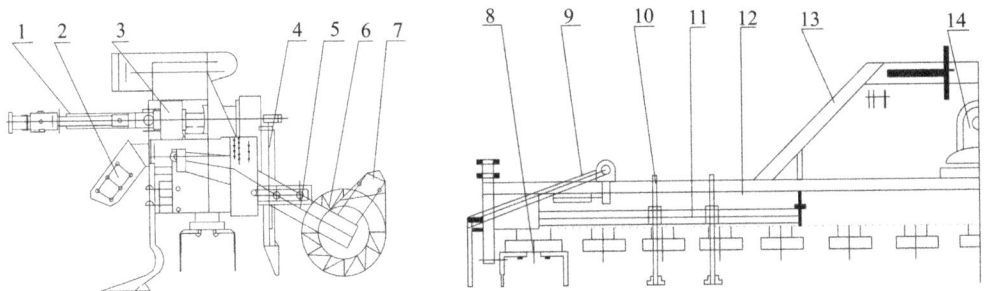

(a) 主视图　　　　　　　　　　　　　　(b) 左视图

1—万向节传动轴　2—下悬挂架总成　3—安全离合器总成　4—平土杠总成　5—镇压轮连接杠杆
6—镇压轮(辊)总成　7—清土铲总成　8—耙刀支架盘总成　9—两端护板总成　10—传动箱盖总成
11—前松撒齿总成　12—传动箱总成　13—上悬架总成　14—变速器总成

**图 2-2 多功能动力驱动耙结构图**

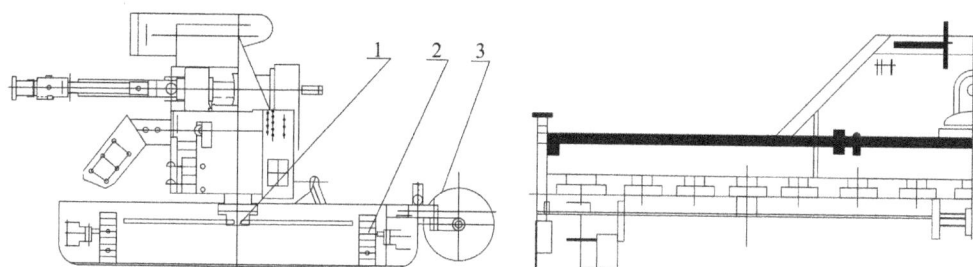

(a) 主视图    (b) 左视图

1—打秆机刀盘总成    2—打秆机围板总成    3—打秆机尾轮总成

**图 2-3    秸秆粉碎还田机结构图**

作业时,由拖拉机动力输出轴驱动驱动耙工作部件旋转耙刀,耙刀一方面垂直于地面作水平旋转运动,一方面随机具前进,一次可以完成碎土、平整、镇压等多项作业,可以取得优于传统整地机具作业 3~4 遍的效果。由于每两个相邻耙刀的作业区域有一定的重叠量(20~30 mm),所以,驱动耙在耕作时不会产生漏耙,不会出现大块土块未被切碎的现象;耙刀作水平旋转,因此不会把底层湿土翻到表层,耕层不乱,有利于保墒;旋转耙刀的线速度可达到 6 m/s,碎土效果好(碎土率可达 85% 以上);一般的作业深度可达到 3~18 cm,作业速度可达到黏土类 2~6 km/h(耙深 3~15 cm),沙土类 2~10 km/h(耙深 3~18 cm)。驱动耙配套动力的功率通常应大于 75 kW,而 1BD-400 型多功能动力驱动耙的配套动力功率应在 88 kW 以上。

### 二、动力驱动耙的主要部件、安装及调整

#### 1. 耙刀支架盘总成

耙刀支架盘是多功能动力驱动耙耙地作业时的碎土部件,它由立式转子耙刀及箱体组成。1BD-300(400)型多功能动力驱动耙由 12 组(16 组)耙刀支架盘构成,12 组(16 组)立式转子耙刀横向排列成一排,由拖拉机的动力输出轴经过变速箱驱动。每组立式耙刀安装后呈"门"字形(如图 2-1、图 2-2、图 2-4 所示),相邻两个转子耙刀组由位于中空的盒式转子箱中的圆柱齿轮直接啮合驱动。耙刀支架盘总成由安装耙刀和刀盘的支架盘、上密封环、自锁紧连接螺栓、中心大螺栓、压紧大垫片、调整垫片及锁片等组成。

12 组(16 组)耙刀支架盘中的中间一个支架盘体的中心轴较其他支架盘体的中心轴长,如图 2-4 所示,此轴为传动箱总成中央动力输入轴,它的上端一直伸入变速器内部,通过键与变速器中的大锥齿轮相连,中间通过键与传动箱中的传动齿轮相连,下端通过中心大螺栓与耙刀支架盘相连。

为方便维修和调整轴承间隙,调整支架盘的操作设计在箱体外的下部,即齿轮轴下端面,相对于耙刀支架盘下平面缩进去一定深度,可用多个调整垫片将其补平,再通过齿轮轴下端的中心大螺栓,用轴头压盖,压住支架盘下平面,使支架盘上升,将调整垫片压紧,从而获得稳定的轴承间隙。

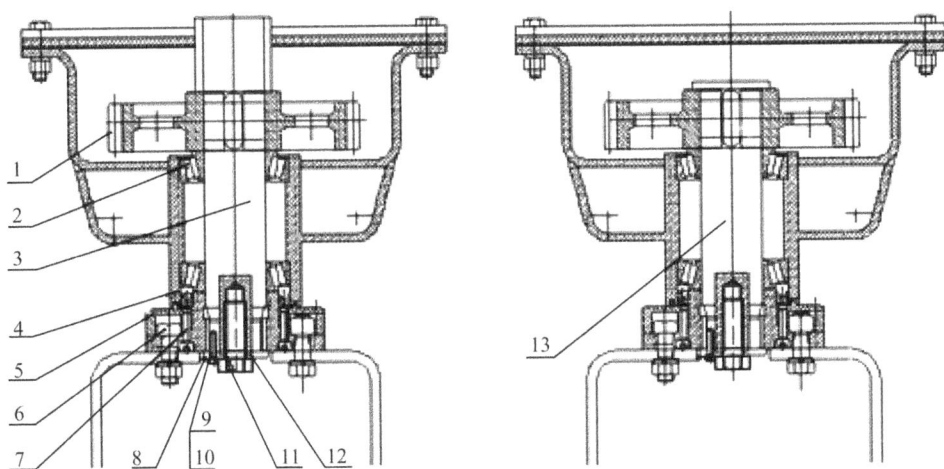

(a) 中间传动箱体及支架盘　　　　　　(b) 其他传动箱体及支架盘

1—传动齿轮　2—锥形轴承　3—中央动力输入轴　4—骨架自紧油封　5—密封壳
6—耙刀连接螺栓　7—密封壳固定螺钉　8—压盖　9—锁片固定螺钉　10—锁片
11—中心大螺栓　12—轴承间隙调整垫片　13—中心轴

**图 2-4　传动箱体及耙刀支架盘结构图**

安装支架盘时,先用中心大螺栓将压盖压紧支架盘,使轴承处于无间隙状态,拆卸螺栓后,测量齿轮轴下端面和支架盘下平面之间的距离值,将累积厚度值比测量数值大 0.2~0.3 mm 的多个调整垫片装在压盖和齿轮轴下端面之间,装好压盖,将中心大螺栓扭紧到 280~300 N·m 力矩后,将锁片锁好即可。齿轮运转后,其轴向力会迫使轴承内环下移获得 0.2~0.3 mm 的轴向轴承间隙。随着轴承磨损,间隙变大到一定程度,可以抽取 1~2 个垫片,以恢复正常间隙,方法同安装时基本相同。

耙刀支架盘的盘体上平面固定有密封壳,密封壳上端面有凸橡,凸橡伸进传动箱体下端面凹进的环槽中,可阻止泥土进入。同时,密封壳将自锁螺母罩在它内部,使支架盘整体光滑,可减少缠草的危害。该螺母的侧平面靠住支架盘中心轴外壁,因此不会滑转,扭紧螺栓时无须同时使用两个扳手。

固定耙刀或刀盘的螺栓有两种安装方法,一种螺母在外,此法不需严格限定螺栓长度,但螺母在外易缠草;另一种螺母在内,此法需严格限定螺栓长度,使其等于或小于 50 mm,否则会损伤密封壳体。

2. 传动箱总成

如图 2-2 中的 12 和图 2-4 所示,传动箱总成是动力驱动耙主机的骨架,下面安装耙地作业耙刀或茎秆粉碎作业刀盘;上面是密封垫和传动箱盖,它们由若干个螺栓套件连接为一个整体。传动箱体后背焊接有平土杠支承下座,配设有放油螺塞。

传动箱总成的上盖平面上安装有上、下悬挂架总成,它们与拖拉机悬挂装置组成三点悬挂式连接;传动箱总成的两端有连接支承点,可通过支承点用杠杆连接后面的镇压轮(辊)总成,如图 2-1 所示;传动箱盖上还设置有加油口、量油尺、排气口。

传动箱的箱体是用厚度 8 mm 的优质钢板压制而成的双层槽体结构。槽体内,中间层和最下层之间焊接有用厚壁无缝钢管制成的轴承座,槽体内上腔安装"一"字形排列的多个相互啮合的斜齿轮,每个齿轮中心轴下端和耙刀支架盘采用 8 个齿的花键套连接,可通过调换内、外花键相对配置来调节各对耙刀圆周方向的角度。每个齿轮轴由两套宽系列锥轴承支承在轴承座上。

　　传动箱盖上的量油尺刻有标记,测量油位时,应先卸出油尺,把标记处擦干净,再将油尺插进孔内,当螺堵下平面和孔座上平面接触时,抽出油位尺查看油面,若油面在量油尺的上、下标记之间即为正常;可以通过传动箱盖上的调整孔调整下悬挂臂的前后位置。

　　传动箱内,各齿轮由中央齿轮驱动,中央齿轮由变速箱中伸出的中央长轴驱动,其两边齿轮轴较短,从上向下安装,该轴上端也有和下端相同的螺孔,用来拆卸齿轮和轴承。

　　3. 变速器总成

　　变速器总成的结构如图 2-5 所示,它配置在传动箱总成上盖中央,通过连接盘和传动箱盖上预焊接的座圈连接,其各层均用止口和螺纹连接。变速器动力输出轴和传动箱总成中央动力输入轴为同一轴。

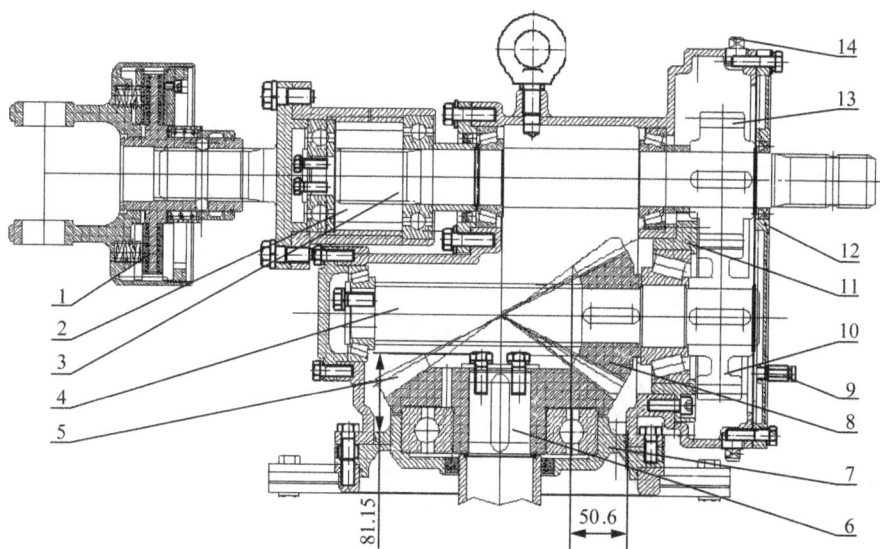

1—安全离合器总成　2—超越离合器总成　3—输入轴　4—中间轴　5—大锥形齿轮
6—输出轴　7—轴承杯　8—小锥形齿轮　9—油面观察孔　10—调速齿轮 1
11—中间轴轴承杯　12—调速室齿轮盖　13—调速齿轮 2　14—放气孔

**图 2-5　变速器结构图**

　　在变速器中,装在上部的一根轴是输入轴,该轴输入端(图 2-5 中 3 左端)用 6 齿 D48 花键与安全离合器连接(采用快速接头方式),该轴输出端(图 2-5 中 3 右端)和调速齿轮 2 连接,用两副宽系列锥轴承支撑在中部。装在下部的为中间轴,该轴动力输入端(图 2-5 中 4 右端)通过花键和调速齿轮 1 连接,动力输出端(图 2-5 中 4 中部)通过花键和小锥形齿轮连接。该轴的一端是在调速齿轮 1 和小锥形齿轮之间,用轴承杯内装大型号宽系列锥轴承支承;另一端(即图 2-5 左端)也用宽系列锥轴承支承。该轴总成可以从

图 2-5 右面全套取出,拆装方便。

变速器内的大锥形齿轮固定在传动箱中央轴上部,为了使结构紧凑,减小驱动耙的整体高度,可通过连接盘(即轴承杯)用螺栓直接将变速器和传动箱连接成一体。

变速器在装配、调整和维修时,必须测量两个数值,一个是小锥形齿轮小端平面距直径为 232 mm 内孔柱面的垂直距离,应为 50.6 mm(制造商可提供专用的测量工具),数值不符时,应在安装小锥形齿轮轴的轴承杯时,在其与变速箱壳体结合平面之间增减调整纸垫来达到标准;另一个是大锥形齿轮小端平面距连接盘上平面(即变速器壳体外平面)的垂直距离,应为 81.15 mm,数值不符时,应在该平面上增减调整纸垫来达到标准。大锥形齿轮及轴采用球轴承支撑,无需调整轴承间隙;而小锥形齿轮及轴采用锥形轴承支撑,其轴承间隙可通过在该轴左端轴承盖与变速箱壳体间增减纸质调整垫片来调整。

在变速器中,设计有调整耙刀或刀盘转速的两个调速齿轮,调换该对齿轮位置,可获得不同的转速。也可根据用户要求,另配备其他齿数的调速齿轮,以获得更多的耙刀或刀盘转速。在变速器的最高处设有一个加油口,最低处设有一个放油孔,图 2-5 中右端面的放油阀可用来观察油面的高低,在加油时,等油已在内部平衡后,若拧松此阀有油排出,表示变速器中的油面高度合适。

4. 镇压轮(辊)总成

镇压轮(辊)上按一定的螺旋角焊有切土齿,作业时,切土齿连续均匀入土,滚动作业,无冲击阻力,可以保证农具所需功率最小,并起到镇压、二次压碎、限制整地深度的作用。

1—变速器总成　2—平土杠总成
3—镇压轮连接杠杆　4—镇压轮总成
5—清土铲刀

**图 2-6　镇压轮(辊)总成**

镇压轮(辊)总成的结构如图 2-2 中的 6 和图 2-6 所示。它配置在主机之后,由镇压幅宽大于耙刀工作幅宽的主轮(辊)、支承轴承和支承架、清土铲刀和清土铲刀安装支架等部件组成。

镇压轮(辊)结构型式很多,1BD-300(400)型多功能动力驱动耙配置的是钉齿型镇压轮,是由直径为 325 mm、377 mm 的无缝钢管制成中心体,中心体两端用两层相隔距离较大的幅板焊接成堵头,堵头中心焊接有保证同轴度的轴头。

在镇压轮(辊)中心体的圆柱面上焊接有 300 多个三角形钉齿,它们均为梅花状排列,有利碎土。钉齿镇压轮(辊)作业时,轮体外圆会粘塞泥土,影响碎土和平整土壤表层的效果,因此,在驱动耙的尾部安装有清土铲刀,在镇压轮(辊)转动时,要可连续清除轮体上粘塞的泥土。

清土铲刀固定在铲柄上,铲柄又用螺栓固定在接杆的长孔中,铲刀的高度可以上下调整。根据土质不同,可相应调整清土铲的位置,调整到合适的位置后应拧紧螺母,以防松动脱落。

清土铲刀接杆焊接在支架梁上,支架梁连接在镇压轮的连接杠杆上。

5. 平土杠总成

平土杠总成配置在主机传动箱背后,如图 2-2 中的 4 和图 2-6 中的 2 所示。平土杠总成的平土幅宽大于耙刀工作幅宽,它由材料为 65 锰的平土杠体、安装支座、升降装置、固定装置等部件组成。

平土杠体由下部推土、碎土的杠体和焊接在杠体上面的两个支柱组成。两个支柱均焊接有用于升降的螺母,将两个上支座、两个下支座分别套进平土杠体两个支柱上,拧紧紧固螺栓,再将两根升降丝杆拧入两个支柱的螺母中,然后将装配好的平土杠总成安装和焊接在传动箱体后背即可。

调整时,只需升降平土杠下杠体距地面的高度,使下杠体入土深度为 2~5 cm。调整方法是同时转动平土杠两侧升降丝杆,如图 2-7 所示,使其平行升降,以免卡死,要求调整高度适合,两侧相同,调整完成后,应将锁紧螺杆锁紧,防止松滑。

6. 安全离合器总成

安全离合器的叉盘体与万向节传动轴连接,而它的 6 齿 D48 花键结构的从动盘中心孔与安装在机具上的变速器动力输入轴相连。在机组作业中,安全离合器既起到了传输拖拉机动力的作用,同时,在机具过载时,也可起到超载保护的作用。

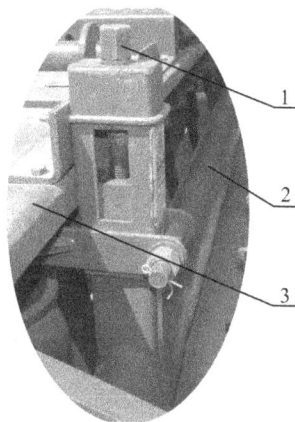

1—升降丝杆　2—平土杠
3—传动箱盖总成

**图 2-7 平土杠的调整**

安全离合器的结构如图 2-8 所示。考虑到通用性和维修的方便,安全离合器一般为普通摩擦片式离合器,其结构由叉盘体(主动壳体)、圆柱压缩弹簧、前压盘、后压盘、从动盘、前摩擦片、后摩擦片、回位弹簧、防护罩、定位钢球、锁套等组成。通过压缩弹簧的作用,将前压盘和前摩擦片压紧在从动盘的前端;通过调压大螺塞与叉盘体的螺纹连接作用,将后压盘和后摩擦片压紧在从动盘的后端。从动盘中心孔的 6 齿 D48 花键与变速器输入轴采用快速接头方式的连接。工作中,与万向节连接的叉盘体随拖拉机的输出轴一起转动,在从动盘前、后摩擦片与从动盘摩擦力的作用下,拖拉机输出轴的动力通过从动盘与变速器输入轴的花键连接传递给动力驱动耙的变速器。当动力驱动耙过载时,叉盘体随万向节转动,前、后摩擦片在从动盘上滑动,而与变速器输入轴成花键连接的从动盘却不转动,从而起到了过载保护的作用。

为拆装方便,安全离合器设计成快速接头,快速接头由锁套、定位钢球、卡簧、回位弹簧、防护罩等构件组成。

安全离合器的调整,是指调整设在后部的调压大螺塞。通过旋转调压大螺塞,可改变压缩弹簧的预压力,即可以改变农具的安全系数。方法是先拆出内六方定位螺钉,用专用扳手转动调压大螺塞,顺时针转为增加预压力,打滑扭矩加大,反之为减小。调整合适后,装回定位螺钉即可。

安全离合器压缩弹簧的预压力值是根据所需扭矩大小决定的。此安全离合器在动力驱动耙上可以设定两种预压力值:一是动力输入轴转速为 1 000 r/min 时,调整安全扭矩为 80 kg·m;二是动力输入轴转速为 540 r/min 时,调整安全扭矩为 150 kg·m。

安全离合器调整的简单测量方法是:先将调好的安全离合器安装在变速器输入轴上,然后用一根长度 2.5 m 左右,直径为 2.5~3 cm 的钢棒,插进叉盘体的叉内,在距离钢棒

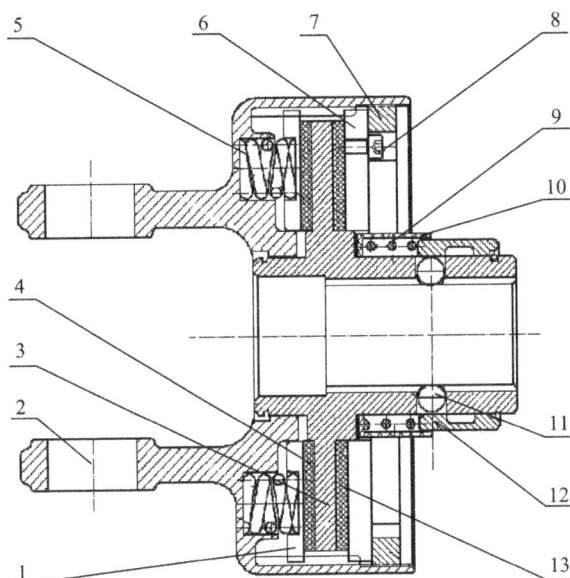

1—前压盘　2—叉盘体　3—从动盘　4—前摩擦片　5—压缩弹簧　6—后压盘　7—调压大螺塞
8—定位螺钉　9—回位弹簧　10—防护罩　11—定位钢球　12—锁套　13—后摩擦片

图 2-8　安全离合器总成结构图

接触叉盘体的接触点 2 m 处加力,力的大小分别为上述扭矩数值的一半,即 40 kg·m 或 75 kg·m 时,摩擦片开始滑转即可;否则,应调整调压大螺塞。调好后应装上内六方定位螺钉,防止调压大螺塞因振动而松动。当然也可在工作中多次调试,以取得合适的安全保护扭矩。

拆卸安全离合器时,将专用的螺杆工具放进从动盘定位螺钉孔内,在螺杆露出叉盘体部分的孔中穿上销子,转动螺母使其松动,即可卸出定位螺钉,退出调压大螺塞。

### 三、动力驱动耙的主要技术参数

1BD-300 型和 1BD-400 型多功能动力驱动耙的主要技术参数见表 2-1。

表 2-1　1BD-300(400)型多功能动力驱动耙主要技术参数

| 参数名称 | | 1BD-300 | 1BD-400 |
|---|---|---|---|
| 外形尺寸(长×宽×高)/mm | 耙地作业 | 1 522×3 370×1 200 | 1 522×4 330×1 200 |
| | 秸秆粉碎作业 | 2 186×3 200×1 156 | — |
| 整机质量/kg | | 约 1 300 | 约 1 700 |
| 最大耙深/cm | | 25 | |
| 作业深度控制 | | 镇压轮连接杠杆 | |
| 作业深度调整范围/cm | | 3～25 | |
| 耙刀数量 | | 12×2 | 16×2 |
| 粉碎刀盘/组 | | 2 | |

续表

| 参数名称 | 1BD-300 | 1BD-400 |
|---|---|---|
| 耙刀转速/(r·min⁻¹) | 236(动力输入 540 r/min) | 386 |
| | 438(动力输入 1 000 r/min) | |
| 刀盘转速 | 动力输入 1 000 r/min 时刀盘转速为 716 r/min;更换调速后刀盘转速可为 790 r/min,875 r/min | |
| 最小要求动力/kW | 75 | 88 |
| 最大允许动力/kW | 110 | 120 |
| 拖拉机动力输出轴 | $\Phi 35$ mm,$Z=6$ | |
| 动力输出轴额定转速/(r·min⁻¹) | 540/1 000 | |
| 挂接类型 | 2 类三点悬挂 | |
| 作业速度/(km·h⁻¹) | 3~12 | |

注:耙地时,动力输出轴转速推荐采用 540 r/min 或 1 000 r/min;秸秆粉碎时,动力输出轴转速推荐采用 1 000 r/min。

### ◉ 工作过程

一、工作课时

要求本单元的理论和实训课时分别为 6 课时和 36 课时。

二、工作过程

1. 作业前的安装、检查及调整

(1)耙刀旋转速度的调整

通过将变速器后部调速室中调速齿轮位置对换,或通过再增设不同传动比的齿轮组,可以使耙刀获得更多的转速。调换齿轮组的方法如下:

① 将机体稍微向前倾斜,确保变速器内油不会溢出。

② 拆下变速器后部调速室盖板(注意不要损坏密封圈)。

③ 取下齿轮限位卡簧。

④ 取下齿轮。

⑤ 将齿轮进行对换,或更换其他齿轮组。

⑥ 重新装上卡簧。

⑦ 重新装回变速器后部调速室盖板(注意密封圈应卡在槽中的正确位置上)。

(2)变速器锥齿轮副调整

在出厂时,变速器锥齿轮副已调整到适合的状态,一般不需调整。但若出现异常情况需要调整,应按下述方法操作:

① 先将变速器箱体内的油放尽,并用柴油将箱体清洗干净。

② 卸去变速器和传动箱盖后,大小锥齿轮副均可看清楚,如图 2-9 所示。检查齿面有无损伤、断裂等现象,检查轴承、油封是否完好。

③ 如发现变速器有问题,则应按本学习情境的"变速器总成"的相关要求和内容进行

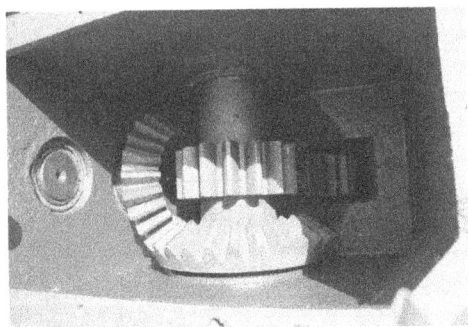

图 2-9　变速器锥齿轮

检查和调整。

④ 进行齿轮啮合印痕检查时,应在齿面中上部的分度圆处进行。在齿长方向,啮合印痕应大于 25 mm,且靠近锥齿轮的小端;齿高方向应大于 6 mm,且靠近齿顶,应以小齿轮的检查为主。

检查调整完毕,紧固各螺钉后,应向箱体内加注要求油面高度的润滑油。

(3) 传动箱各轴承间隙调整

动力驱动耙传动箱各齿轮轴的支承轴承间隙调整装置设计在传动箱外部,无需打开传动箱,也无需放油即可进行调整操作。

若动力驱动耙传动箱内轴承间隙变大需要调整,可按以下步骤进行:

① 拆卸平土杠和镇压轮总成及万向节传动轴、安全离合器,将主机向前倾斜,支撑牢固。

② 拆去耙刀支架盘中心大螺栓上的锁片,卸出中心大螺栓,将压盖下的调整垫片按需要取出 1 片或 2 片,装回压盖,换装锁片,装回中心大螺栓。

③ 用力矩扳手扭紧中心大螺栓,扭矩为 280 N·m,锁好新锁片即可。

(4) 万向节传动轴的安装检查

1BD-300(400)型多功能动力驱动耙可选用如图 2-10 所示的万向节传动轴,它可以把拖拉机输出轴的动力传递给相互不平行、不同轴且两轴间夹角变化的动力驱动耙的输入轴。动力驱动耙安全离合器、拖拉机输出轴及万向节传动轴的连接形式如图 2-11 所示。

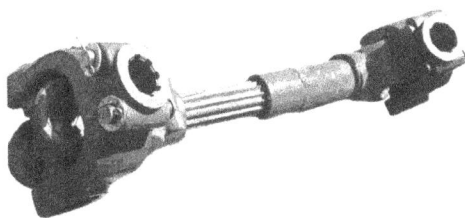

图 2-10　万向节传动轴

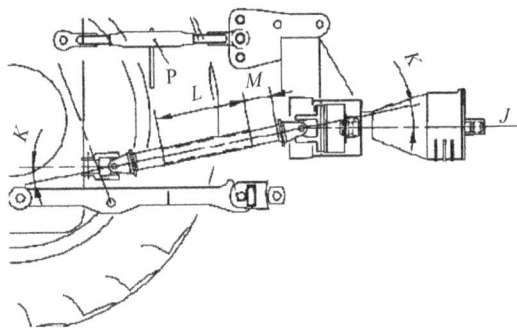

图 2-11　万向节传动轴的连接

注:P 代表上拉杆,M 代表滑动叉滑动距离,J 代表动力输出轴。

在安装中,要保证万向节传动轴和伸缩轴管中心线尽量同轴,两轴线所夹角度 K 要小于 30°,两根轴管重叠长度 L 应大于 22 cm。连接好后,用拖拉机液压提升杆提升机具至最高高度时,万向节传动轴两根轴管重叠长度应大于 1 cm,以保证工作或升起时,万向节传动轴和伸缩轴管不致顶死,降落时也不致脱落。安装时,应使中间的夹叉方位相同且在同一平面内(如图 2-12 所示),以保证耙刀旋转均匀,避免机具振动。

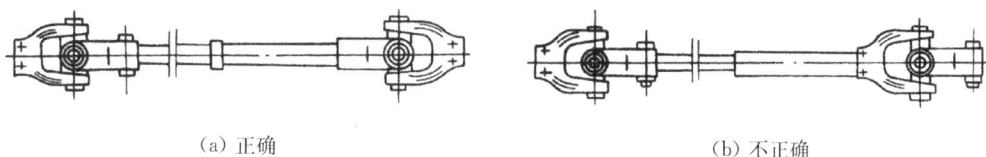

(a) 正确　　　　　　　　　　　　　　　　(b) 不正确

**图 2-12　万向节传动轴的安装**

(5) 动力驱动耙与拖拉机的连接与调整

万向节传动轴安装检查符合要求后,就可将动力驱动耙与拖拉机连接。

① 将动力驱动耙平稳地放在地上,拆去拖拉机的牵引钩,拧下动力输出轴护套。先将调整好的万向节传动轴分别与拖拉机的输出轴、驱动耙的安全离合器连接。

② 将拖拉机液压操纵手柄置于下降位置,提起下拉杆至适当高度,将拖拉机倒至能与驱动耙左右悬挂销轴连接为止。

③ 先连接左下拉杆,后连接右下拉杆,随后装好插销。

④ 连接上拉杆,并装上插销。全部连接好后,检查连接是否可靠并用锁销锁住。

⑤ 左右水平调整(即横向调整)。此调整的目的是保证驱动耙的左右耕深一致。将驱动耙降低,检查左右两端的刀尖离地的高度,若不一致,可调整拖拉机的悬挂装置的斜拉杆长度,直至左右水平。

⑥ 前后水平调整(即纵向调整)。此调整的目的是保证万向节处于有利的工作状态。将驱动耙下降到要求耕深,调节拖拉机的上拉杆,直至驱动耙刀轮箱达到水平或万向节前后达到水平。

⑦ 驱动耙提升高度的调整。万向节倾角变大时,不仅会使得机车的功率消耗增加,而且也容易使万向节损坏。因此,应使万向节的提升倾角不超过 30°,一般只需刀尖离地面 20 cm 左右,机车能空行转弯即可。为了操作方便,应对最高提升位置加以限制。即在作业前,将限位螺钉固定在液压操作手柄上适当的位置,使每次提升的高度保持不变。

调整好机具的各种状态后,拉紧并锁定两个下悬挂板的内外张紧链条,保证机具作业时不会产生较大摆动,机具前部的上拉杆连接点处有高低不同的几个位置可供安装上拉杆及调整之用。

(6) 空运转

如果是新购买的机器,或者是作业季节保养后的机器,在开始作业前都应进行 30 min 的空运转试验。检查时可缓慢接合动力,拖拉机由慢到快空转运动,检查以下项目:

① 检查变速器中润滑油位是否符合要求,润滑油不足应补加。

② 检查箱体有无漏油现象,如有须进行相应的密封处理。

③ 检查箱体轴伸出端有无漏油情况,如有则须更换油封。

④ 检查各紧固件是否可靠及紧固,各转动部件是否灵活,有无碰撞现象。

在空运转试验中,如发现有强烈振动、摩擦、碰撞等异常现象,应立即停车处理。

通过空运转试验对上述事项进行确认后,再将机具高速空转 10～15 min,然后检查各紧固件是否松动,各轴承部件升温是否过高,一切正常后方可投入使用。

（7）试作业

空运转结束后，可进行试作业。

① 试作业时，拖拉机的液压控制装置应置于合适位置。拖拉机以中小油门，用低速挡慢慢前进。

② 将动力驱动耙的耙刀深度调至 5 cm，平土杠吃土深度调至 3 cm。

③ 试作业中要一直观察机具和拖拉机有无异常现象。

④ 在试作业的过程中，还要同时调整机组的碎土能力。机组的碎土能力与拖拉机的前进速度、刀轴转速、平土杠的高低位置有关。一般情况下，应通过改变前进速度来调整碎土能力。作业时的前进速度选用 2～3 km/h，以 2 档操作即可。

⑤ 耙地作业应根据土质状况、干湿度等调整耙刀入土深度。在作业的过程中，若作业深度不符合质量要求，则要调整机组的作业深度。调整时将动力驱动耙停放在地面上，用悬挂装置提升机具，使连接杠杆中间支点的销子松动，拔出销子，换到其他孔内以减少或增加深度。

试作业一段时间后，停车，关闭发动机，拔出启动钥匙，在确保安全后，检查机具和各连接处是否正常，若无异常情况，即可投入正式作业。

2. 小区和地头宽度规划

地块较大时，为减少机组在地头的空行程，提高作业效率，需将大地块划分成若干个小区，规划方法参见学习情境一的工作任务一"液压翻转双向犁耕地"。

3. 耙耕作业

（1）动力驱动耙起步　驱动耙组进入作业区后应将驱动耙下降至接近地面，然后结合动力输出轴，待其运转正常后再挂挡起步，与此同时操纵拖拉机液压升降手柄，使得驱动耙逐步入土，随之加大油门，直至达到正常耕深。

（2）耙耕作业　待驱动耙正常起步后，即可进行耙耕作业。作业时，对于较大地块，可先行分区，各小区可选用以下行走方法依次耙耕：

① 梭形耙耕法。机组从地块（小区）一侧进入，一个行程接着一个行程往返耕作，如图 2-13(a)所示，最后耙耕地头。此法操作简单，易掌握。

② 小区套耙法。可将地块分为若干个小区，小区的宽度应是驱动耙的整倍数。两相邻小区为一组，机组由一个小区的一侧进入，耙耕到地头，提机转弯，从另一小区的相邻边进入，耙到头后，再返回第一小区，接着上一个行程耙耕，形成每相邻两个小区交替耙耕作业，如图 2-13(b)所示。此法克服了机组在地头难以转小弯的困难，适用于面积大的地块。

③ 环形耙耕法。机组从地块一侧进入，沿着地块四周耙耕，逐步缩小耙区，最后由地块中间出地，如图 2-13(c)所示。采用这种方法耙耕后地面平整，漏耙较少，该方法适用于面积小的地块。

④ 间隔耙耕法。如图 2-13(d)所示，机组从地块一侧进入，耙耕到地头后提机转弯，留下一个耙幅的地段不耙，沿着图中实线行走，到地块的另一侧后，再返回按虚线行走，将留下的未耙耕地段耙完。此法也克服了机组在地头难以转小弯的困难，但留下的未耙地宽度要准确，否则会出现漏耙或重耙的现象。

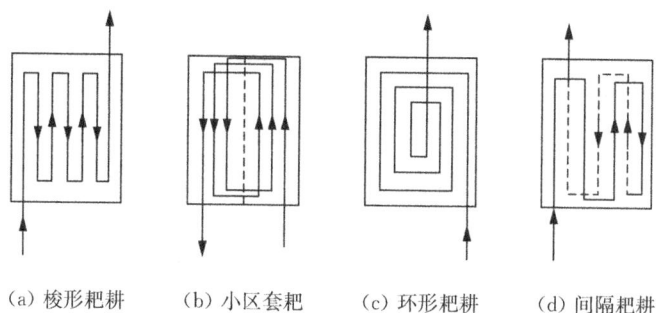

（a）梭形耙耕　　（b）小区套耙　　（c）环形耙耕　　（d）间隔耙耕

图 2-13　耙耕作业

4. 耙耕地头

不论采用哪种方法耙耕地块,最后都要耙耕地块两边的地头,地头耙耕方法参见学习情境一的工作任务一"液压翻转双向犁耕地"。

5. 质量检查

质量检查分作业中检查和作业后检查,可按照质量检测要求进行。

6. 驱动耙的技术保养

正确的使用与保养,是延长机器使用寿命、提高作业质量的重要措施。

（1）班次保养

每个班次作业中和作业后,都应进行相应的技术保养,具体方法如下:

① 检查所有易损件是否完好。

② 每天作业后,检查所有螺栓和接合点是否紧固,以避免发生事故。

③ 每隔 8 h,需在万向节传动轴交叉部分的轴管、十字轴节处和轴节护罩处的黄油嘴加注锂基润滑脂(黄油)。

④ 传动箱内一般不需换油,但作业 10 h 后要检查油面,工作 100 h 后要检查油质,如变化较大,需更换。检查油面时应使传动箱处于水平状态,且要在作业后热状态下进行。

⑤ 定期检查变速器油位(至少每星期一次),使油面达到规定位置。

⑥ 每工作 20 h,向镇压轮两侧的黄油嘴加注锂基润滑脂(黄油),直到其从轴承座和导轮之间溢出,确保轴承的良好润滑。

⑦ 为避免发生意外事故,应经常检查耙刀支架盘中心大螺栓、耙刀或刀盘连接螺栓、销轴、锁片及锁销的可靠性。

⑧ 更换耙刀时,一定要标记它们的原装位置,拆除一个安装一个,以避免装错。每个耙刀支架盘上装有两个耙刀,耙刀的刃口必须朝向旋转方向。耙刀的位置正确与否,关系到整地质量能否提高和机具运转是否平稳。

1BD-300(400)型多功能动力驱动耙的支架盘上有 6 个孔,可供换装秸秆粉碎刀盘,如图 2-14 所示。安装耙刀只用 4 个孔,出厂时已将不装耙刀的孔用螺栓加垫片装好,并拧紧至力矩与装耙刀的力矩相同。

⑨ 经常检查耙刀或刀盘固定螺栓、销轴、锁片、保险销等紧固件是否连接可靠和紧固。

（2）定期保养

作业期结束后或开始前，需对动力驱动耙进行必要的技术保养，具体操作如下：

① 清理机器的工作部件表面，并用润滑油和柴油的混合油或其他产品予以保护，以避免表面氧化。

② 彻底润滑耙刀等工作部件。

③ 对油漆剥落和生锈的地方进行重新刷漆，避免其扩展。

④ 检查机器的磨损、变形、损坏、缺件情况并及时更换配件。

⑤ 将机器存放于干燥通风的库房内。在室外放置时，应停放在平坦、干燥的场地上，用支架把机器架起来，并罩上篷盖。

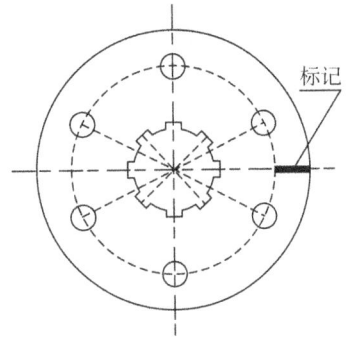

图 2-14　耙刀支架盘螺孔分布

**7. 秸秆粉碎还田机安装调整**

当机具用于秸秆粉碎还田作业时，应先进行以下的部件更换、安装和调整工作。

（1）首先支撑好机具，再卸下镇压轮总成、平土杠总成、镇压轮连接杠杆，只留主机。

（2）拆卸全部耙刀，收贮妥当。将原螺栓和垫片装回支架盘上，并紧固螺栓到规定的力矩，以防止支架盘内进尘土，影响内置自锁紧螺母的清洁度。

（3）以中央轴为中心，在两侧安装刀盘。即从驱动耙的一侧数起，在第 4 和第 10 个支架盘上各安装一个刀盘，刀盘的连接盘用 6 个螺栓和支架盘连接。

（4）支架盘连接孔位确定。如图 2-14 所示，耙刀支架盘盘面有 6 个螺孔，铅垂线上的 2 个螺孔与其他 4 个螺孔距离不同，其他 4 个螺孔在水平面上对称分布，且水平中心线右侧有安装标记线。当机具用于耙耕作业时，各支架盘的铅垂线上的 2 个螺孔均用螺栓加垫片堵住，并拧紧到规定力矩，以防垫片脱落进入尘土，而以水平中心线为对称轴的 4 个对称的螺孔用以安装耙刀；当机具用于秸秆粉碎还田作业时，机具的第 4 和第 10 个支架盘安装刀盘，这两个支架盘上的 6 个螺孔都用来连接，其余各支架盘上的螺孔均用原螺栓加垫片堵住拧紧到规定力矩。

秸秆粉碎还田用刀盘安装调整结束后，驱动耙即可进行作业，作业过程与该驱动耙的耙耕作业过程相同。

**三、操作及安全注意事项**

**1. 操作注意事项**

（1）机组起步时，要先接合动力输出轴，待耙刀转速正常后再使耙刀逐渐入土。禁止在起步时先将驱动耙降入土中或猛放入土中再接合动力输出轴，以免损坏机具。

（2）在工作时，应经常注意倾听驱动耙是否有杂声或金属敲击声，如有异常应立即停车检查，找出原因加以排除后，方可重新作业。

（3）操作机具前，检查所有螺栓和螺母是否紧固，如有松动须立即拧紧。

（4）地头转弯和倒车时严禁作业，应先减油门，提升驱动耙，使耙刀出土后，拖拉机再转弯，否则会造成耙刀变形、断裂、损坏机具。

（5）在地头转弯、驱动耙提升时，万向节传动轴要减慢旋转速度，且要限制提升角度；作业中，还应经常检查万向节传动轴的紧固状态、两根轴管重叠长度，防止发生松脱事故。

（6）田间转移、过田埂或沟渠时，需切断动力输出，将驱动耙置于分离状态，并将驱动耙提升到最高位置。

（7）远距离转移时，应将万向节传动轴从动力输出轴上拆下，用锁紧装置固定好。

（8）停车时，应将驱动耙降落着地，不得悬挂停放。

（9）作业时，不要急转弯或倒退。转弯或倒退时应先将驱动耙升起。地头升降时，应减慢转速。

（10）应防止漏耙，但允许相邻行程有少量的重耙。

（11）应保证拖拉机两边轮胎的压力相同，避免两边的耙地深度不同。

（12）检查并调整拖拉机的提升臂，使其高度相同，且左右有一定摆动量。

（13）在拖拉机空载运转、机组升降时，检查液压管路连接是否完好，液压油是否渗漏，如有问题须进行妥善处理。

（14）应调整好万向节传动轴与拖拉机和驱动耙安全离合器的连接。更换拖拉机时，也需进行连接调整。

（15）安装万向节转动轴时，注意中间两个夹叉开口要处在同一平面内。如果万向节装错，作业时会发出响声，且振动较大，容易引起机件损坏。

（16）由于齿轮有一个磨合期，新机具试运转后不宜立即进行重负荷作业，应轻负荷工作 1～2 个班次后再进行满负荷工作，这样可大大提高齿轮的使用寿命。

（17）耙刀支架盘上用来连接耙刀或刀盘的螺栓是 M16×50 细牙高强度专用螺栓，长度限定严格，不能随便换用其他不合要求的螺栓，否则会损坏机具。

（18）当机组发生故障时，在故障原因不明的情况下，切忌盲目拆修。

2. 安全注意事项

（1）作业中，机上、机后禁止站人，以防发生意外事故。

（2）检查驱动耙和清理镇压轮时，必须停车并将发动机熄火，以确保人身安全。

（3）操作人员应穿着紧身衣裤，留长发者应戴安全帽。

（4）确保所有的操作、控制装置安装正确，以防意外。

（5）机组在运输或转移作业地块时，机具上禁止坐人。

（6）夜间作业时应安装夜间工作灯。

（7）作业中一旦发生过载，安全离合器会立即切断动力传动，此时，应立即分离动力输出轴，提升机具，否则会烧坏摩擦片。当阻力矩降低后，再重新接合拖拉机动力输出轴，离合器会自动接合。

（8）如果有异物堵塞机具，应立刻停止拖拉机作业，并关闭发动机，拔出点火钥匙，然后对机组进行清理。

（9）为避免发生意外事故，应常检查耙刀支架盘中心大螺栓、耙刀或刀盘连接螺栓、销轴、锁片及锁销的连接是否可靠。

（10）操作机具前，确保所有的安全防护装置安装正确，状态良好，一旦发现磨损或毁坏应立即更换。

（11）对机器进行调整、维修、保养前，应关闭发动机，拔出点火钥匙，并等待所有转动的部件完全停止运转，才能靠近机具进行操作。

### ▼ 质量检测

按照作业质量要求进行检查，每作业班次检查 2～3 次。主要的检查内容如下：

1. 碎土及杂草清除情况的检查

按照作业质量要求，检查松土、碎土、地表大土块和杂草清除情况。检查的方法是在地块的对角线上选择 3～5 个点，每个点检查 1 m²。根据检查中发现的问题对机具进行及时的调整。

2. 耙耕深度检查

在机组作业的过程中，每个班次检查 2～3 次，每次检查 3～5 个点。可用以下两种方法检查耙耕深度：

（1）沿不同耙幅靠未耕地一侧，从地块的一端至另一端随机检查，剖开已耙层，露出沟底，用尺子测沟底至未耙耕地表面的垂直距离，即为实际耙耕深度。

（2）将机组停在预测点，用尺子测量驱动耙机架底平面至耙刀底缘的距离和机架地平面至地表的距离，两者的差值即为驱动耙在该点的工作深度。

3. 地表平整度、漏耙、重耙检查

目测地面平整程度，耙耕后的地块不得有高埂、深沟出现，不平度不得超过 10 cm。对相邻行程进行检查，若有漏耙，则应补充耙耕，重耙的宽度不大于 10 cm。

### ▼ 故障诊断与排除

动力驱动耙使用一段时间后，某些技术指标会超出允许限度，从而使机具表现出某种故障。机具出现故障后，如不及时正确地予以排除，会使机具的技术指标更趋恶化，以致机具不能发挥效能或导致有关零部件损坏。为了延长机具的使用寿命，提高机组作业效率，必须及时排除机组故障，使机具恢复至良好的技术状态。

在机组作业过程中，要细心观察机具的运转情况和发生故障的特征，从而分析原因，查明故障，并确定排除方法。作业中，动力驱动耙常见的故障、故障产生原因和排除方法见表 2-2。

表 2-2　多功能动力驱动耙常见的故障、故障产生原因和排除方法

| 故障 | 产生原因 | 排除方法 |
|---|---|---|
| 提升机器时噪声大 | 三点悬挂上拉杆的位置调整不当 | 调整上拉杆的位置 |
| | 越过提升允许高度 | 调整和降低提升高度 |
| 作业时噪声大 | 机器向前或向后倾斜 | 加长或缩短上拉杆 |
| | 机具与拖拉机之间连接不稳，左右晃动 | 稳固拖拉机的悬挂机构 |
| 拖拉机作业没劲 | 机具作业深度太深 | 通过镇压连接杠杆调整作业深度 |
| | 耙刀转速过高 | 降低耙刀转速 |
| | 前进速度太快 | 低挡作业，降低前进速度 |

续表

| 故障 | 产生原因 | 排除方法 |
|---|---|---|
| 作业后地表过于粗糙 | 耙刀转速不够 | 增加耙刀转速 |
| | 前进速度太快 | 降低前进速度 |
| | 作物残留物过长 | 移走作物残留物 |
| 作业后地表过细 | 耙刀转速过高 | 降低耙刀转速 |
| | 前进速度太慢 | 提高前进速度 |
| 耙刀和耙刀座磨损过快 | 耙刀转速过高 | 降低耙刀转速,更换硬质材料的耙刀 |
| 机器的侧面起垄 | 两侧防护板位置不正确 | 调整两侧防护板 |
| 机器强烈振动 | 动力输出轴脱落或损伤 | 安装或更换动力输出轴 |
| | 紧固螺栓松动 | 对螺栓进行紧固 |
| | 转动部位碰撞 | 检查、排除干涉 |
| | 轴承损坏 | 更换轴承 |
| | 滑板高度不一致 | 调整高度 |
| 万向节传动轴折断 | 传动轴卡死或干涉 | 调整或更换传动轴 |
| | 作业中突然超负荷 | |
| 齿轮箱有杂音或温度过高 | 轴承损坏 | 更换轴承 |
| | 轴承体内进入杂物 | 清洗轴承,加注润滑油(脂) |
| | 齿轮间隙不合适 | 调整间隙 |
| | 齿轮箱缺油 | 加注齿轮油 |
| | 齿轮损坏 | 更换齿轮 |
| 轴承温度过高 | 齿轮箱缺油 | 加注润滑油(脂) |
| | 轴承间隙太小 | 重新调整间隙 |
| | 轴承损坏 | 更换轴承 |
| 箱体漏油 | 箱体零件有铸造砂眼 | 粘补处理 |
| | 箱体密封胶或密封垫失效 | 更换青壳纸,重新粘补 |
| | 密封圈损坏 | 更换密封圈 |
| | 箱体加注油太多 | 查看齿轮油观察口 |
| | 油品质量或种类不合适 | 更换合格的双曲线油品 |
| 秸秆粉碎作业质量差 | 割茬过高 | 调整滑板高度 |
| | 前进速度过快 | 低挡减速行驶 |

# 工作任务二　联合整地机整地

## ▼ 情境描述

操作 1LZ-5.6 型或 1LZ-7.2 型联合整地机,平整 650 亩棉花春灌地(冬灌地或新耕翻地)白地。

## ▼ 作业质量要求

1. 掌握农时,及时整地,达到"齐、平、碎、墒、松、净"六字标准,使土地符合播种要求。
2. 整地深度在 3.5~4 cm,深度一致。
3. 地表平整无沟埂,碎土均匀无土块。
4. 不重耕,不漏耕,耕到头,耕到边,平整后的种床达到上虚下实。
5. 地表无杂草、残膜。

## ▼ 学习目标

掌握 1LZ-5.6 型/1LZ-7.2 型联合整地机的构造、工作原理;熟悉联合整地机的性能和技术规格。

## ▼ 技能目标

正确操作 1LZ-5.6 型/1LZ-7.2 型联合整地机做好播前的白地平整,达到作业质量要求;掌握工作过程;正确调整、使用和维护保养联合整地机具;掌握整地安全操作规程。

## ▼ 所需设备、工具和材料

1. 功率在 80 kW(与 1LZ-5.6 型联合整地机配套)或 117.5 kW(与 1LZ-7.2 型联合整地机配套)以上的拖拉机,如东方红- LG1504 型、东方红- 1804 型拖拉机。
2. 新疆科神农业装备科技开发有限公司制造的 1LZ-5.6 型或 1LZ-7.2 型联合整地机。
3. 调整安装用工具。
4. 尺子。

## ▼ 相关知识

联合整地机是与大中型拖拉机配套的复式作业机械。采用联合整地机可以使耕后的土壤松碎、地表平整、表层松软、下层紧密,还能使肥料混合,从而为播种及作物生长创造良好的土壤条件,同时联合整地机的使用可以混合肥料、减少作业工序、降低作业成本、提高生产率,因此,联合整地机得到了越来越广泛的应用。

联合整地机可以实现多种工作部件联合作业,一次作业可完成松土、碎土、平整和镇压四道工序,使土壤形成表层松碎平整的耕层结构,确保土壤能蓄水、保墒。联合整地机的作业质量好,适用范围广,在春、冬灌地及新耕翻地上均能正常作业,在各种情况下均表现出了很强的碎土能力及平整能力。用联合整地机作业一至二遍,相当于用平土框、钉齿耙、轻型圆盘耙和镇压轮作业三至四遍的效果,因此,联合整地机的使用可提高生产率,降低油耗,降低土壤耕作次数和地表的水土流失率。

实践证明,联合整地机作业与翻地、耙地、平地、镇压、除草等传统的多道作业相比,可降低 50%作业成本,使用其进行旱地浅松联合整地作业比深翻、深松作业要增产 15%～20%。

一、联合整地机的结构、性能及工作过程

1LZ-5.6 型及 1LZ-7.2 型联合整地机是我国西部地区广泛应用的具有代表性的机型,它是新疆科神农业装备科技开发有限公司于 2004 年研发的产品,分别可与 80 kW 及 117.5 kW 以上的大功率拖拉机配套使用。1LZ-5.6 型及 1LZ-7.2 型联合整地机将传统的圆盘耙和独特设计的平地齿板、螺旋碎土辊和环形镇压器结合在一起,一次作业可完成松土、碎土、平整、镇压 4 道工序,纵横向可随地仿形,耕作深度、机具升降和折叠采用液压控制。

1LZ-5.6 型联合整地机的结构如图 2-15 所示。它主要由牵引架、平地齿板、左右前后耙组、碎土辊总成、镇压辊总成、地轮辊总成等部件组成。部件横向采用对称式布置在机架上,纵向则按松土、平地、碎土、镇压的作业顺序排列。

1LZ-5.6 型联合整地机与 1LZ-7.2 型联合整地机的主要区别在于,后者在 1LZ-5.6 型联合整地机基础上增加了圆盘耙组、全圆圆盘耙组、平地齿板、螺旋碎土辊、环形镇压器各两组。这样一来,相比较而言,1LZ-7.2 型联合整地机增加了机组的作业幅宽,提高了机组的作业生产率,且其在运输和转移作业地块时,可以将对称的左右两组耙组折叠起来,从而提高了机组的通过能力。1LZ-7.2 型联合整地机的外部形状如图 2-16 所示,其中,折叠后的运输形式如图 2-16(a)所示,作业的形式如图 2-16(b)所示。

联合整地机工作时,前置缺口圆盘耙组和全圆圆盘耙组对土壤进行松、碎作业;随后平地齿板对土壤进行平整、破碎和压实,并进一步疏松土壤;后续两列交叉配置的碎土辊进一步对土壤进行破碎并压实;最后环行镇压器对土壤进行镇压,被抛起的小土块和细土粒落在地表。联合整地机的工作深度由拖拉机通过液压系统进行控制,几个工作部件在被牵引的过程中共同完成整地作业,使地块成为地表平整、土壤细碎、上虚下实的理想种床。

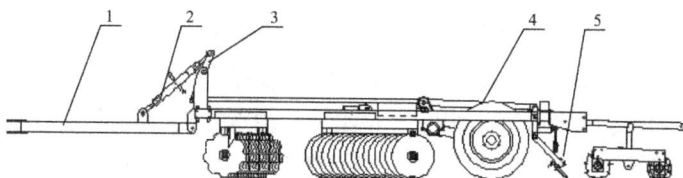

(a)主视图

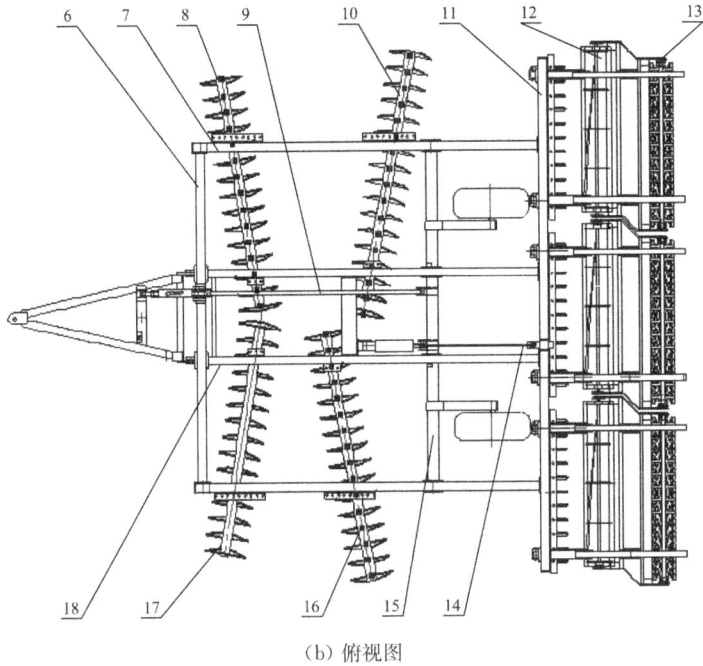

6　7　8　9　10　11　12　13

18　17　16　15　14

（b）俯视图

1—牵引架　2—调节丝杠　3—小架　4—运输轮　5—平地齿板　6—前梁　7—边梁　8—右前耙组
9—拉杆　10—右后耙组　11—后梁　12—碎土辊总成　13—镇压辊总成　14—拉板
15—地轮轴总成　16—左后耙组　17—左前耙组　18—中梁

**图 2-15　1LZ-5.6 型联合整地机结构图**

（a）运输状态　　　　　　　　　　　　　　（b）工作状态

**图 2-16　1LZ-7.2 型联合整地机**

## 二、联合整地机的主要部件结构及安装

### 1. 圆盘耙组的主要部件及安装

圆盘耙组是联合整地机的主要工作部件,它分缺口圆盘耙组和全圆圆盘耙组两种。每种耙组又由耙片、间管、方轴、轴承、刮土铲、耙组梁和轴承支板等构件组成,如图 2-17 所示。耙片中心为方孔,穿在方轴上,各耙片之间用间管隔开,以保持一定的距离,轴端用螺母拧紧,并用开口销锁紧。耙片、间管随方轴一起转动,耙组通过轴承和轴承支板与耙组梁连

接。为清除耙片上黏附的泥土,每一个耙片凹面之间都设有刮土铲,刮土铲上端固定在耙组梁上。为便于耙组工作,刮土铲与耙片凹面之间应有适当的间隙,可通过左右移动刮土铲来调整间隙。

每一个全圆和缺口耙片均为球面圆盘,在凸面周边磨成刃口。联合整地机的缺口圆盘耙组安装在机组的前端,全圆圆盘耙组安装在缺口圆盘耙组之后。缺口耙片的碎土能力强,入土性能好,适用于黏重土壤和荒地,但制造和磨损后修复较困难。全圆耙片的碎土能力和入土性能较缺口耙片差,联合整地机中,全圆圆盘耙组安装在缺口圆盘耙组之后,是为了让其起到辅助碎土的作用。

联合整地机的前后列缺口圆盘耙组和全圆圆盘耙组安装到机架上时,要保证后列全圆圆盘耙组耙片的切土轨迹与前列缺口圆盘耙组耙片的切土轨迹均匀错开,从而提高联合整地机切土和碎土的质量。

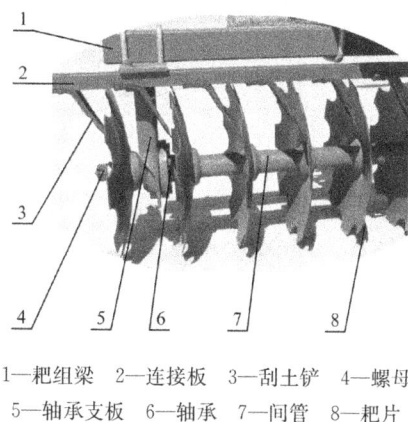

1—耙组梁　2—连接板　3—刮土铲　4—螺母
5—轴承支板　6—轴承　7—间管　8—耙片

**图 2-17　耙组总成**

2. 机架结构及耙组安装

联合整地机的机架用来安装耙组、牵引装置、行走装置、平地齿板、碎土辊和镇压辊等部件。1LZ-5.6 型及 1LZ-7.2 型联合整地机的机架都是将前梁、后梁、左右边梁和中梁用 U 型卡子连接成一体,整机都是组装式,机架结构如图 2-15 所示。

1LZ-5.6 型联合整地机的机架安装如图 2-18 所示。安装前,应先将前、后耙组按如图 2-15 所示位置摆好,把缺口圆盘耙组摆放在前列耙组位置,全圆圆盘耙组摆放在后列耙组位置,两种耙组左、右各摆放一组。缺口圆盘耙组凹面向外,全圆圆盘耙组凹面朝内。前、后两组耙组在摆放时,耙片要相互错开,即后列耙组的每一个耙片要位于前列耙组各耙片之间。前列左、右耙组应尽量靠近,两组耙组的方轴端面相距 5~10 mm。同一耙组相邻耙片的间距调整为 170 mm。装配后,耙组应转动灵活,否则应调整轴承支臂的位置。调整好后,将螺栓紧固。将中梁摆放在前后耙组梁上,用 M20 螺栓和压板将耙组梁与中梁固定。

前后耙组调整和摆放好后,把前梁摆放在中梁前端,再用 M20 螺栓连接固定。

将联合整地机的左、右边梁分别摆放在左、右耙组梁上,用螺栓将左、右边梁分别与前梁固定,如图 2-18 所示。

用 M20 的 U 型卡子将后横梁与左、右边梁及中间梁相连接,连接时要保证后梁上的拉板座朝上,并使其

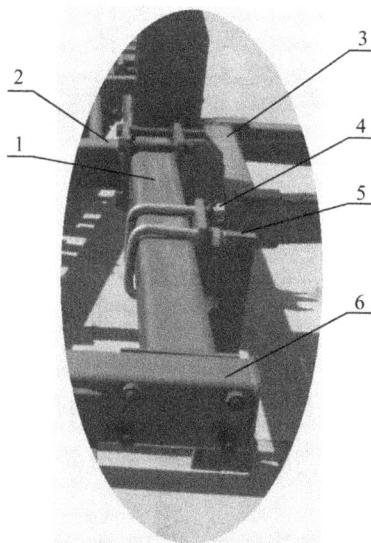

1—前梁　2—中梁　3—牵引架
4—U 型卡子　5—松辙铲　6—边梁

**图 2-18　1LZ-5.6 型联合整
地机机架联接**

与液压油缸的活塞杆对齐,如图 2-19 所示。同时,使前、后梁相互平行,纵梁与横梁相互垂直。

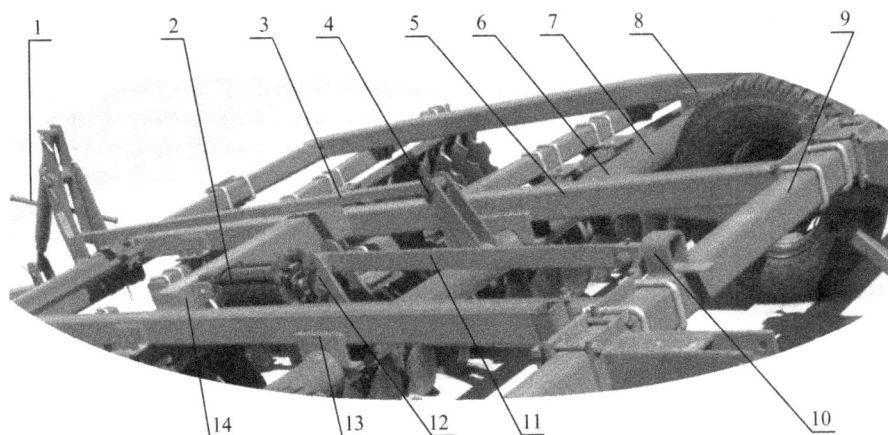

1—调节丝杆 2—液压油缸 3—拉杆 4—力调节支臂 5—中梁 6—运输轮支臂 7—运输轮转轴
8—边梁滑动轴承座 9—后梁 10—后梁拉板座 11—拉板 12—液压驱动支臂
13—中梁滑动轴承座 14—中梁油缸支座

图 2-19 地轮轴总成

图 2-20 耙组梁与边梁连接

最后,调整耙组与联合整地机机架的偏角,调整好后,用耙组连接板和 U 型卡子将耙组梁与边梁连接起来,如图 2-20 所示。

3. 地轮轴总成及安装

地轮轴总成由调节丝杆、小架、拉杆、运输轮、液压油缸、运输轮转轴及运输轮支臂等构件组成,运输轮转轴与运输轮支臂焊接成一体。地轮轴总成不仅是联合整地机的行走机构,还是作业深度调节和作业状态调节机构。

调节丝杆、小架、拉杆、运输轮、运输轮转轴、力调节支臂及运输轮支臂等构件组成联合整地机的作业深度调节机构。其中,力调节支臂与运输轮转轴焊接成一体。转动调节丝杆,可以通过由小架、拉杆、力调节支臂和运输轮转轴组成的四杆机构调节运输轮距机架的高度,从而调整联合整地机机架距地面的高度,达到进一步调整机具作业深度的目的。

液压油缸、液压驱动支臂、拉板、运输轮转轴、运输轮支臂及运输轮等构件组成联合整地机的作业状态调节机构。其中,液压油缸的一端与中梁油缸支座相连,而液压缸的活塞杆与液压驱动支臂相连,液压驱动支臂与运输轮转轴焊接成一体,拉板的一端与液压驱动支臂相连,另一端与机架后梁相连。调整作业状态时,可操作拖拉机的液压调节装置,通过由液压缸的活塞杆、液压驱动支臂、拉板和运输轮转轴组成的四杆机构调整运输轮的转角,从而使联合整地机处于工作状态或运输状态。

安装时,用 20 mm×60 mm 的螺栓将运输轮转轴安装在中梁及左、右边梁的滑动轴承座孔内,将运输轮总成装在运输轮支臂上,用螺栓紧固。

4. 平地齿板的结构及安装

平地齿板安装于全圆圆盘耙组之后,用以进一步松碎土壤、平整土地,为播种创造良好的条件。平地齿板主要由钉齿、耙架、钉齿角调节机构等组成。调节丝杆、伸缩管、连接座、调节支臂和弹簧等组成了平地齿板的钉齿角调节机构(如图 2-21 所示),用于调整钉齿的倾角。平地齿板的耙架由角钢构成,钉齿安装在耙架上,耙架通过弹簧座和伸缩管用 M12×80 螺栓与机架的后梁相连。要调整平地齿板的钉齿角时,可用扳手旋转调节丝杆上的调整螺母,通过调节丝杆带动伸缩管及平地齿板在连接座孔中上、下伸缩。压力弹簧使平地齿板对地面有一定的仿形作用,从而可以根据地表情况改变平地齿板的接地压力。

5. 碎土辊总成的结构及安装

联合整地机的碎土辊总成由碎土辊、镇压轮、碎土辊总成框架、碎土辊支臂等构件组成,如图 2-22 所示。

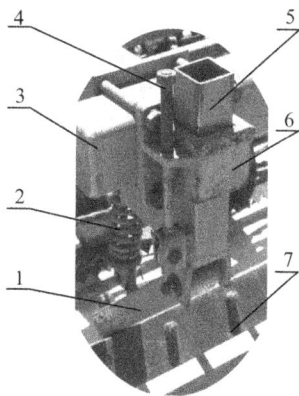

1—调节支臂 2—弹簧 3—后梁
4—调节丝杆 5—伸缩管
6—连接座 7—平地齿板

图 2-21 平地齿板调节机构

每个碎土辊有十个锯齿状的扎片均匀排列在辊体上,且各扎片在辊体上呈螺旋线分布。碎土辊安装在平地齿板上,具有灭茬、碎土、平地和混合土肥的作用。

镇压辊安装在联合整地机的最后方,作业中,通过它来完成联合整地机的最后一道整地工序,主要是进一步压碎土块、压紧耕作层、平整土地、镇压地表,使土壤上虚下实,表层紧密,这样有利于土壤底层水分上升,促使种子发芽,形成良好的种床结构。1LZ-5.6 型及 1LZ-7.2 型联合整地机使用的是网环形镇压辊,它是由若干个网环形边缘的铸铁镇压轮穿在一根轴上组成,重量较大。其特点是下透力大,以压实心土为主,压后地表呈网状压痕,表土保持疏松,有较好的保墒作用。网状形镇压辊非常适用于黏重土壤的压实。

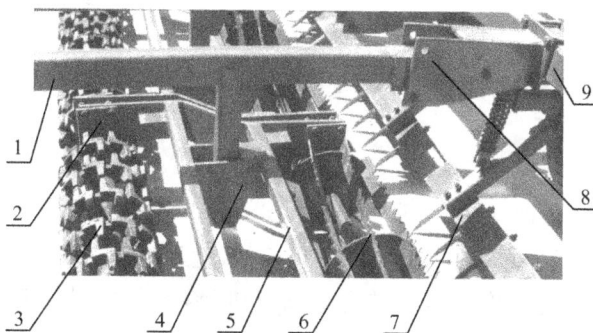

1—碎土辊支臂 2—连接侧板和轴承座 3—镇压轮 4—框架支臂固定座 5—总成框架
6—碎土辊 7—平地齿板 8—后梁安装座 9—后梁

图 2-22 碎土辊总成

安装时,将碎土辊和镇压辊分别安装在碎土辊总成框架的轴承座中,并保证碎土辊在前,镇压辊在后。将"丁"字形的碎土辊支臂的一端装入机架后梁的安装座中,支臂"丁"字形的一端装入碎土辊总成框架的固定座中,插上插销,用开口销锁好即可。碎土辊、镇压辊装配好后,碎土辊总成框架相对机架中心线应左右对称,相邻碎土辊连接侧板间应有3 cm 的间隙。

### 三、联合整地机的主要技术参数

1LZ 系列联合整地机的主要技术参数见表 2-3。

**表 2-3  1LZ 系列联合整地机主要技术参数**

| 参数名称 | 型号规格 | | | |
|---|---|---|---|---|
| | 1LZ-3.6 | 1LZ-4.5 | 1LZ-5.6 | 1LZ-7.2 |
| 外形尺寸<br>(长×宽×高)/mm | 7 250×3 689×1 330 | 7 250×4 740×1 330 | 7 400×5 650×1 330 | 7 330×7 510×1 470 |
| 整机重量/kg | 2 300 | 2 500 | 3 200 | 4 900 |
| 工作幅宽/mm | 3 600 | 4 500 | 5 600 | 7 200 |
| 工作深度/cm | 可达标 10 | 可达标 10 | 可达标 10 | 可达标 12 |
| 耙片直径/mm | 460 | 460 | 460 | 460 |
| 耙片间距/mm | 170 | 170 | 170 | 170 |
| 耙组偏角/(°) | 0～13 | 0～13 | 0～13 | 0～13 |
| 配套动力/kW | 55.15 | 55.15 | 73.53 | 117.65 |
| 运输间隙/mm | ≥300 | ≥300 | ≥300 | ≥300 |
| 作业速度/(km·h$^{-1}$) | 7～9 | 7～9 | 7～9 | 7～9 |

### ◉ 工作过程

### 一、工作课时

要求本单元的理论和实训课时分别为 6 课时和 36 课时。

### 二、工作过程

**1. 作业前的检查及调整**

由于各地农业技术要求不同,土壤情况也不同,为了满足不同地区的需要,并保证良好的作业质量,作业前需对作业地块的土壤情况进行检查,并对作业机具进行必要的调整,对作业机组进行合理的连接。

（1）作业地块的检查

作业机组在进入地块前,机组人员应了解作业地块的土壤水分与地形。联合整地机的作业土壤水分要求应在 25%～35%,土壤水分过低时,作业中会形成过大的干土块;土壤水分过大时,作业又起不到松土的效果。因此,土壤水分过大或过小时,都难以取得很好的作业效果。所以,应掌握好土壤水分和时机,适时进行作业。

（2）联合整地机耙片和齿板的检查

联合整地机的耙片和齿板的技术状态,决定了联合整地机的整地质量的好坏。因此,作业前要进行相关的检查,使这两种工作零部件的技术状态符合规定的技术要求。

① 检查耙片刀口的锋利程度,要求厚度不大于 0.5 mm,刃口角度在 15°～20°。

② 耙片工作表面应光滑,刃口无损坏。若有损坏,纵向深度不得超过 1.5 mm,长度不得大于 15 mm。

③ 同组耙片的下缘应在同一水平线上,偏差不大于 3 mm。刃口应相互平行,最大不平行度不得超过 10 mm。

④ 耙片不应变形,圆盘间距应相等,偏差不应大于 10 mm。

⑤ 刮土板齐全,与耙片凹面之间应保持 3～8 mm 的间隙。

⑥ 各钉齿要正直,偏差不应大于 3 mm,钉齿尖端应锐利,齿刃厚度不应大于 2 mm。

⑦ 同一组平地齿板上的钉齿长度应一致,其偏差不应大于 5 mm,扭曲度应小于 2 mm。

⑧ 钉齿安装到耙架上时,应确保安装牢固,螺帽拧紧后,钉齿上端应余 2～3 扣,垫片应锁好。

（3）拖拉机的调整与连接

工作前,将拖拉机的下牵引点调整到离地 400 mm 的高度,然后用拖拉机提升油缸的定位卡箍将之固定在此位置,此位置即为工作状态时油缸的位置。

将拖拉机的两个下牵引点与联合整地机的牵引轴相连接。液压油路的连接如图 2-23 所示。

液压油路连接好后,操作拖拉机的液压分配器,提升联合整地机,观看牵引梁与机架是否平行,如果不平行,可通过调换整地机油缸进、出油口的两根油管的连接位置,使机架与牵引梁平行。

（4）整机在纵垂面内的调整

放下机具,变为工作状态,若机架与地面不平行,可通过调整调节丝杆的长短,使整机在纵垂面内达到水平。缩短调节丝杆的有效长度,则

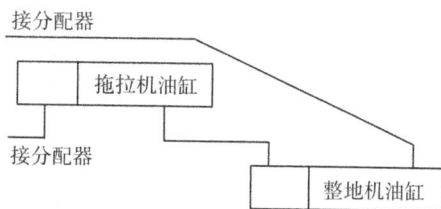

图 2-23 液压系统连接

机架前部降低后部抬高;调长调节丝杆的有效长度,效果则相反。调好后应使圆盘耙片及碎土辊有相同的高度。作业时应使机架与地面平行。

（5）整地深度的调整

调整整地深度,就是调整缺口圆盘耙组和全圆圆盘耙组的偏角。偏角增大,整地深度增加;偏角减小,整地深度减小。作业前,可根据作业地块的土壤情况和农艺要求进行调整。一般作业地块的土壤较黏重,覆盖、碎土的农艺要求较高时,应增大耙组的偏角;否则,应减小偏角。调整联合整地机上耙组偏角调整装置,可改变耙组的偏角,从而起到调节整地深度的作用。调整时,卸去 U 型固定螺栓,改变耙组梁相对联合整地机机架的位

置,达到合适的偏角后,再用 U 型固定螺栓紧固即可。

（6）平地齿板的调整

平地齿板角钢下平面应以离开地面 2～3 cm 为宜,各组平地齿板的下平面应在同一水平面。可通过平地齿板的钉齿角度调节机构进行调整,如图 2-21 所示。

2. 田间清理

虽然联合整地机有很强的通过性能,不易阻塞,但是如果秸秆太多还是会造成作业时耙片阻塞,引起拖堆现象,使作业地块达不到深松标准,地表拖出深沟,杂草秸秆与土壤混合成大堆,给后期作业造成很大困难,尤其是会对后续播种作业的机具造成很大损坏。所以,在作业前,应彻底清理田间杂草、秸秆和其他障碍物,以保证整地作业的质量。

对于不能清理的障碍物,也应做出明显的标记,以便机组作业时绕行。

3. 确定整地方向

平整春翻地、秋翻地、休闲地时,整地方向要与耕地方向成一定的角度,以便减少垄沟,增加整地的平整度并取得较好的碎土效果。按整地方向与耕地时的垄条的一致性来分,机组整地时有顺向整地、横向整地和斜向整地三种行走方向。

（1）顺向整地　整地的方向与耕地的垄条方向一致,在这种情况下,机组作业中的颠簸较小,整地的阻力也较小,但整理后的地表不够平坦,不易平整垄沟。此种行走方向适用于土壤疏松和较为平坦狭长的地块作业。

（2）横向整地　整地的方向与耕地的垄条方向垂直,在这种情况下作业,机组颠簸严重,整地的阻力也较大,但整理后的地表平坦,碎土效果也好。此种行走方向适用于横向较宽的地块作业。

（3）斜向整地　整地的方向与耕地的垄条方向成一定的角度,沿这种方向整地,碎土和平整土地的效果都较好,机组行走也较平稳。此种行走方向适用于大地块作业。

4. 小区和地头宽度规划

小区的宽度在 80～100 m 较为适宜,地头线的宽度一般是机具和拖拉机总长的 2.5 倍。1LZ-7.2 型联合整地机的机具长度为 7.33 m,东方红-1804 拖拉机的车身长度是 5.285 m,所以,地头线的宽度可以定为 35 m,接近机组整地幅宽的整倍数,且略有重叠,也较适合机车转弯。小区和地头宽度的规划,应达到既不过宽产生空行程,也不给机组带来转弯半径太小、转弯费力且难到位的麻烦。

小区和地头宽度规划好后,要打好第一行程线、地头线,避免机车的空行程太多,影响作业效率。

5. 整地作业

联合整地机的整地作业方法,可参考本学习情境工作任务一"动力驱动耙整地"的整地方法。

6. 整理地头

待所有地块的作业小区整理结束后,便可整理作业地块的地头。地头整理的方法可参考学习情境一中工作任务一的地头耕整法。

7. 质量检查

质量检查分作业中检查和作业后的检查,可按照联合整地机整地的质量检测要求进行。

8. 联合整地机的技术保养

（1）日常保养

① 作业中,经常检查联合整地机上的紧固件的固定情况。尤其要注意耙组方轴两端的螺母,发现松动应及时紧固。

② 行走轮上的转轴和碎土辊芯轴处的轴承每周要加注一次润滑脂。

③ 经常保持液压件表面清洁。

④ 行走轮应保持足够的气压。

⑤ 每个班次结束后,应清除机具上的黏土和缠绕的秸秆、杂草等。

⑥ 失效的密封件应及时更换。

⑦ 检查耙架、耙片和刮土板是否有变形和损坏,如有应及时修复或更换。

⑧ 检查联合整地机的转动部件,各转动部分应转动灵活。

（2）定期保养

在作业期结束时,除完成班次保养外,还需对联合整地机进行其他方面的保养,以便入库存放,具体保养内容如下:

① 清理机器工作部件的表面,并用润滑油和柴油的混合油或其他产品予以保护,以避免表面氧化。

② 彻底清洗并检查各类轴承,磨损严重的应更换。轴承重新装配后,应加注润滑脂,且间隙要符合技术要求。

③ 每个工作周或作业期结束,要对联合整地机的各工作部件加注润滑脂,注油的位置见表2-4。

表2-4 联合整地机的注油部位

| 注油位置 | 加注润滑脂的部位数目 | 润滑周期(周/作业期) |
| --- | --- | --- |
| 耙组 | 16 | 1 |
| 碎土辊 | 12 | 1 |
| 行走轮 | 2 | 1 |

④ 对油漆剥落处和生锈的地方进行重新刷漆,避免其扩展。

⑤ 检查机具的磨损、变形、损坏、缺件情况,并及时更换。

⑥ 机具存放时,液压装置要加满液压油,油管接头要用专用盖堵紧。

⑦ 长期存放时,运输轮的轮胎应拆下来,内、外胎应分开放,内胎应充气。

⑧ 将机具存放于干燥通风的库房内。在室外放置时,应停放在平坦、干燥的场地上,用支架把机具架起来,耙片要离开地面,还需给机具罩上篷盖。

⑨ 1LZ-7.2型联合整地机机具存放时,应使折叠的两组整地机组降落着地,并将机具垫起离开地面,不得以折叠状态存放。

三、操作及安全注意事项

1. 操作注意事项

（1）在进行整地作业前,应检查机车的技术状态、机具的挂接情况,以保证技术状态良好。

（2）检查各油管接头是否紧固、封闭，有无漏油现象，液压系统的升降是否正常。

（3）作业中不许急转弯，在牵引的过程中联合整地机不许倒车。

（4）整地作业的第一行程，要求机组要走直，以免以后行程出现漏整或不合理的重整。

（5）在整地作业中，相邻两行程间应有适当的重叠，重叠的量在 10～20 mm，以便增加地表的平整度和防止漏整。重叠量不能过大，否则将影响机具的作业生产率。

（6）下雨后，要掌握土壤的湿度，土壤太湿时，联合整地机的镇压轮容易粘土，整地的效果就会较差。

（7）拖拉机应用 2 挡或 3 挡进行整地作业，禁止高速作业，以提高整地的质量。

（8）机组靠近田埂作业时，应注意避免整地机机架或耙片被碰坏。

（9）整理地边、地角时，若堆土多，则应增加整地机的作业深度，以便将土拖走；若堆土浅，则应减少整地机的作业深度，以减少拖土量，从而保证整体平整度。

2. 安全注意事项

（1）对机具进行任何调整或换件，都必须在拖拉机停车状态下进行。

（2）联合整地机在作业和运输时，严禁在机架上站人或放置物件。

（3）发现故障时，应立即停车检查排除，严禁在联合整地机作业时进行调整或排除故障。

（4）联合整地机在作业时，严禁周围站人。

（5）1LZ-7.2 型联合整地机机组停车时，应使折叠的两组整地机组降落着地，不得以折叠状态停放。

### 🔻 质量检测

1. 碎土及杂草清除情况检查

按照联合整地机的农业作业质量要求进行检查，主要检查松土、碎土、剩余大土块和杂草的清除情况。检查时，在作业地块的对角线上选择 3～5 个点，每个点检查 1 m²。

2. 漏整情况检查

一是检查相邻行程有无漏整，重整宽度不得大于 10 cm；二是沿作业地块的对角线检查。必要时应进行补充整理。

3. 地表平整度检查

目测地面平整程度和土壤疏松程度，地表应无大土块和明显的垄沟，不平度不应超过 10 cm。

4. 整地深度检查

整地深度的检查分为作业中的检查和作业后的检查。

（1）作业中，每个班次要检查 2～3 次，每次检查 3～5 个点。检查时，沿不同工作幅宽靠未整地一侧从地块的一端至另一端随机检查，剖开已整层，露出沟底，用尺子测沟底至未整理地表面的垂直距离，即为实际整地深度。

（2）作业后检查时，沿地块（小区）对角线方向取 5～7 个测量点，整平地表，用直尺插入整理层底部测其深度,求出各点的平均值,再减去 20％的土壤膨松度(雨后检查时减去10％的膨松度),即为实际的整地深度。

## 故障诊断与排除

使用过程中,联合整地机一些常见的故障、故障发生的原因及排除方法见表2-5。

表 2-5 联合整地机常见的故障现象、故障产生原因和排除方法

| 故障 | 产生原因 | 排除方法 |
|---|---|---|
| 堵塞 | 土质过松 | 调小耙组偏角,减小耕作深度 |
| | 耕作深度过深 | 调整刮土板与耙片凹面间的间隙,以不相碰为限 |
| | 土壤湿度太大 | 选择宜耕地块作业 |
| 拖堆 | 地表残株、杂草、垡块过多 | 操纵液压系统将机具升起,越过障碍后继续工作 |
| | 耕作深度过深 | 减小耙组偏角,调整工作深度 |
| 耙组转动不灵活 | 轴承支臂安装位置不正确 | 松开紧固螺栓,调整轴承支臂安装位置 |
| | 轴承支板变形 | 修正轴承支板 |
| | 方轴螺母松动 | 紧固方轴螺母 |
| | 方轴变形 | 校直方轴,拧紧方轴螺母,扣紧防松垫圈 |
| 耙片不入土 | 耙组偏角太小 | 调大偏角 |
| | 耙组重量不够 | 增加耙组附加重量 |
| | 耙片磨损 | 重新磨刃或更换 |
| | 耙片堵塞 | 清除堵塞物 |
| 耙后地表不平 | 前后耙组偏角不一致 | 调整偏角 |
| | 附加质量不一致 | 调匀附加质量 |
| | 耙架纵向不平 | 调整牵引点位置 |
| | 个别耙组不转动或堵塞 | 清除污泥或堵塞物,使耙组转动 |
| 阻力太大 | 耙组偏角太大 | 调小偏角 |
| | 附加质量太重 | 减小附加重量 |
| | 刮泥板卡耙片 | 调整刮泥板与耙片之间的间隙 |

学习情境三

作物播种

# 工作任务一　谷物播种机播种

## ▼ 情境描述

在耕整好的 650 亩地块上操作谷物播种机进行播种作业。

## ▼ 作业质量要求

1. 掌握农时,适时播种,播量符合规定要求,下籽、下肥均匀。
2. 播深符合规定要求,深浅一致,误差不超过±1 cm。
3. 播行端直,行距一致,接头正确,地头无天窗、喇叭口。
4. 覆土良好,镇压确实。
5. 不重播,不漏播,无断条。
6. 播到头,播到边。

## ▼ 学习目标

掌握 2BF-24A 型谷物播种机的构造、工作原理;熟悉谷物播种机的性能和技术规格。

## ▼ 技能目标

正确运用 2BF-24A 型谷物播种机进行播种,达到作业质量要求;掌握工作过程;正确调整、使用和维护保养谷物播种机;掌握播种的安全操作规程。

## ▼ 所需设备、工具和材料

1. 功率在 55 kW 以上的拖拉机,如天津-754 型拖拉机。
2. 2BF-24A 型谷物播种机。
3. 打埂器、镇压器。
4. 调整安装用工具。
5. 直尺、卷尺及标杆。

## ▼ 相关知识

一、2BF-24A 型谷物播种机的构造与工作过程

2BF-24A 型谷物施肥播种机是由新疆石河子一四八团营丰农机制造有限公司制造。它的整体构造情况如图 3-1 所示,由机架、种肥箱、排种器、排肥器、输种管、开沟器、覆土

器、划行器、传动装置、升降装置、离合装置、行走装置等部分组成。

图 3-1 2BF-24A 型谷物播种机的外形图

工作时,开沟器开出种沟,种子箱内种子由行走轮转动,通过传动装置,被排种器排出,再通过输种管落到种沟内,然后由覆土器覆土。有的播种机还带有镇压轮,用以将沟内的松土适当压紧,使种子与土壤密切接触以便于种子发芽生根。

2BF-24A 型谷物播种机采用行走轮驱动排种器,这样能使排种器排出的种子量始终与行走轮所走的距离保持一定的比例,从而使单位面积上的播种量均匀一致。2BF-24A型谷物播种机的行走轮直径比较大,这是由于 2BF-24A 型谷物播种机的行距较窄,一台播种机上的行数较多,排种器常采用通轴传动,需要较大的传动力矩;同时直径较大的轮子可以减少转动时的滑移现象,使排种比较均匀。

二、播种机的主要工作部件和部件的调整

1. 排种器

排种器是播种机上最重要的核心部件,它直接影响着播种机的质量。因此,要求排种器排种均匀、播量稳定可靠、对种子损伤小、播量调节范围大、通用性好、工作可靠、调节方便。

2BF-24A 型谷物播种机上主要采用的是外槽轮式排种器和水平圆盘式排种器。

(1)外槽轮式排种器 如图 3-2 所示,它主要由排种轴、排种盘、外槽轮、阻塞套及排种舌等组成。工作时,种箱内的种子在重力作用下,经箱底孔眼不断充满排种盘和外槽轮的凹槽,外槽轮转动时,槽内的种子被强制排出。外槽轮式排种器的排种方式如图 3-3 所示,有上排式(种子由上方排出,适用于播玉米、大豆等大粒型种子)和下排式(种子由下方排出,适用于播麦类等中小粒型种子)两种类型。国产谷物播种机大多采用下排式。外槽轮式排种器的主要调整如下:

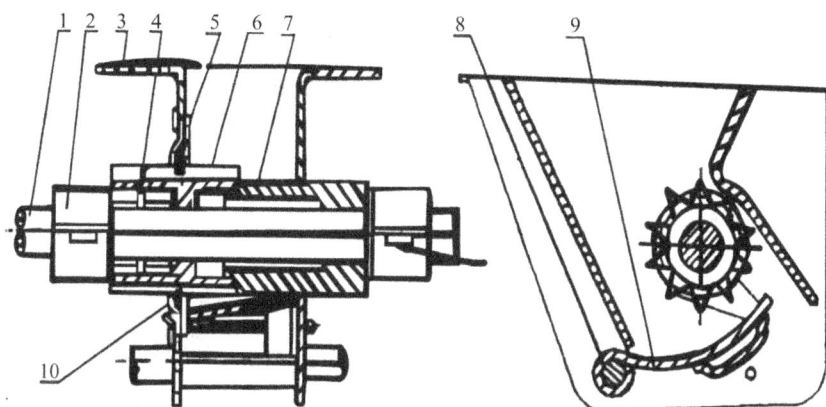

1—排种轴　2—卡箍　3—排种盘　4—轴销　5—内齿形挡圈
6—排种轮(外槽轮)　7—阻塞轮　8—排种舌轴　9—排种舌　10—开口销

**图 3-2　外槽轮式排种器**

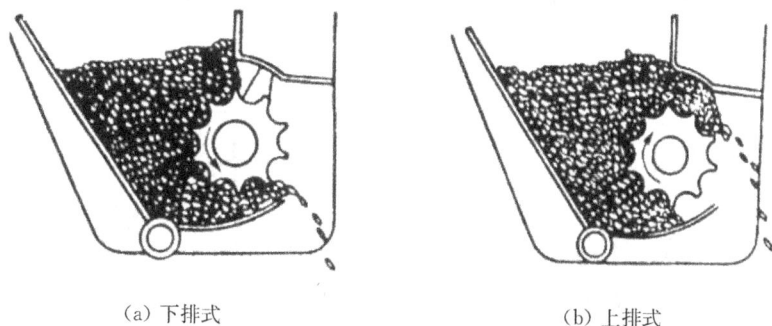

(a) 下排式　　　　　　　　　(b) 上排式

**图 3-3　外槽轮排种器的排种方式**

① 排种量的调整　外槽轮式排种器的排种量主要取决于槽轮的有效工作长度和转速。槽轮的工作长度可使用调节手柄横向移动排种轴来调整。调整方法是:右移排种轴,外槽伸入排种盘部分的工作长度增加,排种量增大;左移排种轴,工作长度减小,排种量减少。转速的调整可以通过改变传动比进行。

② 各行排种轮工作长度的调整　松开排种器两侧的卡箍,即可移动外槽轮和阻塞套,调节到所需位置再将卡箍固定。调整方法是:将指示盘手杆打到 0 位,逐个检查各排种盘上的阻塞轮,如接触不上,应将两端卡箍螺母拧松,轻轻向里敲动阻塞轮,靠实以后,再将两卡箍的螺母拧紧。两卡箍的端面应与排种轮和阻塞轮紧贴。

③ 排种舌开度的调整　排种舌开度将直接影响排种量的大小,工作前必须进行调整。可将排种舌固定在 3 个高度不同的位置(排种盘侧壁有 3 个高度不同的凹槽)以调节排种间隙,最上面的位置排种间隙最小,适用于播种谷子、菜籽等小粒种子;中间位置适用于播种小麦、高粱等中粒种子;最下面的位置排种间隙最大,适用于播种玉米、大豆等大粒种子。

(2) 水平圆盘式排种器　水平圆盘式排种器主要由排种圆盘、刮种器、击种器及盖板等组成。工作时,种子通过盖板的中间槽口落入排种圆盘的孔中,当排种圆盘转动时,刮种器将孔外多余的种子刮去,孔内的种子随排种圆盘转至排种口上方时,种子被击种器击落,经输种管掉入种子沟内。水平圆盘式排种器的主要调整如下:

① 刮种器与排种圆盘的间隙调整  通过调节螺钉进行调整。

② 播种穴距的调整  更换不同孔数的排种圆盘(每台播种机都配有一套不同孔数的圆盘,以供使用时选择)。

**2. 开沟器**

开沟器是播种机上的主要部件,它的功用是完成开沟、导种和覆土的任务。对开沟器的要求是:开沟的深度和宽度应符合农业生产技术要求;土层翻转少,保证种子落在沟底湿土上;具有一定的覆土作用以利于种子发芽;开沟深度应能够调节;入土性能好,工作阻力小,不挂草、不堵塞。常见的开沟器有圆盘式开沟器、锄铲式开沟器、滑刀式开沟器等。

(1) 圆盘式开沟器

① 单圆盘式开沟器  单圆盘式开沟器主要由单圆盘(为凹面圆盘,凹面偏向前进方向,与前进方向成30°~80°夹角)、刮土板等组成,如图3-4所示。工作时,由于单圆盘斜着向前滚动,一方面以锐边切开土壤,另一方面又使土壤沿凹面上升,并被抛向一侧,其中一部分土壤沿着圆盘下滑落入种沟覆盖种子。

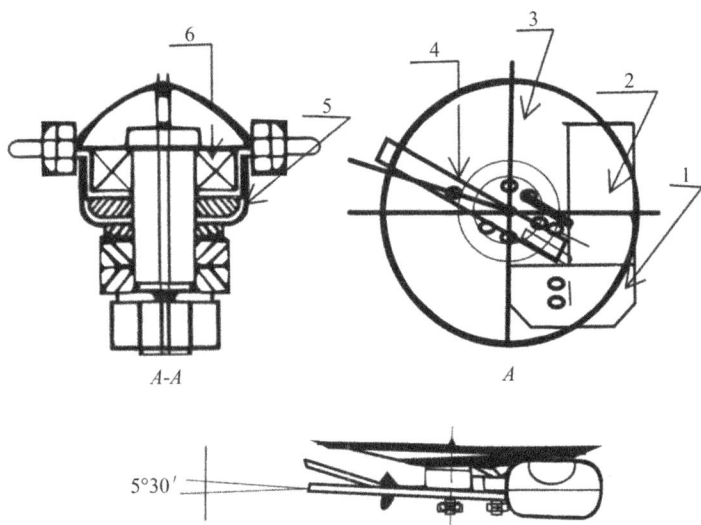

1—刮土板  2—输种管  3—单圆盘  4—拉杆  5—防尘圈  6—轴承
**图3-4  单圆盘式开沟器**

② 双圆盘式开沟器  双圆盘式开沟器主要由一对圆盘、开沟器体、圆盘轴和导种板等零件组成,如图3-5所示。工作时,圆盘受土壤阻力作用,滚动前进,切开土壤,并将土壤推向两侧形成种沟,圆盘滚过后两侧湿土流入沟底,覆盖种子。

(2) 锄铲式开沟器  锄铲式开沟器主要是由拉杆、开沟器体、开沟铲、压杆座和反射板等零件组成,如图3-6所示。工作时,开沟铲以锐角入土,先将土壤向前推壅,在开沟铲前形成土丘,而后铲壁将土丘向两侧推挤,分开成沟。种子沿中空的开沟器体落下,反射

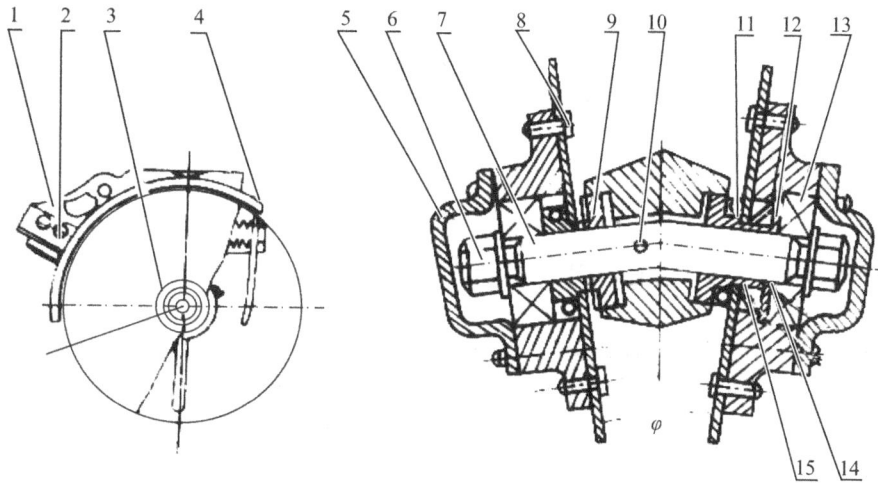

1—开沟器体 2—圆盘护板 3—分土板 4—导种板 5—圆盘盖 6—螺母 7—圆盘轴 8—圆盘
9—轴承内挡圈 10—圆柱销 11—防尘圈 12—密封圈 13—轴承 14—防尘圈座 15—轴承垫圈

图 3-5 双圆盘式开沟器

板进行导种向两侧分散,可使苗幅宽度达 5~6 cm。

(3) 滑刀式开沟器 滑刀式开沟器主要由滑刀、推土板、限深板、限深调节螺杆等组成,如图 3-7 所示。工作时,滑刀以钝角入土切开土壤,刀后的推土板向两侧挤压土壤,形成种沟,种子从两推土板之间落入沟底。

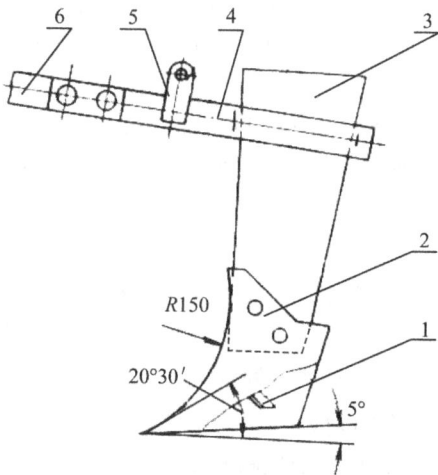

1—反射板 2—开沟铲 3—开沟器体 4—夹板
5—压杆座 6—拉杆

图 3-6 锄铲式开沟器

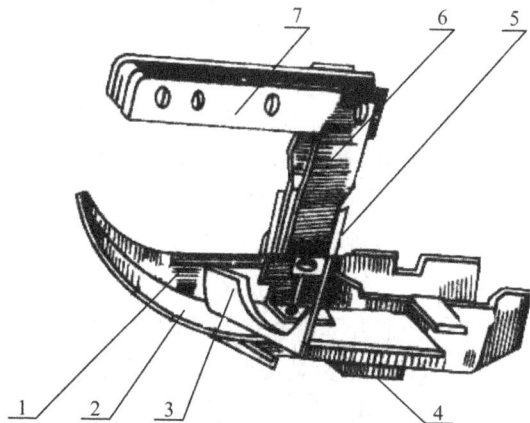

1—滑刀 2—限深板 3—推土板 4—底托
5—调节螺杆 6—调节齿板 7—拉杆

图 3-7 滑刀式开沟器

(4) 开沟器的调整

① 入土深度的调整

a. 手轮调节 手轮的丝杆向里旋,播种深度增加;丝杆向外旋播种深度减小。深度调节适当后将锁紧螺母紧固。

b. 升降拉杆弹簧　如果整地良好,土壤疏松,在开沟器本身重量作用下,在开沟深度已足够的情况下,可将弹簧卸去不用。如土壤较为坚实,地表板结,开沟器不易入土,可将山形销位置向上调节,增加弹簧的压力,迫使开沟器入土。

c. 升降拉杆头部调节孔　某些地区或某种作物要求浅播,而土壤又较为疏松,行走轮下陷大,通过调整手轮的丝杆调且去掉弹簧仍然不能满足浅播要求时,可将升降拉杆向上提,在升降拉杆的头部下面三孔中找到适当的孔,插入开口销或螺栓,以满足浅播的要求。

② 行距调整(即开沟器在播种机梁上的安装)

播种不同的作物,行距要求是不一样的,播种机开沟器的安装位置可在开沟器横梁上左右移动,播种前应根据要求的行距安装开沟器。调整步骤如下:

a. 计算开沟器的数目

可按式(3-1)进行计算

$$n = L/b + 1 \tag{3-1}$$

计算后取整数。

式中:$n$——梁上安装的开沟器数(个);

$L$——开沟器横梁的有效长度,等于开沟器梁的安装长度减去一个开沟器拉杆的安装宽度(cm);

$b$——农业技术要求的行距(cm)。

b. 按行距逐次从梁的中间向两侧对称安装,以保证两侧工作阻力一致,从而使行走稳定。如开沟器为单数,则从梁的中线开始安装第一个开沟器;如若开沟器为双数,则从梁中线两侧各半个行距处开始安装开沟器。

c. 安装时,相邻开沟器应前后列相互错开(前列拉杆短,后列拉杆长),以保证开沟器间不易堵塞。开沟器数目为双数时,中间两行应装前列开沟器,然后按一后一前顺序向两侧安装。当需要使用的开沟器数目等于或小于原整机配备的开沟器数的一半时(或播种宽行作物时),可全用后列开沟器。

d. 播种中耕作物时,必须与中耕机械安装和作业要求配套,播种机的工作幅宽必须等于中耕机工作幅宽的整数倍。

e. 开沟器升降叉和拉杆移动到安装位置后,应将其固定螺栓拧紧,并起落数次,检查安装是否紧固,行距是否正确,如若行距不符合要求,应予以校正。

f. 暂时不用的开沟器、输种管应予以拆除,不用的排种器应用盖板盖住。

3. 输种管

输种管是将排种器排出的种子导入开沟器或直接导入种沟。对输种管的要求是:对种子流的干扰小;有足够的伸缩性并能随意挠曲,以适应开沟器升降、地面仿形和行距调整的需要。输种管主要有金属圈片管、钢丝管、波纹管、折纹管等形式,常采用金属、橡胶、塑料等材料制成,这些材料都具有一定的伸缩性。使用最为普遍输种管的是塑料管。

### 4. 覆土器

开沟器只能在种子上覆盖少量的湿土,满足不了覆土厚度的要求,通常在开沟器后面还需要安装覆土器。对覆土器的要求是在覆土时不改变种子在种沟里的位置,覆土深度一致。播种机上常用的覆土器有链环式、弹齿式、爪盘式、圆盘式、刮板式等。链环式、弹齿式、爪盘式覆土器为全覆盖,常用于行距窄的谷物条播机上。

### 5. 镇压轮

镇压轮用于压紧土壤,以保持土壤水分,利于种子发芽生长。镇压轮主要有三种类型:平面凸面镇压轮,这种镇压轮的轮子较窄,主要用于沟内镇压;凹面镇压轮,可从两侧将土壤压向种子,从而使种子上方的土较松,利于幼苗出土;空心橡胶轮,其结构类似没有气胎的橡胶轮,胶圈受压变形后靠自身弹性复原。

### 6. 划行器

划行器的作用是在播种作业中按规定的距离在未播种的地面上划出印痕,用以指示拖拉机下一行程的行走位置,以保证邻接播行的行距准确一致。播种机的两侧各有一个划行器,它们安装在机架上(与机架铰链连接)。划行器伸出长度可以调节,播种机工作时,在每一行程都要操纵划行器的升降,并进行左、右交替更换。划行器升降机构一般有人力操纵式、机械操纵式和液压自动式三种形式。播种时要根据播种机的幅宽对划行器的长度进行调整。

划行器的长度与播种机连接台数、播种方法(梭形式、向心式、离心式)、驾驶员所对目标等有关。现以轮式拖拉机连接单台播种机,采用梭形式播法,用右前轮中线对印,说明划行器长度的计算方法,示意图如图 3-8 所示。

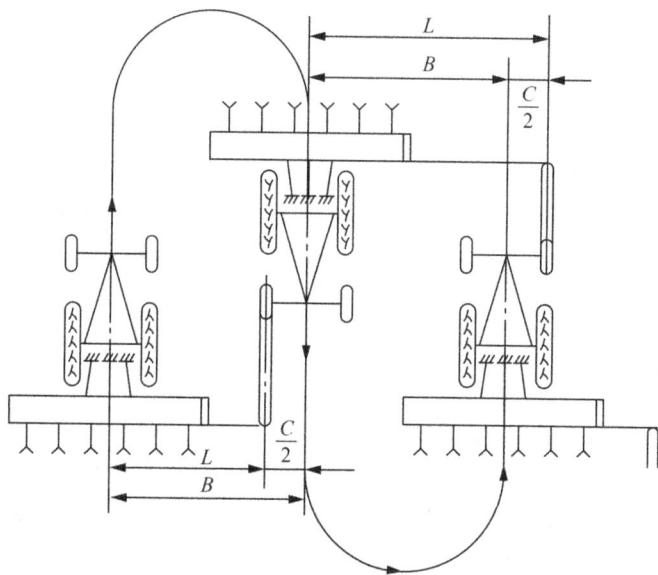

**图 3-8 划行器的长度计算**

划行器长度可按以下两式计算:

$$L_Z = B + C/2 \tag{3-2}$$

$$L_Y = B - C/2 \tag{3-3}$$

式中：$L_Z$——左边划行器长度（m）；

$L_Y$——右边划行器长度（m）；

$B$——播种机幅宽（m）；

$C$——拖拉机前轮中心距（m）。

采用多台播种机联合作业，以梭形播法工作时，划行器长度可按以下两式计算：

$$L_Z = \frac{(N+1)B + l}{2} \tag{3-4}$$

$$L_Y = \frac{(N+1)B - l}{2} \tag{3-5}$$

式中：$N$——播种机台数（台）；

$l$——划行器长度（从最外侧播种机的中心算起，m）。

### 7. 排肥器

播种兼施肥是农业生产的要求。常用的排肥器有槽轮式、星轮式、振动式、转盘式和搅龙式等，目前谷物播种机上大都采用的是水平星轮式排肥器。

水平星轮式排肥器主要由排肥星轮、输肥漏斗、护罩、挡肥板、排肥活门、打肥锤、磨片等组成。工作时，通过锥形齿轮带动排肥星轮转动，肥料在星轮轮齿的强压下，经排肥活门被带入导肥板，肥料在自身重力作用下由排肥口落下，经输肥管落进种沟内。排肥量可以通过调节活门开度和改变星轮转速进行调节。

### 三、播种机的辅助工作部件

#### 1. 机架

机架为封闭式矩形框架焊接结构。前后左右梁材料均采用 6.3# 热轧槽钢，中间焊有三根纵梁（角钢）用于加强，兼供其他部件连接之用。开沟器梁采用方形钢管，用三个支承板连接，焊于前梁下方，形成另一个矩形框架结构。后梁下部焊有拉条，有两个调整螺杆，供后梁校形调整之用（后梁向下弯曲时使用）。左、中、右三根牵引梁分别和框架连接，形成牵引三脚架。

#### 2. 行走部分

机架两侧有两个行走轮，用销钉和顶丝固定在主轴上。行走轮向前转动时，通过销钉带动主轴转动。主轴用浮动的轴套和轴架固定在机架中部。主轴的里端装有自动器，中部装有主动链轮和离合器。行走轮和主轴是播种机各转动部分的动力来源，同时也是播种机的支持轮。在脚踏端支板上安装有刮泥刀，用以刮除行走轮轮缘上粘附的土壤，避免行走轮打滑。

#### 3. 传动装置

排种、排肥部分的运动，在行走轮及主轴转动后，通过主轴上的主动链轮，用铸铁钩形链条传给安装在机架前梁上部的传动轴（第一级变速），再通过传动轴外端的链轮，通过链条直接传给排种轴(第二级变速)。在第二级变速上有 10 齿、15 齿和 20 齿三种链轮,互相倒换安装,可得 6 种不同的排种传动比。排肥机构的运动则通过箱端壁上的一对齿轮由排种轴传给排肥轴,然后一对锥齿轮减速使水平排肥星轮转动并进行排肥。

4. 升降机构

当播种机由拖拉机牵引在道路上行进和地头转弯时,为了不使开沟器碰到地面和在入土情况下因转弯而损坏,须使用升降机构把开沟器升起至一定的高度并锁住;播种时,须将开沟器由升起位置降下至入土,同时也锁住,要求入土深度能进行调整。升降机构包括自动器、曲轴、调节器、升降方轴、操纵杆等部分。升起和降落状态下,自动器杠杆和自动器卡盘被操纵杆滚轮锁在相应位置上,这时,卡盘相当于主轴轴承,主轴在卡盘孔内转动。需要升降时,扳动操纵杆使滚轮和卡盘脱离,这时,由于杠杆拉簧的作用,杠杆上的滚子卡在自动器圆盘的凹坑内,所以主轴转动时卡盘将随主轴一起转动。卡盘外端有曲轴随卡盘转动,曲轴通过调节器推动升降方轴转动,从而使开沟器升起或降落。开沟器起落一次,自动器卡盘和曲轴转动 180°,操纵杆借拉簧的作用又将卡盘锁住,即扳一次操纵杆开沟器升起,再扳动一次开沟器降下。

5. 离合机构

离合机构由安装在主轴上的齿形离合器套、离合器弹簧及离合器叉组成,如图 3-9 所示。离合器主动套用键固定在主轴上,在轴上可作轴向滑移。离合器从动套活套在轴上,

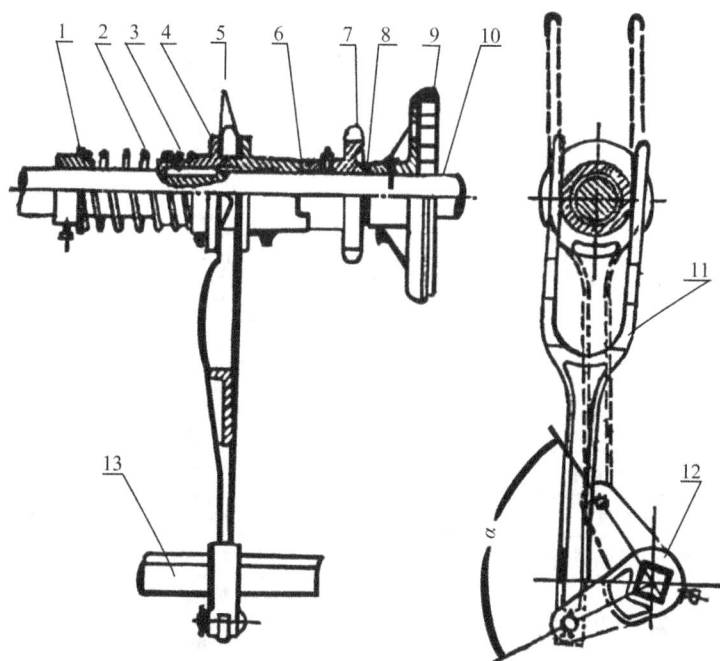

1—弹簧挡板　2—离合器弹簧　3—键　4—主动套　5—摩擦片　6—从动套　7—主动链轮
8—主轴垫片　9—自动器圆盘　10—主轴　11—离合器叉　12—离合器曲轴　13—升降方轴

图 3-9　离合机构

它两端的结合爪和主动链轮及离合器主动套结合。离合器叉在主动套和从动套之间,一端和安装在升降方轴上的曲柄相连。在开沟器升起过程中,方轴回转一个角度后,曲柄推动离合器叉插入两套之间(虚线位置),离合器叉上的凸块将离合器主动套沿轴线方向推移,结合齿脱开(离合器弹簧受压缩)。这时主动链轮和从动套空套在主轴上,故各部传动与主轴当即脱离。所以当开沟器升起,各部传动就分离,排种(肥)立即停止。当开沟器降落时,方轴将离合器叉拉出,离合器弹簧将主动套推向从动套而结合,主动链轮和主轴一起转动,排种(肥)工作开始进行。离合机构和升降机构的运动是同步的。

## 四、播种机的主要技术参数

2BF-24A 型谷物播种机的主要技术参数见表 3-1。

表 3-1　2BF-24A 型谷物播种机的主要技术参数

| 序号 | 名称 | 主要参数 | 备注 |
|---|---|---|---|
| 1 | 外形尺寸 | 长度:3 260 mm | 不计划行器 |
| | | 宽度:4 280 mm | |
| | | 高度:1 415 mm | |
| 2 | 机器净重 | 1 150 kg | |
| | | 1 210 kg | 计划行器 |
| 3 | 工作幅宽 | 3.6 m | |
| 4 | 播种深度 | 30~100 mm | |
| 5 | 行距及行数 | 一般:行距 150 mm,24 行 | |
| | 可调出的行距及行数 | 行距 200 mm,18 行 | |
| | | 行距 300 mm,12 行 | |
| | | 行距 400 mm,9 行 | |
| | | 行距 450 mm,8 行 | |
| | | 行距 500 mm,8 行 | |
| | | 行距 550 mm,7 行 | |
| | | 行距 600 mm,6 行 | |
| | | 行距 700 mm,5 行 | |
| 6 | 开沟器离地高度 | 不小于 120 mm | 运输时 |
| 7 | 苗带宽度 | 36~40 mm | |
| 8 | 前后列开沟器间的距离 | 240 mm | |
| 9 | 牵引阻力 | 250~300 kg | 运输时 |
| | | 500~600 kg | 工作时 |
| 10 | 生产效率 | 25 亩/h | 单台机组 |
| 11 | 传动比 | 排种:6 种 | |
| | | 排肥:24 种 | |

## ▶ 工作过程

### 一、工作课时

要求本单元的理论与实训课时分别为 4 课时和 24 课时。

### 二、工作过程

1. 机组准备

（1）播种量的计算

首先按要求的播量计算出播种机行走轮转动一定圈数应排出的播种量 $G_l$：

$$G_l = \pi DBQN(1+\delta)/666.7 \tag{3-6}$$

式中：$Q$——农业技术要求的每亩播量（kg）；

$B$——总工作幅宽（m），$B = b \times n$（其中 $b$ 为行距，$n$ 为播种行数或开沟器个数）；

$D$——地轮直径（m），若没有地轮，用拖拉机后驱动轮传动，则 $D$ 为驱动轮直径；

$N$——地轮转动试验圈数（圈）；

$\delta$——地轮滑移率，$\delta = 0.05 \sim 0.12$。

（2）播前调整

根据农业技术所要求的每亩播种量，在播种机组进地作业之前进行播种量调整。

具体步骤如下：

① 首先将播种机两端支起，使地轮抬离地面且能自由转动。

② 种子箱内放入至少 1/3 容积的种子，并将播量调节手柄放置于某一部位。

③ 均匀转动地轮 30～40 圈，将所对应排种器下的承接器内的种子进行称重，重量分别记为 $g_1, g_2, \cdots\cdots, g_n$，令 $G_s = \sum g_i$，将 $G_s$ 作为本次调整后的实际总播量。

④ 利用理论计算公式（3-6）计算均匀转动 30～40 圈后农业技术所要求的亩播量 $Q$ 下的理论总播量 $G_l$。

⑤ 结果验证

按照式（3-7）验证理论播量与实际播量的误差

$$[(G_s - G_l)/G_l] \times 100\% \leqslant 1\% \sim 2\% \tag{3-7}$$

式中：$G_s$——实际播量（kg）；

$G_l$——理论播量（kg）。

理论播种量与实际播种量应一致，误差不得超过 2%。否则必须调整槽轮工作长度和排种间隙再做实验，直到符合公式（3-7）的要求为止。

（3）田间试播和校正

由于静止调试与田间作业时的条件并不完全相同，因此调试后还应进行田间试播，对播量进行复核和校正。

① 先在种子箱中加入不少于 1/4 容积的种子并将其表面刮平，在种子箱内侧壁上作

标记记录种子表面的高度。

② 按公式(3-8)计算出播种机在田间作业一个单行程的播量

$$q = Q \cdot B \cdot L / 666.7 \tag{3-8}$$

式中：$q$——单个行程播量(kg)；

$\quad Q$——农业技术要求的播量，即每亩播量(kg)；

$\quad B$——播种机的工作幅宽(m)；

$\quad L$——单个行程的距离(m)。

③ 根据计算出的播量将种子称好，加入种子箱中并刮平，进行播种试验。

④ 播完一个单程后，再刮平种子箱内的种子表面，观察种子表面高度是否与种箱内壁上所作标记相符。若与标记不符，应对播量进行校正，然后再次试验，直到相符为止。

⑤ 进行播量校正后，固定播量调节杆，并量出一个槽轮工作长度作为标准，在作业中定期检查标准槽轮工作长度，核对已播面积和种子数量，以确定播种量是否正确。

(4) 播种机具作业前技术状态的检查

为确保播种机能正常工作，在作业前应对机具各部分进行全面的技术状态检查。

① 机架的技术状态检查　机架不能有弯曲和扭曲，机架对边角铁应互相平行，偏差不应大于 5 mm；对角线长度偏差不应大于 10 mm；主梁和开沟梁的不直度不应大于 4～10 mm。牵引架不得扭曲，牵引梁弯曲度不大于 10 mm；牵引板不准有缺陷和扭曲，垂直调节孔单侧磨损量不大于 3 mm。

② 行走轮的技术状态检查　行走轮转动时，轮缘不应有径向跳动和轴向摆动，其摆动量不大于 10 mm。行走轮不应有裂缝，辐条不能转动和松动，辐条弯曲度不大于 4 mm。

③ 排种(肥)器的技术状态检查　排种、排肥器与箱底间隙不大于 1 mm，种箱内壁光滑；排种轮应完整无损，同一排种轴上各排种轮长度应相等，误差不大于 1 mm；排种轮与阻塞轮间隙不大于 0.5 mm；各排种口种子单口流量误差不超过±2%，排肥口单口排肥量误差不超过±3%；播量调节杆移动灵活，空行程不大于 1 mm；排种轴和起落方轴不应弯曲和扭曲，转动应灵活，起落方轴轴向游动量不大于 4 mm。

④ 开沟器的技术状态检查　开沟器圆盘表面应光滑，径向磨损量不大于 25 mm，刃口损坏不超过 3 处，刃口损坏深度不超过 1.5 mm、长度不超过 15 mm；刃口斜面宽度为6～7 mm，刃口厚度不大于 0.5 mm，圆盘平面度偏差小于 1.5 mm；开沟器圆盘转动灵活，不摆动，摆差小于 3 mm；两圆盘相交处间隙小于 3 mm；接触点处刃口重叠不超过 3 mm；刮泥板与两侧圆盘间间隙不大于 2 mm；开沟器三角拉杆不应有扭曲和变形，各铰链点转动灵活、连接可靠；开沟器升降臂不应有扭曲和变形，升降臂端部摆动量不大于 5 mm；同列升降臂之间距离应相等，端部距离差不大于 5 mm；开沟器安装距离应相等，偏差不大于2.5 mm，同列开沟器最低点应在同一平面上，偏差不超过±2.5 mm；伸缩杆不歪斜和变形，弹簧的弹力应相等。

⑤ 升降、离合机构的技术状态检查　自动升降器分离应彻底，接合应可靠，起落操纵杆滚轮转动灵活，轴向磨损量不大于 6 mm。

⑥ 传动装置的技术状态检查　啮合齿轮(链轮)应在同一平面，摆动偏差小于 3 mm；

传动链的松紧度应适当,链钩应向外,并使钩头一端朝着运动方向。

⑦ 输种管的技术状态检查 输种管不应有变形和松漏现象,用 4 kg 力拉输种管,其螺旋不应有永久变形;输种管挂接耳环要可靠,起落开沟器时,输种管下端不应卡在开沟器内或从开沟器内脱出。

2. 田间准备

(1)田间清理 进行播种作业前要清除影响播种的障碍物,清理容易造成开沟器堵塞的所有杂物。

(2)确定播种方向 播种方向一般应与播前整地方向呈 30°以上的夹角,以利明辨划行器的划印痕迹和种子覆土情况。在斜坡地沿等高线作业。

(3)转弯地带的区划 转弯地带的宽度应为所用播种机工作幅宽的整数倍。对于悬挂播种机,在不影响机组转弯的情况下,转弯地带的宽度可留得较小些;牵引播种机转弯半径较大,一般留出 4 倍于工作幅宽的转弯地带。机组地头转弯具体宽度见表 3-2。

表 3-2　机组地头转弯宽度

| 编组台数 | 1 | 2 | 3 |
|---|---|---|---|
| 机组幅宽/m | 3.6 | 7.2 | 10.8 |
| 转弯地带宽度/m | 14.4 | 28.8 | 43.2 |
| 机组第一行程中心线与地块纵边线间距离/m | 1.8 | 3.6 | 5.4 |

(4)起落线的划定 划定开沟器起落线是为了防止地头漏播和重播。一般在地头采用拖拉机空行的方式压出清晰可见的地头线,作为开沟器的起落标志。开沟器采用三线起落,以地头线为中线,起线至中线的距离为 1.3 m,落线至中线的距离为 2.2 m,起线至落线的距离为 3.5 m。

3. 播种作业

起落线划定之后,机组就可以根据地形、机组情况等选择适宜的播种作业行走方法进行播种作业。常用的行走方法有 3 种,如图 3-10 所示。

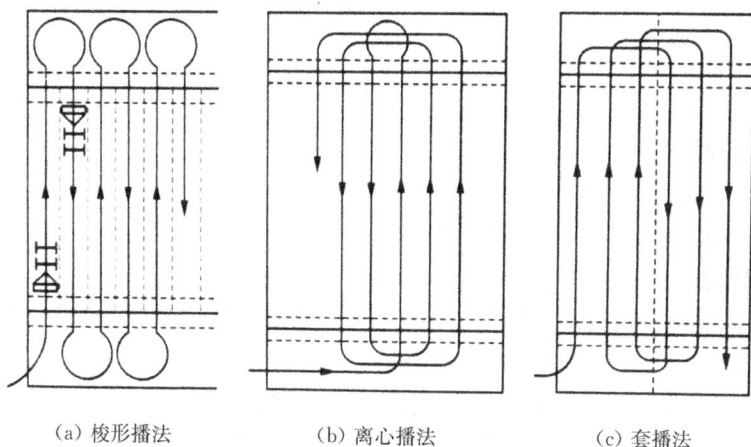

(a)梭形播法　　　　(b)离心播法　　　　(c)套播法

图 3-10　播种机的行走方法

① 梭形播法　机组由地块一侧进入,播到地头后用梨形转弯进入下一行程,一趟邻接一趟,依次播完后再播地头。这种播法的优点是地块无需区划,缺点是空行程过长,并要留有较宽的地头。

② 离心或向心播法　离心播法:机组从地块中间进入,由内向外绕播,一直到地边播完,这是离心播法。向心播法:机组从地块一侧进入,由外向内绕播,一直到地块中间播完。这两种播法线路简单,只要在一侧安装划行器;地块中间均用梨形转弯,地头留得较宽。

③ 套播法　地块分成双数等宽的小区,其宽度应为播种机工作幅宽的整数倍。播种机组从地块一侧进入,播到地头后无环结转弯到另一小区的同侧返回,依次播完。此法地头较小,机组转弯方便,但要求准确划分小区宽度,播种机的两侧均要安装划行器。

在正式播种前须进行试播。先称出两个播幅面积对应的理论种子量,然后将种子加入种子箱,均匀分配到每个排种杯,试播时工作人员应不断地将种子箱的种子均匀地进行分配,根据播出种子的多余或缺少情况调整播种量。重复上述过程,直到播量调整合适为止。

此外,试播时还须调试划行器长度,即测量第一播幅与第二播幅之间的接行距离是否符合规定要求,如果有误差,当第二播幅结束时,调整相对应的划行器,误差有多少就调整多少;测量第二播幅与第三播幅之间的接行距离是否符合规定要求,如果不符,当第三播幅结束时,调整相对应的划行器,误差有多少就调整多少。

4. 地头的播种

作业的最后是播地头,可视地头的宽度采用单播地头或圈播地头的方法。

5. 质量检查

质量检查是提高播种质量、保证作物全苗的有效措施。质量检查分作业中检查和作业后检查,可按照质量检测要求进行。每作业班次至少检查 5～6 次。

6. 播种机的技术保养

为了保证播种机正常工作,避免机件过早磨损,并且延长机具的使用寿命,技术保养是必须要做的。

(1) 班次保养

① 及时清除机具各工作部件上的泥土和堵塞物,每个作业班后进行一次全面清除。

② 每个作业班后,应全面检查螺栓是否紧固,并及时紧固松动部位。

③ 检查输种管有无变形。

④ 检查排种(肥)装置有无串动与卡种现象,转动是否灵活。

⑤ 检查种、肥箱内有无杂物,是否清洁。

(2) 定期保养

① 检查开沟器有无摆动,间距是否一致,圆盘转动是否灵活,必要时进行调整。

② 检查伸缩杆有无弯曲以及弹簧压力是否一致。

③ 检查覆土、镇压装置是否完整,工作是否符合要求。

④ 检查传动装置工作是否可靠。

⑤ 按时对润滑部位加注润滑油,以保证充分润滑。

（3）入库前的保养

① 彻底清除播种机各部件上的泥土和脏物。

② 将圆盘开沟器全部拆开,清洗轴承和圆盘毂,涂润滑油后再装好,圆盘如有变形或损坏应进行修复,必要时更换新件。与土壤接触的工作部件(如开沟器、覆土器、筑埂器等)以及螺栓、螺母和调整部位在清洗干净后,须涂上润滑油或废机油,以防生锈。放松各压缩弹簧,使之保持自由状态。

③ 种、肥箱和排种(肥)器内的种子、肥料要清理干净,并用清水彻底清洗,然后擦干。

④ 播种机具上损坏和磨损的零件应更换和修复。

### 三、操作及安全注意事项

#### 1. 操作使用注意事项

（1）拖拉机手和农具手必须了解播种机具的结构,掌握操作、保养、调整和维修等技能。

（2）严禁在作业中对各部件进行调整、修理和润滑。

（3）播种机工作时,农具手应经常观察播种机各部工作是否正常,特别是排种器是否排种;下种口有无堵塞;输种(肥)管是否堵塞,是否插入导种(肥)管内;开沟器是否缠草、粘土、雍土;肥料是否架空;种子是否足够;划行器、覆土器是否正常;行距是否符合要求等。

（4）机组运行时,农具手应坐在座位上或站在踏板上,禁止坐在或站在种箱、机架或连接器上,不得随意跳上跳下。悬挂播种机在地头提升和转弯时,农具手不得站在机具上。机组运输中,播种机上不得站人,以防发生意外事故。

（5）播种时要恒速作业,中途一般不停车;若在中途停车,在起步前,应在开沟器前1 m范围内撒些种子,以防在起步时漏播。

（6）播种机在工作状态时,拖拉机不准倒退,不准急转弯。地头转弯时,应将开沟器和划行器及时升起,并低速行驶。悬挂播种机地头转弯时,农具手不要站在脚踏板上,播种机应升起;转弯后,应在拖拉机前进过程中落下播种机。

（7）划行器不工作时要直立起来,并要锁牢靠,防止落下伤人。

（8）悬挂播种机悬起后,严禁在机具下面检修;必须这样做时,要用锁定装置将机具锁定,并将机具支垫牢靠。

（9）班次作业结束后,应根据面积和已播种子(肥料)量,核对播种(肥)量是否符合要求。

（10）更换播种的品种时,必须彻底清扫种子箱、排种器及其他一切可能积存种子的部位。播种结束后,也应彻底清理种箱、肥箱。

#### 2. 安全注意事项

（1）播拌有农药的种子时,要注意劳动保护,机组人员应戴口罩、手套和工作帽。

（2）对播种机进行润滑和修理时,要先将开沟器放下,以免发生意外。

（3）播种镇压复式机组作业时,农具手必须十分注意,防止被镇压器压伤。加种时必须停车。

（4）作业进行中，不准用手直接清洁或接近开沟器和排种机构，必要时可使用木制工具或木棒进行简单清理。

（5）夜间作业时，应有良好的照明设备。

### 质量检测

1. 按照作业质量要求进行检查，每作业班次至少要检查 5～6 次。更换播种的品种后要重复质量检查。

2. 按地块对角线方向选点（不少于 10 个点）进行播种深度检查，求各点深度平均值，其与规定播种深度相差应不超过 1 cm。

3. 对行距进行检查，要求单台播种机两相邻行距的差值不超过 ±1 cm；两台播种机之间相邻行距的误差要在 ±1.5 cm 以内；机组往复行程的邻接行距差值不超过 ±2.5 cm。

4. 检查播行直线度，将测绳沿播种机行走轮印中心线拉直，测量左右偏差，要求在 50 m 长度内，最大弯曲度不大于 5 cm。

5. 检查播种量，可采用下列方法：

（1）定量加种（肥）法：此法可随时校验播种量是否符合设计要求，利于及时发现问题及时调整。

（2）地块核对法：每播完一个地块后，根据地块的实际面积和实际播种（肥）量，计算出每亩的实际播种（肥）量，代入下式，求出播种（肥）量误差。

$$Y = [(Q - Q_1)/Q] \times 100\% \tag{3-9}$$

式中：$Y$——播种（肥）量误差（%）；

$Q$——每亩计划播种（肥）量（kg）；

$Q_1$——每亩实际播种（肥）量（kg）。

6. 检查镇压后土壤容重，可用常规法测得，检查 5 点求平均值，其值应符合农业技术要求。

7. 用目测法检查种子覆土情况和有无漏播或重播。

8. 进行出苗情况检查，如发现缺苗应及时补种。出苗情况检查是最直观、最有力检查作业质量情况的方法，它可反映出种子的优劣，机具修理、安装、调整的质量，以及机具手田间作业技术水平等。

### 故障诊断与排除

2BF-24A 型 24 行施肥播种机的常见故障、故障产生原因及排除方法见表 3-3。

表 3-3　2BF-24A 型 24 行施肥播种机常见故障、故障产生原因及排除方法

| 故障 | 产生原因 | 排除方法 |
|---|---|---|
| 漏播 | 输种管破损，向外漏种子 | 修复、更换输种管 |
|  | 输种管堵塞或脱落 | 经常检查排除 |
|  | 种子不干净，杂物堵塞排种器 | 播种前将种子清洗干净 |
|  | 排种轮被损坏 | 更换排种轮 |

| 故障 | 产生原因 | 排除方法 |
| --- | --- | --- |
| 开沟器圆盘堵塞雍土 | 开沟器内导种板与圆盘间的间隙太小 | 将间隙调至合适 |
| | 开沟器圆盘转动不灵活 | 增加内外锥体间垫片 |
| | 开沟器圆盘左右晃动 | 减少内外锥体间垫片并拧紧锁紧螺母 |
| | 润滑不良 | 加注润滑油 |
| 播种过浅 | 牵引钩挂接点位置偏低 | 向上调整挂接点位置 |
| | 土壤过硬 | 提高整地质量 |
| 播种深度不一致 | 开沟器安装位置过高 | 调整开沟器安装位置 |
| | 开沟器入土角太小 | 校正、调整入土角 |
| 行距不一致 | 开沟器固定螺丝松动 | 重新拧紧固定螺丝 |
| | 开沟器配置不正确 | 正确配置开沟器 |
| 各行播量不一致 | 排种舌开度不一致 | 正确调整排种舌开度 |
| | 排种轮工作长度不一致 | 正确调整排种轮工作长度 |
| | 播量调节手柄固定螺丝松动 | 将调节手柄重新固定在合适的位置 |

# 工作任务二　精量铺膜播种机播种

## ▼ 情境描述

在 1 800 亩的地块里,操作 2BMJ-12 型气吸式精量铺膜播种机(2 膜 12 行)进行棉花播种,要求棉花作物是膜下滴灌、机械采收。

## ▼ 作业质量要求

1. 适时播种,按时完成。
2. 下籽量符合农艺要求,下籽均匀。
3. 播深 2.5～3 cm,深浅一致。
4. 播行端直,行距一致;接头正确,误差±2 cm;地头无喇叭口。
5. 播到头,播到边。
6. 一穴一粒或一穴两粒的概率不小于 85%。
7. 空穴率小于 3%,错位率小于 2%。
8. 膜床平展,采光面符合要求。
9. 孔穴覆土厚度 0.5～1 cm,覆土良好,镇压确实。
10. 滴灌带铺设位置正确,误差±1 cm,松紧度适宜。

## ▼ 学习目标

掌握 2BMJ-12 型精量铺膜播种机的构造、工作原理;熟悉其性能和技术规格。

## ▼ 技能目标

正确操作 2BMJ-12 型气吸式精量铺膜播种机播种,达到作业质量要求;掌握工作过程;能够熟练地装配、挂接机具;正确地进行技术状态检查;合理地调整、使用和维护保养机具;掌握安全操作规程。

## ▼ 所需设备、工具和材料

1. 功率在 55 kW 以上的拖拉机,如天津-754 型拖拉机。
2. 新疆科神农业装备科技开发有限公司制造的 2BMJ-12 型气吸式精量铺膜播种机。
3. 各种随车工具,如卷尺、直尺、小勺子和标杆等。
4. 地膜和滴灌带。

5. 包衣的种子(棉花)。

⬙ **相关知识**

2BMJ-12 型气吸式精量铺膜播种机可以节省用水、节约种子,其推广应用可以减少定苗劳动力、提高人均管理定额、增加农工收入、带来巨大的经济效益和社会效益,为实现棉花生产全程机械化提供很好的技术支持。2BMJ-12 型气吸式精量铺膜播种机是原新疆科神农业装备科技开发有限公司(现为新疆科神农业装备科技开发股份有限公司)依据国家标准《铺膜播种机》(JB/T 7732—2006)和《单粒(精密)播种机技术条件》(JB/T 10293—2001)①研制的,在我国西部地区得到了普遍推广使用,主要用于棉花的精量铺膜播种。其作业一次可完成平地、镇压、铺管、开沟、铺膜、压膜、膜边覆土、膜上打孔精量穴播、膜孔覆土及土带镇压等多道工序。

一、气吸式精量铺膜播种机的构造和工作原理

1. 基本构造

2BMJ-12 型气吸式精量铺膜播种机的整体结构如图 3-11 所示,主要包括机架总成、吸气系统、工作单组及划行器等部件,其各部分的详细名称如图 3-12 所示。

1—工作单组 1　2—工作单组 2

**图 3-11　2BMJ-12 气吸式精量铺膜播种机的整体构造**

机架总成由传动轴、牵引拉杆、大梁总成组成。

吸气系统由吸气管、风机等零部件组成。

工作单组通过四连杆机构与机架相连,由畦面整形机构、铺滴灌管系统、铺膜系统、点种机构及覆土镇压机构等组成。畦面整形机构由镇压辊、挡土板等组成。铺滴灌管系统

---

① 该标准现已废止,现行标准为《单粒(精密)播种机技术条件》(JB/T 10293—2013)。

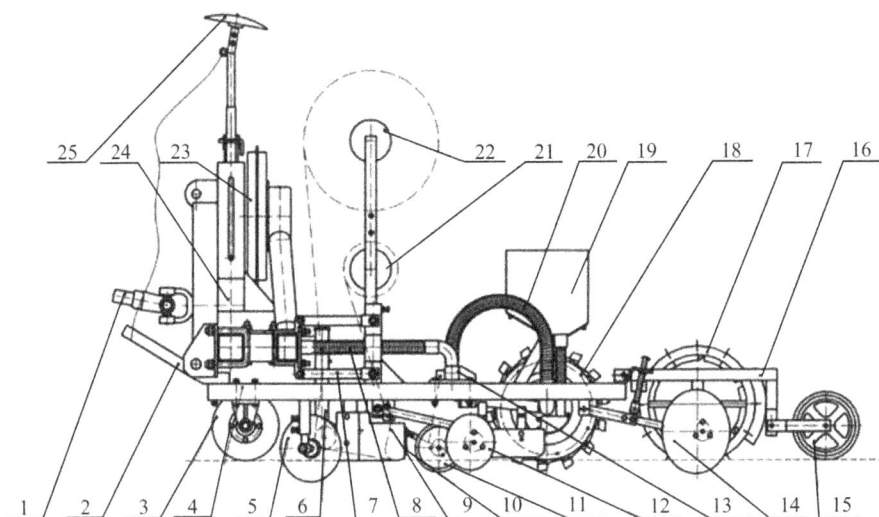

图中标注：25、24、23、22、21、20、19、18、17、16（上方）
1、2、3、4、5、6、7、8、9、10、11、12、13、14、15（下方）

1—传动轴 2—牵引拉杆 3—镇压辊 4—铺膜框架 5—开沟圆片 6—铺管机构 7—四连杆机构
8—吸气管1 9—挡土板 10—展膜辊 11—压膜轮 12—膜边覆土圆片 13—穴播器牵引梁
14—膜上覆土圆片 15—镇压轮 16—覆土花篮框架 17—覆土花篮 18—穴播器 19—种箱
20—气吸管2 21—膜卷 22—滴灌管卷 23—风机 24—大梁总成 25—划行器

图 3-12 2BMJ-12 型气吸式精量铺膜播种机结构图

由铺管机构、滴灌管卷等组成。铺膜系统由开沟图片、铺膜框架、膜卷、展膜辊、压膜轮、膜边覆土图片等组成。点种机构由种箱、穴播器、穴播器牵引梁、气吸管等组成。气吸式精密穴播器由种子室、气吸盘、分种器、刮籽盘、刷种器、穴播器腰带等组成。覆土镇压机构由覆土花篮、膜上覆土圆片、镇压轮、覆土花篮框架等组成。

划行器由圆片总成、活动连接杆、固定连接杆及固定连接杆座等零部件组成。

2. 工作原理

负压产生与铺滴灌管：拖拉机动力输出轴通过万向节传动轴将动力传递给大皮带轮，通过大皮带轮带动小皮带轮，将拖拉机输出的转速提升，带动风机进行高速旋转产生较大吸力，通过吸气管使排种器吸气室产生负压，从而完成吸种工作；之后畦面整形机构整理出平整的种床，滴灌管在膜管支架上由引导机构整齐地铺设在种行旁边。

铺膜及膜上点播：开沟圆片开出膜沟，将地膜置于地膜支架上，通过阻膜杆将地膜拉紧，再由展膜辊将地膜展平并进行铺放；压膜轮将膜边压入沟底并将地膜横向绷紧，随后由覆土圆片将膜边埋入土内，完成地膜铺放工作。接着，穴播器鸭嘴在地膜上打孔并挖出洞穴；穴播器鸭嘴驱动气吸盘转动，气吸盘吸种孔一侧为负压，另一侧则处于种子室的充种区，种子在压力差的作用下被吸附在气吸盘吸种孔上，并随气吸盘一起转动，待旋转至刷种器部位，由刷种器刮去多余的种子；当气吸盘快转到底部时，种子在断气块和刮籽板的双重作用下落入分种器；待分种器转过一定的角度后，分种器中的种子再进入鸭嘴而完成投种。

覆土与划行：膜上覆土圆片将土壤翻入覆土花篮中，螺旋叶片将土输送到孔穴上，由镇压轮将土带均匀压实。在工作过程中,通过活动连接杆将划行器圆片总成调整到需要的位置,机具前进时圆片就在机具的左边或右边画出一条线,作为机具调头工作时的作业基准。

## 二、气吸式精量铺膜播种机的主要部件和部件的安装

### 1. 主要部件

(1)吸气系统动力源 吸气系统动力源的构造如图3-13所示,其由大、小皮带轮,皮带,传动轴,齿轮箱护罩和风机组成,它同时是吸气系统的主要组成部分,通过螺栓固定在主梁的上悬挂臂上。风机是气吸式精量穴播器的最关键作业部件之一,是气室产生负压的动力源,是穴播器排种盘吸附种子效果的直接决定因素。拖拉机后端动力输出轴将动力经传动轴传给齿轮箱,在齿轮箱和大、小皮带轮作用下转速提高,再把动力传到风机总成,在离心力作用下形成吸力,在穴播器里产生负压。对于本学习情境,要求风机转速达

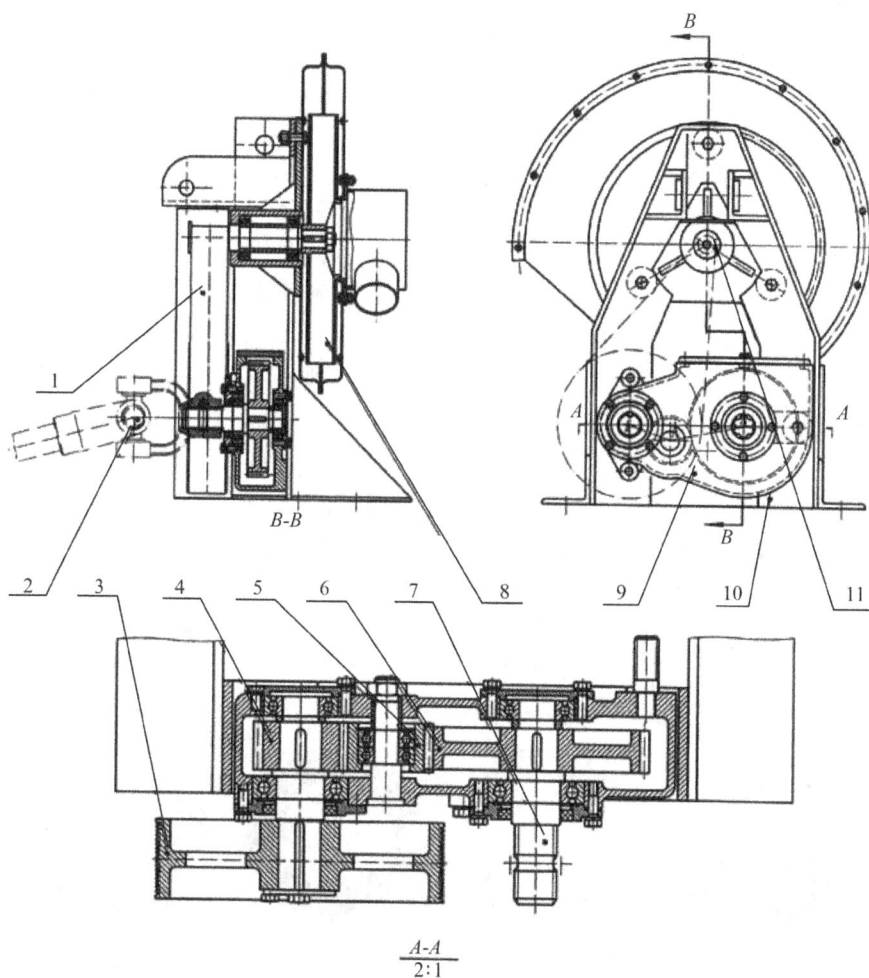

$$\frac{A\text{-}A}{2:1}$$

1—楔形带 2—万向节传动轴 3—大皮带轮 4—小齿轮 5—过轮 6—大齿轮
7—花键传动轴 8—风机总成 9—齿轮箱体 10—上悬挂臂 11—小皮带轮

**图 3-13 风机传动示意图**

到 4 200~4 500 r/min,风机压力为 18.6~24.0 kPa。但在使用过程中,有很多因素决定着风机是否能够达到工作要求,例如:

① 拖拉机后端动力输出轴和传动轴之间通过万向节传动轴连接,它们之间能否灵活传动,将决定风机能否达到工作要求。

② 齿轮箱内加注了适量的齿轮油,如果工作一段时间后或风机在安装和运输过程中齿轮油产生流失,就必须加注齿轮油,使油面达到规定的位置,以保证齿轮箱传动需要。

③ 风机楔形带的张紧度直接影响风机风压的大小和稳定性,还决定着楔形带使用寿命的长短。楔形带张紧度的检查方法是用手在皮带中部加压,楔形带垂直移动距离应为 1~1.5 cm。

(2) 气吸式穴播器 排种器是决定播种质量的主要工作部件,不同类型的播种机安装的排种器也不同。在我国,排种器主要有外槽轮式排种器、水平圆盘式排种器、型孔轮式排种器、垂直圆盘式排种器和气力式排种器五种类型。本学习情境中使用的排种器就是气力式排种器(气吸式穴播器),其主要用于精量播种。精量播种的好处是节省种子,便于中耕管理。气力式排种器通用性好,对种子适应性较强,不要求严格分级,对种子无损伤,可以进行中、高速作业,而其他多数机械式播种机的作业速度为中、低速。气力式排种器对小粒种子适应性差,充种孔易堵塞,不适合小行距播种,对形状不规则的种子附着力差(本学习情境中的种子需要包衣、丸粒化处理),结构复杂,这些缺点其推广受到一定的影响。但是由于在大农业机械化、现代化快速发展背景下优势凸显,目前已在逐步推广使用。气吸式精密穴播器内部构造分解情况如图 3-14 所示。断气块、刮籽板、刷种器和穴播器轴也是气吸式精密穴播器内部重要组成部分。一般气吸式精密穴播器都是经点种器试验台调试合格的产品,各零件已位于最佳位置,不得随意改变零件相对位置,更不得拆卸,特别是穴播器腰带;如必须拆卸,应先做好标记,拆卸完后,再按标记装回。

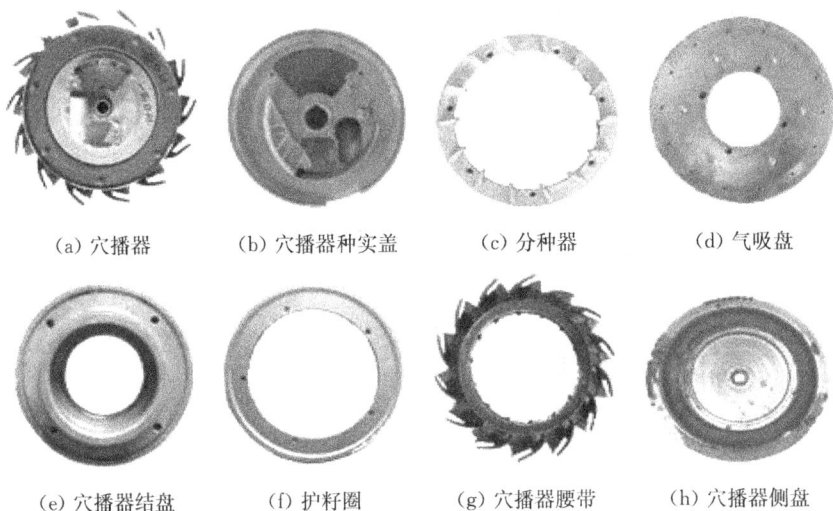

(a) 穴播器　　　(b) 穴播器种实盖　　　(c) 分种器　　　(d) 气吸盘

(e) 穴播器结盘　　　(f) 护籽圈　　　(g) 穴播器腰带　　　(h) 穴播器侧盘

图 3-14　穴播器分解图

穴播器的装配顺序:

① 将穴播器轴装入穴播器侧盘;

② 从侧盘背面装入卡簧、垫片,并上紧螺母;

③ 将穴播器结盘装在穴播器轴上;

④ 装上弹簧与断气块;

⑤ 将大小密封圈装入密封槽内;

⑥ 安装气吸盘,气吸盘凸块必须位于侧盘小槽内;

⑦ 安装护籽圈与分种器;

⑧ 上紧气吸盘与分种器上的紧固螺钉,螺钉需交叉、对称,逐步均匀拧紧,保证气吸室不漏气;

⑨ 装上结盘上的间隔套与油封;

⑩ 按原样装好调整垫圈及键条;

⑪ 装入穴播器种室盖;

⑫ 按照拆卸前做好的记号装入腰带。

(3)压膜轮 每垄左右各有一个压膜轮(本学习情境为2膜12行,播种机应该有4个压膜轮)。它由压膜、浮动杆、弹簧和调节杆等组成,如图3-15所示。作业时,压膜轮沿垄侧向前滚动,将地膜边缘压入已开出的膜沟内,并将其横向拉紧。压膜轮作业时由弹簧加压,并可绕浮动杆轴上下仿形。用调节杆调节压膜轮的下压力使其压力适度。压膜轮要压在地膜的边缘,其左右位置可以调节。

(4)划行器 2BMJ-12型气吸式精量铺膜播种机划行器结构如图3-16所示,其由划

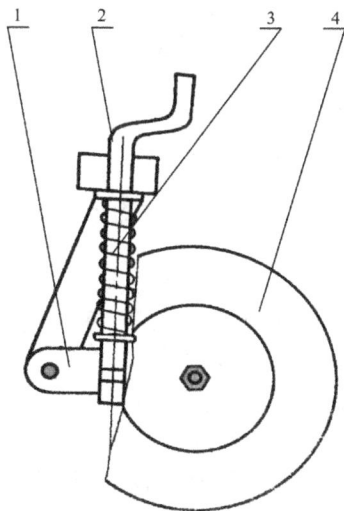

1—浮动杆 2—调节杆
3—弹簧 4—压膜

**图 3-15 压膜轮**

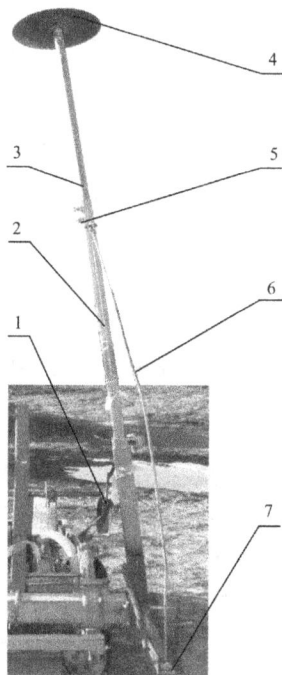

1—紧锁装置 2—固定连接杆 3—活动连接杆
4—划行器圆片 5—调整螺母
6—牵引杆 7—固定连接杆座

**图 3-16 划行器**

行器圆片总成、活动连接杆、固定连接杆、调整螺母、紧锁装置、牵引杆和固定连接杆座等部分组成。划行器圆片通过滚动,在田间划出一条印痕,便于驾驶员直线行走;调节调整螺母,可以改变划行器的臂长。播种机组在转移地块或者路上行驶时,可通过锁紧装置收起并锁住划行器。

2. 部件安装

气吸式精量铺膜播种机各工作部件必须以每一工作单组的中心线为基准左右对称安装;对于两个工作单组的播种机,应以拖拉机中心线为基准并齐安装;如果有三个工作单组,应将中间一组向后移动 180 mm 开始安装。

(1)畦面整形机构安装 畦面整形机构的结构如图 3-17 所示,它由仿形机构、镇压辊等组成。推土板和镇压辊的安装,在单个工作单组中也要以工作单组中心线为基准进行,推土板还要对称分布,以消除拖拉机行走过程中留下的印痕,之后再由镇压辊压实、压平土壤,为后期播种提供种床。推土板的调整:松开推土板的紧固螺栓,以镇压辊下平面为基准,适当将推土板下调,推土板的前顶端要向上抬 5～10 mm,调整好后拧紧推土板紧固螺栓即可。

1—推土板　2—紧固螺栓　3—支架　4—弹簧　5—调整螺母　6—镇压辊

图 3-17　畦面整形机构

(2)滴灌管系统安装 滴灌管系统由管架、滴灌管引导机构组成。对于 2 膜 12 行的播种机,地膜下将铺两道滴灌管,分别在拖拉机中心线两侧各安装 2 个管架,相应地在各管架中心线位置安装滴灌管引导机构,滴灌管通过滴灌管引导机构铺在种床上,然后再铺地膜。

(3)铺膜系统安装 铺膜系统由膜卷架、开沟器、地膜张紧装置、展膜辊、压膜轮、膜边覆土机构等组成。铺膜系统安装的重点是开沟圆片、压膜轮和覆土圆片的安装。

① 开沟圆片安装 安装开沟圆片前,应先确定膜床宽度(一般为地膜宽度减去 15～20 cm,地膜宽度应根据农艺要求和工作机型选择);其次调整开沟圆盘的角度和深度,从后往前看,一对开沟圆片呈内八字形且与前进方向各成 20°角左右,根据土壤情况,圆盘

入土深度一般在 50～70 mm；最后确定开沟圆盘的相对位置，以镇压辊中心为基准，调整开沟圆盘的相对位置，以使膜床达到所需宽度。

② 压膜轮安装 安装压膜轮时，应使压膜轮走在开沟圆盘开出的沟内，并使压膜轮圆弧面紧贴沟壁（如图 3-18 所示），产生横向拉伸力，使地膜平贴于地面，保证膜边覆土状况良好，减少打孔后种子与地膜的错位。

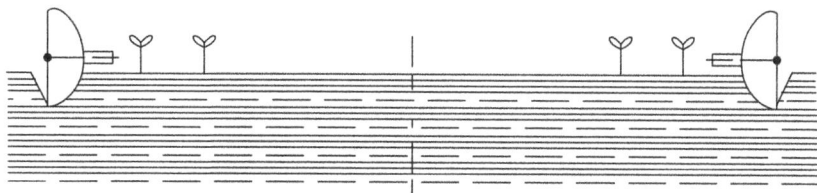

图 3-18 压膜轮紧贴沟壁示意图

③ 覆土圆片安装 主要指膜上覆土圆片的安装。膜上覆土图片与压膜轮紧邻，当压膜轮将地膜拉伸展平时，覆土圆片向膜边覆土并将土压严、压实。从后往前看覆土圆片呈外八字形且与前进方向各成 20°左右的角。覆土圆片的位置与角度等与土壤结构、播种速度有很大关系，要根据具体情况进行调整。

（4）覆土镇压机构安装 覆土镇压机构由覆土花篮、覆土圆片、镇压轮等组成。其作用是膜上点播结束后为种子封上土壤，以利种子发芽。覆土镇压机构安装的重点是覆土花篮和镇压轮的安装。

① 覆土花篮的安装 覆土花篮的安装情况如图 3-19 所示。应以穴播器的中心线为基准，看准覆土花篮内部的旋片方向，进行对应安装。在安装覆土花篮时，须注意覆土花篮漏土间隙的调整：覆土花篮靠近膜边的第一个漏土间隙一般为 12～18 mm，第二个漏土口的间隙一般为 15～25 mm；漏土口的中心线一般应在播种器鸭嘴的中心线外侧 5 mm，根据土质不同可进行适当的调整。

② 镇压轮的安装 镇压轮的中心线应与漏土口的中心线在同一条直线上。镇压轮调节承压能力不宜过大，一般以相当于人脚对地面的压强为宜。镇压轮的作用是使种子与土壤紧密接触，以利种子发芽。

（5）转速表安装 转速表可反映出风机产生负压的情况，负压如果不符合生产要求，将影响播种机工作，转速表安装步骤如下：

① 将永久磁铁放入风机轴的凹孔中。

② 将感应头装入风机护罩的孔中，调整感应头位置，使端面距离永久磁铁 5～10 mm，保证风机转动时无摩擦，再将感应头两端用螺母固定。

③ 将转速表固定在驾驶室内便于观察的位置。

④ 按照图 3-20 所示的方法对转速表进行接线。

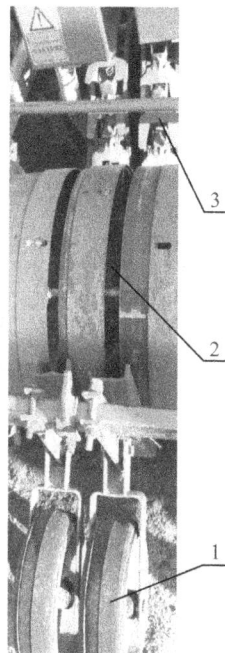

1—镇压轮 2—覆土花篮漏土带 3—穴播器

图 3-19 覆土镇压机构示意图

（6）PTO传动轴工作位置调整　可根据学习情境二中的图2-10调整PTO传动轴工作位置。

① 保证在工作时十字连接叉中心线与PTO轴管中心线的两个角度相等,且小于30°。

② 两根轴管交叉部分的长度要大于22 cm。

③ 操作拖拉机液压提升杆,将播种机提升至最高高度,这时两根轴管不能完全相互重合,轴管的尾端距连接叉的距离最少为1 cm。

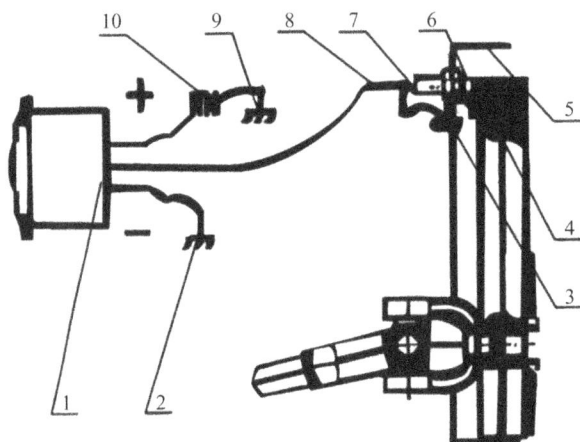

1—转速表(装驾驶室)　2—接机架　3—接机架　4—风机皮带轮　5—风机护罩
6—永久磁铁　7—感应头　8—插座　9—接机架　10—拖拉机电源(12 V)

**图 3-20　转速表接线图**

## 三、气吸式精量铺膜播种机的主要技术规格

2BMJ 系列气吸式精量铺膜播种机的主要技术规格见表 3-4。

**表 3-4　2BMJ 系列气吸式精量铺膜播种机的主要技术规格**

| 序号 | 项目名称 | 单位 | 2MBJ-4(A) | 2MBJ-6 | 2MBJ-8(A) | 2MBJ-12 |
|---|---|---|---|---|---|---|
| 1 | 外形尺寸<br>(长×宽×高) | mm | 2 580×2 450×<br>1 356 | 2 580×3 320×<br>1 455 | 2 708×4 320×<br>2 667 | 2 485×4 878×<br>2 667 |
| 2 | 铺膜幅数 | 幅 | 2 | 3 | 4 | 3 或 2 |
| 3 | 工作幅宽 | mm | 2 000 | 3 000 | 4 000 | 4 560 |
| 4 | 播种行数 | 行 | 4 | 6 | 8 | 12 |
| 5 | 穴粒数 | 粒 | 1 或 2 | 1 或 2 | 1 或 2 | 1 或 2 |
| 6 | 行距 | cm | 40+60 | 40+60 | 40+60 | 按用户要求 |
| 7 | 播种深度 | mm | 25~30 | 25~30 | 25~30 | 25~30 |
| 8 | 结构质量 | kg | 685 | 1 050 | 1 250 | 1 300 |
| 9 | 配套动力 | hp(1 hp=<br>735 W) | ≥40 | ≥50 | ≥55 | ≥55 |

续表

| 序号 | 项目名称 | 单位 | 2MBJ-4(A) | 2MBJ-6 | 2MBJ-8(A) | 2MBJ-12 |
|------|---------|------|-----------|--------|-----------|---------|
| 10 | 作业速度 | km/h | 3～4 | 3～4 | 3～4 | 3～4 |
| 11 | 空穴率(山厂检验) | % | ≤3 | ≤3 | ≤3 | ≤3 |
| 12 | 适合地膜宽度 | mm | 700 | 700 | 700 | 1 200～1 300 或 1 800～1 900 |

## 工作过程

一、工作课时

要求本单元的理论和实训课时分别为 12 课时和 60 课时。

二、工作过程

1. 播种前的技术准备

（1）对种子的要求　应选用适应当地土壤气候条件的优良品种,且品种要纯净。种子要经过精选,饱满而完整,充分成熟,发芽率高,发芽势强,发芽整齐迅速,内部无虫害潜伏,未受过虫蚀,也未受过病菌侵染,还应进行包衣及药物拌种处理。

（2）对土地耕翻质量的要求　耕地作业应在适宜的农时期限内进行,即在适宜的墒度期进行;耕翻土地应达到规定的深度,均匀一致;垡片翻转良好,地表的残株、杂草、肥料及其他地表物要覆盖严密;耕后地表平整,松碎均匀,不重不漏,地头整齐,耕到头、耕到边,无回垡和立垡现象发生;严格耕作制度,每次耕作普通单向犁开闭垄方式要依前次情况而变更,不得多年重复一种耕作方向;防止破坏土地的平整度,消灭或减少闭垄台和开垄沟。

（3）对整地质量的要求　整地作业质量与精准播种的关系极为密切。对整地质量的要求,可以归纳为"墒、平、齐、松、碎、净"6 字标准。土壤有充足的底墒,适宜的表墒,地表干土层厚度不超过 20 mm,干播湿出、滴水出苗的田块地表干土层厚度应超过 30 mm,要求将种子播在干土层内,以提高种子的发芽率;地表要平整,无高包或洼坑,能达到墒度均匀;作业到头到边,边成线,角成方;表层疏松无板结,上虚下实;表土细碎,无土块;田间清洁,无草根、残茬、废膜、杂物。

（4）对作业机组的要求　加强对机组人员的技术培训,机组人员应熟悉气吸式精量铺膜播种机的结构性能、使用调整方法以及安全保障措施;机务人员和农业工人的密切配合,共同组成精量播种作业机组,制定确保精密播种的相关技术措施、计划、方案,共同检查种子、土地准备情况,以及机具的技术状态,进行作业质量的检查验收工作。

（5）对拖拉机的技术要求　拖拉机技术状态完好,并根据播种行数及田间管理作业要求,确定拖拉机轮距并调整到适播状态。如播种行数超过 10 行,要在拖拉机前桥加配重,增加的配重量要以拖拉机在提升播种机状态下上坡、转弯时不翘头为宜。

2. 播种前的检查调整

（1）行距调整　行距是指两个穴播器鸭嘴的中心距,首先找出机具纵向对称中心线

(拖拉机中心线),然后从机具纵向对称中心线开始向两侧进行调整;将种箱牵引卡板 U 型螺母松开,然后左右移动种箱穴播器总成,将之调到所需位置,再锁紧牵引卡板 U 型螺母即可。根据本工作任务的情境描述,使用机械采收时,要求行距配置为(660+100)mm (宽膜小窄行种植),如图 3-21 所示,窄行距 $a$ 为 100 mm,行距 $a_1$ 为 660 mm,$b_1$ 和 $b_2$ 为邻接行之间的距离。

(2) 滴灌带位置的调整　铺设滴灌管时,要尽可能铺在行距的中间位置,以节约后期管理用水。按用户使用要求,可按一膜一管或一膜两管进行配置。先松开固定在大梁上的滴膜管引导机构的螺母,将之调到所需位置后再紧固螺母。在(660+100)mm 行距模式下配置一膜两管,如图 3-21 所示,$L_1$ 和 $L_2$ 相等,均为 330 mm。

(3) 播量调整　精量播种机穴播器要求播量精度高,下种量的多少直接决定着播种质量的好坏。对于本学习情境中的播种机型,可以选择一穴一粒或一穴两粒。可根据具体的农艺要求,更换不同的吸气盘和调整刮籽板的位置来选择播种量。在出厂前和每年春播前(新机除外)都要对穴播器进行检测和调试。

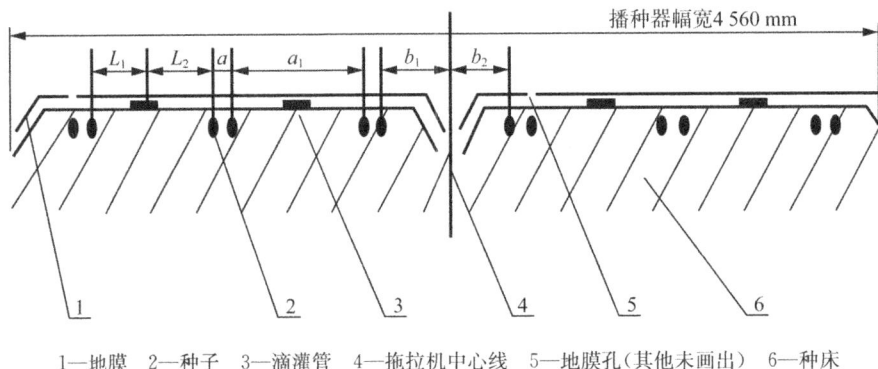

1—地膜　2—种子　3—滴灌管　4—拖拉机中心线　5—地膜孔(其他未画出)　6—种床

图 3-21　行距和滴灌带位置的调整示意图

(4) 划行器长度调整　机组采取的行走方法不同,划行器长度也不一样。采用套播法时,当拖拉机右前轮对准划行器所划印迹行进时,划行器左短右长;采用向心或离心播法时,机组只需要从一边安装划行器,但顺时针与逆时针播种时,划行器长度不一样;采用梭形播法时,当拖拉机右轮对准划行器划出的印迹时,划行器左长右短。以上几种播法相对应的划行器长度的计算见表 3-5。

表 3-5　划行器长度计算表

| 机组行进方向 | 右边划行器长度 | 左边划行器长度 |
| --- | --- | --- |
| 套播法 | $\dfrac{B+C}{2}+A$ | $\dfrac{B-C}{2}+A$ |
| 顺时针向心法 | $\dfrac{B+C}{2}+A$ | $\dfrac{B-C}{2}+A$ |
| 逆时针向心法 | — | $\dfrac{B-C}{2}+A$ |
| 顺时针离心法 | — | $\dfrac{B-C}{2}+A$ |

| 机组行进方向 | 右边划行器长度 | 左边划行器长度 |
|---|---|---|
| 逆时针离心法 | $\frac{B+C}{2}+A$ | — |
| 梭形法 | $\frac{B-C}{2}+A$ | $\frac{B+C}{2}+A$ |

注:表中数据的选定均以拖拉机右轮对准划行器划出的印迹为前提;$B$ 为播种机工作宽幅(m);$C$ 为拖拉机前轮或履带内侧距(m);$A$ 为邻接行距。

（5）试播　在正式播种前,必须先进行试播。

① 机具的挂接调整符合要求,机具的前后左右均与地面平行,点播器框架保持水平,保证鸭嘴开启时间正确。

② 选择有代表性的地头（边）进行试播。

③ 悬起铺膜播种机,将地膜起头从导膜杆下面穿过,经展膜辊、压膜轮、覆土花篮、镇压轮,用手将地膜起头压在地面上,然后降下铺膜播种机。

④ 将宽膜膜圈调整到左右对称的位置,锁紧挡膜盘,保证膜卷有 5 mm 的横向窜动量。

⑤ 连接动力传动轴,使风机转动,在小油门的条件下磨合 4 h。

⑥ 给种箱加种时,应缓慢转动穴播滚筒 1～2 圈,做到预先充种。

⑦ 按照正常作业时的拖拉机行进速度要求试播,一般行进速度在 3～4 km/h,保证风机负压满足要求。

（6）试播检查　严格按照播种作业质量要求进行试播检查,如果符合要求,就可以正常播种。

3. 播种作业

（1）划出地头线　悬挂机组或牵引机组进行播种时,地头宽度为播种机工作幅宽的 2～3 倍,一般不要留过多的地头,要保证播种机组能够正常调转方向。对于本学习情境,在播种过程中,不但要铺膜,还要铺滴灌带,所以地头不能用机械播种,一般地头宽度为播种机工作幅宽的 2 倍,如果地块允许,尽可能不要留地头。

（2）确定行走方法　在机械播种时,常采用套播法、向心播法、离心播法和梭形播法。

在本学习情境下,可在 1 800 亩田间划分三个小区,采用梭形播法用三个工作机组同时播种,以不误农时。

（3）播种作业中的看护　播种机手看护好播种机播种作业的情况,这是保证播种质量非常重要的环节,如图 3-22 所示。播种机手要不时地察看各排种器是否排种、输种管弯曲处是否向外漏种、输种管是否从导种管中脱出、导种管是否堵塞、各开沟器之间的行距是否有变化、各开沟器开出的种沟深度是否基本一致、铺设的滴灌管是否扭转等。但发现问题后不宜在田间停车,应在到地头后停车排除。播种机行进过程中也不得排除故障。必须在田间停车时,要先发出规定好的停车、起步的联系信号,以保证安全作业。播种过程中禁止倒车。拖拉机驾驶员与播种机手应密切配合,协调作业,避免事故发生和造成作业质量低下。

（4）地头处理　操作 2BMJ-12 型精量铺膜播种机进行播种时,不但要完成播种任

1—播种机手 1　2—播种机手 2　3—播种机手 3

**图 3-22　播种机手**

务,还要做好铺膜、铺滴灌带工作,所以并不能采用常规的单播地头和转圈播地头的方法进行地头处理,地头需要由人工处理完成播种,并作铺地膜和滴灌带处理。要求滴灌带端部打结,防止漏水,地膜要铺平、拉展、压实。

4. 质量检查

质量检查是提高精量播种质量、保证棉花丰收的前提条件。可按照质量检测要求,每班次检查不少于 3 次。

5. 棉花播种机的技术保养

机械的保养很重要,对于 2BMJ-12 型精量铺膜播种机来说更是如此,遵守保养规程,可以避免机件过早磨损,便于对铺膜播种机进行调整,延长铺膜播种机的使用寿命。

(1) 班次保养　每班工作后,应进行相关内容的维护。

① 清除铺膜播种机上的泥沙、残膜和杂草等杂物,以便检查各部位的技术状态。

② 检查穴播器、覆土圆片、开沟器、压膜轮和镇压轮固定螺栓等紧固部位紧固情况,必要时拧紧。

③ 检查和润滑所有传动机构和转动部件,定期加注润滑油,必要时进行调整或修理。

④ 检查各部件有无变形或损坏,若发现问题,应及时予以校正或更换。

(2) 定期保养　每个作业季节完成后,应进行相应的维护。

① 清除机具表面上的泥土、残膜、杂草和油污。

② 清空覆土滚筒内的泥土和残膜。

③ 拆下穴播器,清除里面的泥土和杂物。

④ 涂抹防锈油和石蜡,以保护机器的各个部件不致生锈(尤其是开沟圆片和穴播器)。

(3) 机具入库保存　作业季节结束后,除进行定期保养内容外,还要对重要部件和易损件作入库保存。

① 最好将机具放置于室内,必须在室外保管时,要用木块将播种机垫起来,并加遮盖。

② 拆除各气吸管,放置于库房保存(不易受冻)。

③ 将穴播器放置于室内妥善保管。

④ 铺膜播种机上不许承受额外压力,划行器要固定牢固,其上严禁放置重物。

⑤ 要有专人负责保管,定期检查,保持场地干燥、整洁。

### 三、操作及安全注意事项

**1. 棉花精量播种操作注意事项**

(1)棉花精量播种对种子质量要求较高,要求种子加工与精选一定要过关。棉种必须达到以下标准:必须进行包衣处理,毛子率≤1%,种子净度≥99%,种子破损率≤1%,种子发芽率≤90%,以保证单粒取种的可靠性。

(2)耕地、整地的作业质量要符合技术准备中的要求。

(3)加强对播种机的调试,调试的好坏会直接影响机车停车次数,停车次数越少,空穴率就越低。

(4)在播种工作期间,每天要清理播种机的穴播箱,清除其中的杂物、破籽、残膜等。同时,检查空气管道的密封性,确保各接头不漏气,否则空穴率将增加。

(5)选择最佳播种时期,避免因前期升温慢,使单粒种子没有群体优势而出现顶土难,相对出苗比较困难等现象而造成缺苗。前期可选择一穴二粒,中后期可选择一穴一粒的播种方式。

(6)播种机手在驾驶机车起步或停车时,要注意保持风机转速,防止因风力过小而造成空穴增加。将拖拉机速度稳定在 3~4 km/h,动力输出转轴速度稳定在 360~400 r/min,使风机转速达到 4 200~4 500 r/min。

(7)要对土壤结构进行选择。壤土或沙壤土质的地块不易板结,前期膜内升温快,出苗较好。黏土、黄黏土壤易板结,升温慢,保苗率不高。戈壁地自然条件差,很容易造成空穴和双株、多株现象。

(8)气吸式穴播器和风机最好不要随意拆卸,确需拆卸的,应由技术人员完成。

**2. 安全注意事项**

(1)拖拉机与播种机的连接要可靠,左右张紧链条和左右吊杆锁紧螺母要锁死。机组作业和行进过程中,驾驶员、播种机手要经常注意观察连接可靠程度。

(2)播种机组的驾驶员和播种机手之间要规定联络信号。只有按规定发出联系信号后,拖拉机方能起步。如发现故障,应立即向驾驶员发出信号,然后再停车排除,否则不得随意停车。

(3)播种机的传动部件要设有护罩,播种机上严禁站人或坐人。

(4)地头转弯、倒车要减速缓行,机具要升起,不要转急弯,以免播种机与其他物体碰撞,影响播种机寿命和播种质量。

(5)播种时严禁倒车,提升和落下播种机时均要缓慢进行,特别是落下播种机时一定要轻放,以免鸭嘴变形或夹土。

(6)夜间作业时要安装照明设备。作业中要定期停车对机组进行检查。

(7)播种机组转移地块时应收起划行器,通过村庄、十字路口等行人较多处时,播种机手要在后护行。

（8）精量播种的种子进行过包衣处理，因此机组人员应做好安全防护，作业后要洗手、洗脸。

### 质量检测

**1. 播深检查**

抽取不同小区进行播深检查（即抽样检查），将播深测定装置跨播行放入选定的播过的土壤里，使箱的上脊部和土壤表面处在同一平面。用刻有毫米刻度的平刮板将种子上的土壤刮去，使种子完全露出，然后用平刮板沿箱边测量播深，如图 3-23 所示。播种深度大于或等于 3 cm 时，误差在 ±1 cm 范围内为合格；播种深度小于 3 cm 时，误差在 ±0.5 cm 范围内为合格。对于本学习情境中的工作任务，要求地膜播种深度在 3 cm 为宜。

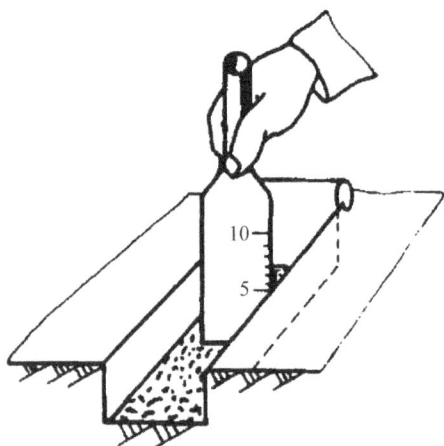

**2. 行距检查**

行距检查主要包括两个方面内容，即行距一致性合格率检查和邻接行距合格率检查。同样

图 3-23 播种深度测量

采取抽样检查，选取的监测区域的长度为 10 m，均匀布置 50 个点进行行距测量，并取平均值。同一播幅内各行距与规定行距相差不超过 3 cm 为合格（以工作单组的调整为准），在两次行程中邻接行距与规定行距相差不超过 6 cm 为合格。

**3. 播行的直线性检查**

可以通过目测的方法对播行的直线性进行检查；也可以通过测量检查播行的直线性。测量的具体方法为：在作业地块内，沿作业方向自中间向左右均布，选取 5 个播行，在每一个播行取 50 m（不足 50 m 按实际长度取），测量播行中心线水平方向偏离实际直线的最大距离，以 5 个播行中的最大值为播行直线性偏差，要求该偏差小于 6 cm。

**4. 重播、漏播检查**

重播和漏播是指播种的株距不符合要求，对此，主要须保证播种器在工作过程中没有滑移和堵塞。重播和漏播一般出现在地头和停机的地方，因此须对地头和停机的地方作重点检查，对其他地方进行抽样检查。每 10 个行程进行一次重播和漏播检查。

**5. 地表、地头检查**

地表检查是观察地表有无散落的种子，地表是否平整，如播种的同时进行了镇压，要检查镇压是否连续等。地头检查是观察地头宽度，尽可能控制其不超过机组长度的 2 倍；条件允许的话，须播到头，如果不允许，则应及时进行人工处理，不留喇叭口。地头应平整，无漏播、堆种现象。播种后地表和地头的检查可用目测或用尺子量的方法进行。

**6. 穴粒数检查**

采取抽样检查方法，并求出不同穴粒数对应穴数所占的百分比。在抽样的小区内，用小勺子挖取连续种穴，将挖出的每穴实播种子数进行登记，统计出空穴的百分比、单粒种穴的百分比以及穴粒数为 2 粒、3 粒的穴数所占百分比。对于精量播种（一穴一粒），单粒种穴的百分比要达到 85% 以上,空穴率不超过 3%。

7. 铺膜、滴灌带检查

开沟器开沟和铺膜要在同一直线上,铺膜应紧贴地面,纵向拉伸合适,保证铺膜平展。滴灌带要铺在相邻两行的中间位置(以滴灌带的调整为标准),且不能有扭转现象,以保证棉种供水均匀,同时节约用水。

8. 覆土质量检查

主要检查膜孔覆土厚度、膜边覆土宽度、膜边覆土厚度和种孔错位情况。其中膜孔覆土厚度是指膜孔中部膜面至覆土层表面的土层厚度(用镇压轮将土带均匀压实后测量为准),一般以 30 mm 为宜。膜边覆土宽度是指地膜边埋入土层下的自然宽度 $L$,如图 3-24 所示,一般 $L \geqslant 50$ mm。膜边覆土厚度是指地膜边埋入土层下的自然宽度 $L$ 中点至覆土层表面的垂直距离 $H$,一般 $H \geqslant 35$ mm,以保证压膜严实。只有压膜严实,才能有效防止播行不直,连接不准,种孔错位。抽样检查种孔错位率须不大于 1%。

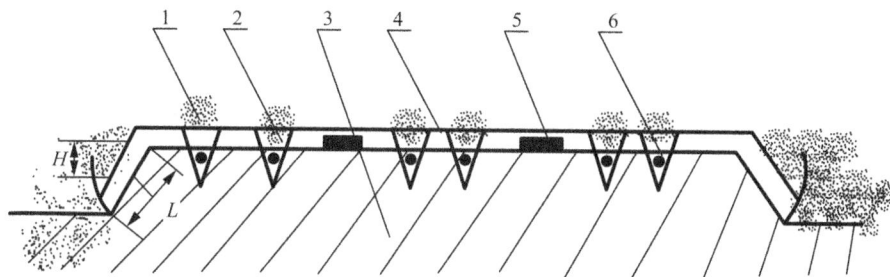

1—土壤　2—种穴(行)　3—膜床　4—地膜　5—滴灌带　6—种子

图 3-24　覆土质量示意图

◆ 故障诊断与排除

2BMJ-12 型精量铺膜播种机常见故障、故障产生原因及排除方法见表 3-6。

表 3-6　2BMJ-12 型精量铺膜播种机常见故障、产生原因及排除方法

| 故障 | 产生原因 | 排除办法 |
|---|---|---|
| 空穴 | 排种器内有杂物 | 清除杂物 |
| | 风机皮带松弛 | 张紧皮带 |
| | 种箱下种口堵塞 | 进行疏通 |
| | 刮籽板调整不当 | 重新调整刮籽板 |
| | 整地太浅或太松,鸭嘴打不透地膜,或鸭嘴打不开 | 调整整地深度为 3~5 cm,并镇压土地 |
| | 鸭嘴阻塞 | 清理鸭嘴 |
| 播种鸭嘴夹土 | 鸭嘴变形 | 校正鸭嘴 |
| | 鸭嘴弹簧变形或损坏 | 校正或更换鸭嘴 |
| | 土壤含水率过高 | 晾晒土地,使土壤含水率降低 |

| 故障 | 产生原因 | 排除办法 |
|---|---|---|
| 断膜 | 有异物挂膜 | 观察后排除 |
| | 展膜辊、压膜轮转动不灵活 | 可能有异物卡住,检查后排除 |
| | 覆土滚筒、穴播器转动不灵活 | 检查并调整覆土滚筒和穴播器 |
| | 覆土滚筒离地间隙不够 | 调整覆土机构离地间隙 |
| | 地膜质量差 | 更换合格地膜 |
| | 机架不平 | 调整悬挂系统,使机架保持水平 |
| 鸭嘴穿不透地膜 | 地膜张紧不够 | 张紧地膜 |
| | 土壤中杂草及大土块过多 | 重新整地 |
| 排种管堵塞 | 排种管太长 | 截短排种管 |
| | 排种管内有杂物 | 清除排种管内杂物 |
| 铺膜质量不好 | 膜边压土不严 | 调整一级覆土圆片使之有足够的覆土量 |
| | 膜上覆土不好 | 调整二级覆土圆片角度 |
| | 膜边卷曲 | 加大加深垄面宽度 |
| | 膜卷未放正 | 调整膜卷 |
| | 展膜辊、压膜轮转动不灵活 | 检查后排除 |
| | 机架不平 | 调整悬挂系统,使机架保持水平 |

# 工作任务三　应用于机械采收的加工番茄膜下滴灌与膜上点播

## ⊙ 情境描述

操作 2BMFT-6 型加工番茄铺膜滴灌播种机,在 750 亩地块中进行铺膜、铺管、播种、施肥作业的番茄施肥播种。

## ⊙ 作业质量要求

1. 把握农时,适时早播种,下籽量符合规定要求和标准,下籽均匀。
2. 播深 2~2.5 cm,深浅一致,误差不超过 ±0.5 cm。
3. 播行平直,行距一致,接头正确,误差不大于 ±2 cm,地头无喇叭口。
4. 一穴四至五粒率不小于 85%,空穴率小于 1%,错位率小于 2%。
5. 膜床平展,采光面符合农艺和标准要求,膜边覆土良好。
6. 穴孔覆土厚度 0.5~1 cm,覆土均匀良好,镇压有效均匀。
7. 滴灌带铺设位置正确,左右误差范围不大于 ±1 cm,松紧适宜。
8. 播到头,播到边。
9. 播后立即滴出苗水。

## ⊙ 学习目标

掌握 2BMFT-6 型加工番茄铺膜滴灌播种机的结构特点和工作原理,熟悉其工作性能、技术规格和操作规范。

## ⊙ 技能目标

正确操作 2BMFT-6 型加工番茄铺膜滴灌播种机播种,达到作业质量标准要求;掌握作业技术规范和技术要点;能够熟练地装配、挂接机具;正确地进行技术状态检查;根据不同地块条件合理调整、使用和维护机具;掌握安全操作规程及基本故障的排除方法。

## ⊙ 所需设备、工具和材料

1. 功率在 40.5 kW 以上的拖拉机,如约翰迪尔 654 型拖拉机。
2. 原新疆科神农业装备科技开发有限公司(现为新疆科神农业装备科技开发股份有限公司)研制的 2BMFT-6 型加工番茄铺膜滴灌播种机。
3. 调整安装用常备工具。
4. 直尺及卷尺(皮尺)、标杆。

5. 挖穴工具及记录工具。

6. 滴管带、适用于机械化采收种植模式的地膜。

7. 处理后的加工番茄种子。

⊙ **相关知识**

加工番茄膜下滴灌播种,是指采用适应于机械化采收种植模式的加工番茄铺膜、铺管精量播种机进行播种作业,分为膜上点播和膜下点播两种播种形式。加工番茄铺膜、铺管精量播种机是西北干旱地区尤其是新疆实现"节本增效"的关键机具和主流机型。铺膜、铺管栽培技术的优势是:可以防虫治草,抵御倒春寒、春旱,降低风蚀,减少灌溉用水,保证作物稳产、高产;还能做到作物的精量播种,能减轻定苗、间苗等作业工序的劳动强度,降低种植成本,保证株距、行距的均匀性,使苗达到"齐、壮、匀",有利于增产。2BMFT-6型加工番茄铺膜滴灌播种机是原新疆科神农业装备科技开发有限公司依据原国家农业标准《中耕作物单粒(精密)播种机作业质量》(NY/T 503—2002)[①]和国家机械标准《铺膜播种机》(JB/T 7732—2006)研制开发的加工番茄铺膜滴灌播种机,通过对其进行适当的调整可将膜上点种变换为膜下点种。在膜上点种一次可完成包括开管沟、镇压、开沟施肥、覆土、铺管、开膜沟、铺膜、压膜、膜边覆土、膜上打孔穴播、膜孔覆土及土带镇压等多种工序在内的联合作业。膜下点种一次可完成包括开管沟、镇压、开沟施肥、铺管、穴播、种穴覆土、种行镇压、开膜沟、铺膜、压膜、膜边覆土等多种工序在内的联合作业。

一、2BMFT-6型加工番茄铺膜滴灌播种机的结构特点和工作原理

1. 结构特点

2BMFT-6型加工番茄铺膜滴灌播种机具有以下特点:

(1)通过调整工作部件的先后顺序,可以方便快捷地将膜上点播转化为膜下点播。

(2)配备有滴灌带铺设装置。

(3)各组工作部件都可以实现单独仿形,能最大限度地适应地块。

(4)设计有地膜张紧装置,使地膜与地面的贴合度好,打孔后种子与地膜的错位减少。

(5)展膜辊牵引点低,使展膜辊展膜时展膜力较均匀。

(6)展膜辊两端设计成锥形结构,有利于保持膜沟状态。

(7)覆土花篮采用大直径整体结构,使盛土容积增大并使花篮的滚动能力提高。

(8)种带镇压轮采用大直径的零压胶圈,该结构不粘土,可提高对种带的镇压效果。

2. 结构组成

依据播种要求的不同,2BMFT-6型加工番茄铺膜滴灌播种机主要分为膜上点播和膜下点播两种结构。

(1)膜上点播

2BMFT-6型加工番茄铺膜滴灌播种机膜上点播机型的整体构造如图3-25所示。它主要由地轮、滴灌开沟器、施肥开沟器、铺管机构、展膜辊、压膜轮、点种器、覆土花篮、镇

---

压轮、种植、肥箱、大梁总成等零部件组成。

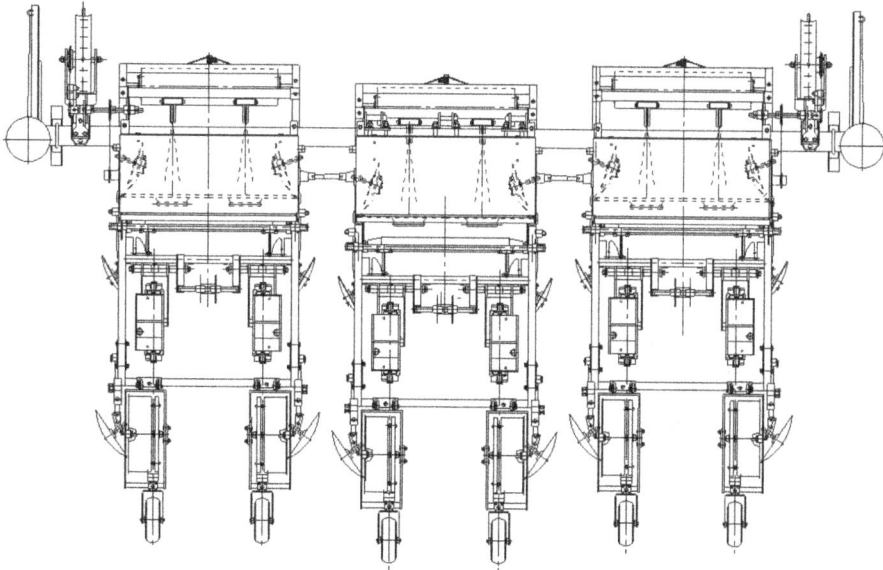

（a）俯视图

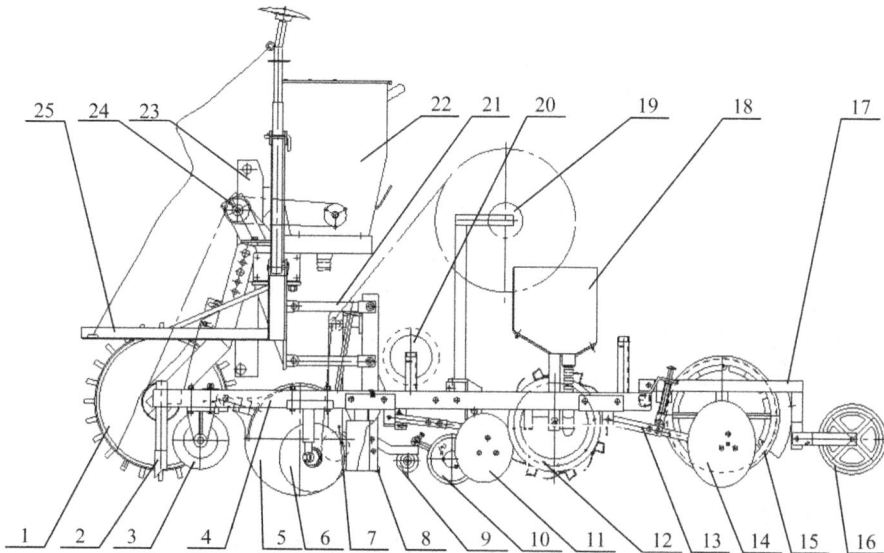

（b）侧视图

1—地轮　2—滴管开沟器　3—镇压辊　4—铺膜框架　5—施肥开沟器　6—开沟圆片　7—铺管机构
8—肥沟覆土器　9—展膜辊　10—压膜轮　11—膜边覆土圆片　12—点种器　13—膜上覆土圆片连接杆
14—膜上覆土圆片　15—覆土花篮　16—镇压轮　17—覆土花篮框架　18—种箱　19—滴灌管卷
20—膜卷　21—四连杆机构　22—肥箱　23—大梁总成　24—中间传动　25—划行器

**图 3-25　2BMFT-6 型番茄铺膜滴灌播种机（膜上点播）**

机架通过上下悬挂臂与拖拉机连接，拖拉机通过下悬挂装置和上拉杆实现机具的起升和对机具的牵引。机架结构采用独梁式方管结构，工作单组采取一膜一组的结构形式，整机共有三组(每组2行),通过四连杆机构用U型螺栓连接在大梁的后方,按作业要求在工作单组上配置所需工作部件,作业时工作单组的仿形各自独立,互不干扰;为提高悬挂能力,单组尽量前伸,在悬吊至最高点时,与拖拉机不干涉,并有一定的间隙;由于要保证连接行行距的调整要求,相邻两单组膜上覆土圆片间有干涉现象时,须将中间单组后移一定距离;肥箱通过螺栓固定于悬挂臂片后的位置上;划行器总成通过螺栓连接在大梁的两端;滴灌带铺放装置安装在单组中心的大梁位置上;为减小作业过程中地膜受风力及其他因素的影响,铺膜装置设计在铺管装置下方较接近地面处;划行器四连杆机构由螺栓铰接于划行器机架上,能方便地起落并可通过固定销固定。

(2)膜下点播

2BMFT-6型加工番茄铺膜滴灌播种机膜下点播机型的整体构造如图3-26所示。其结构与膜上点播机型基本一样,只是铺膜机构的位置由点播轮前移至点播轮后,以实现由膜上点播到膜下点播的转换。

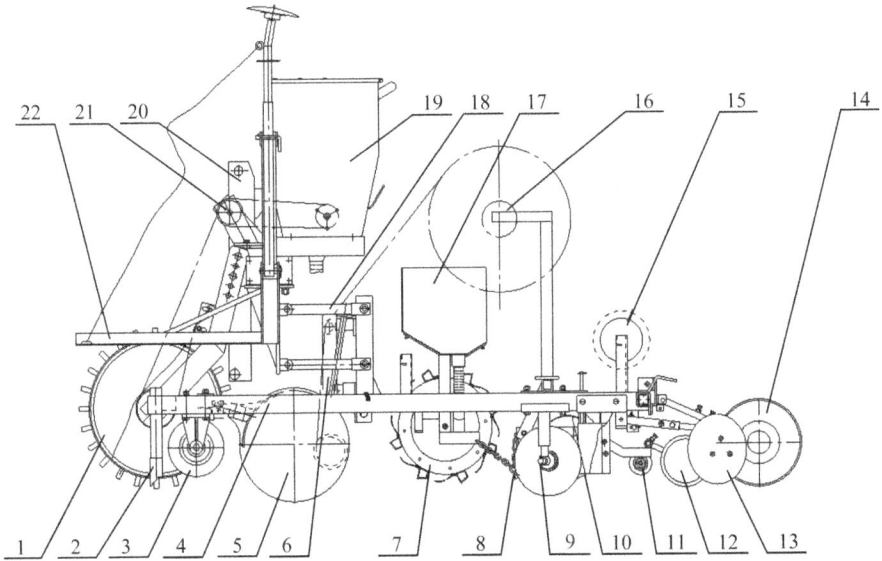

1—地轮 2—滴管开沟器 3—镇压辊 4—铺膜框架 5—施肥开沟器 6—铺管机构 7—点种器
8—肥沟覆土器 9—开沟圆片 10—镇压轮 11—展膜辊 12—压膜轮 13—膜边覆土圆片 14—挡土圆盘
15—膜卷 16—滴灌管卷 17—种箱 18—四连杆机构 19—肥箱 20—大梁总成 21—中间传动 22—划行器

**图3-26 2BMFT-6型番茄铺膜滴灌播种机(膜下点播)**

3. 工作原理

2BMFT-6型加工番茄铺膜滴灌播种机膜上点播机型的工作包括:

(1)施肥工作 播种机在随拖拉机前进的过程中,地轮在地面摩擦力的作用下回转,通过链传动将动力传递至肥箱的回转轴,在回转轴回转过程中驱动肥箱中的外槽轮,外槽轮拨动肥料,肥料通过肥管落至施肥开沟器开出的沟内,施肥作业完成。

(2)铺膜、铺管、播种及覆土工作 拖拉机牵引播种机前进时,"V"型挡土板将土壤推平,镇压辊对其进行压实,开沟圆盘开出铺膜沟;展膜辊将地膜展开,并铺于平整的膜床上;压膜轮将膜边压入开出的膜沟内,使地膜紧贴膜床,膜边覆土圆片将土压覆在膜边上,完成铺膜作业;同时滴灌管被铺于膜下,基本保证在播种的两窄行中间,与铺膜作业同步进行;机械式取种机构准确地将一定数量的种子(4~5粒)取出,并提前将作物种子落于成穴腰带的鸭嘴内腔,破膜入土成穴的同时,活动鸭嘴被压开,种子在重力作用下落入种穴,膜上点播完成;膜上覆土圆盘将两侧的土壤拨至覆土花篮内,覆土花篮在回转过程中将土覆到穴播行上(覆土宽度可调),膜上覆土作业完成;镇压轮对覆盖到穴播行上的土壤进行镇压,镇压作业完成。

(3)划行工作 在作业过程中,滑杆长度及圆片角度调整好的划行器,随着播种机前进,划行圆片划出相应的播种参考线,以保证播行的直线度和行距连接的均匀性,提高播种质量。

2BMFT-6型加工番茄铺膜滴灌播种机膜下点播的作业过程与膜上点播机型各作业装置相同,不再赘述。

二、2BMFT-6型加工番茄铺膜滴灌播种机的主要部件和部件安装

1. 主要部件

(1)施肥装置

施肥装置的主要作用就是将适量的种肥撒落至加工番茄种子的播种位置附近,为加工番茄的出苗和生长提供养分。本机的施肥装置主要由地轮、链轮、肥箱、中间轴、排肥管、施肥开沟器等部件组成,如图3-27所示,肥箱安装在大梁总成上方偏后的位置;地轮安装在大梁总成上的地轮臂上;施肥开沟器安装在铺膜框架上;排肥管连接肥箱的出肥口与肥沟。

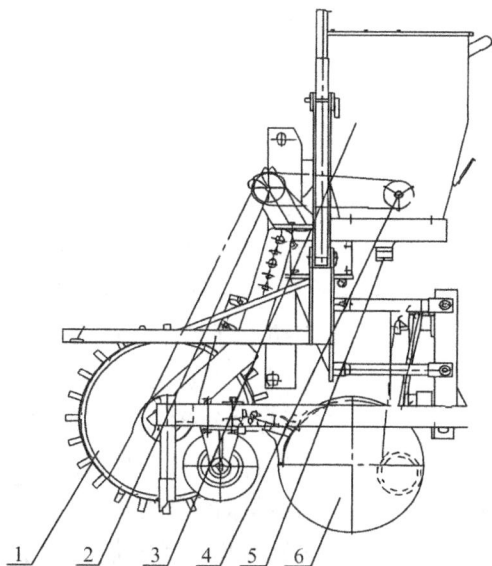

1—地轮 2—链轮 3—肥箱 4—中间轴 5—排肥管 6—施肥开沟器

**图 3-27 施肥装置**

作业过程中,随作业机组的前进,地轮在轮缘钢齿的作用下与地面咬合滚动,并将回

转的动力通过链传动传递至中间轴,带动外槽轮回转,实现对种肥的推刮;同时施肥开沟器(开沟圆片)开出符合施肥标准的肥沟,肥料被推至排肥管处时,顺排肥管落至沟内,施肥作业完成。

（2）整形装置

铺膜作业对整地质量要求较高,要求地面平整,突起少,因此,地块整形的质量会直接影响到铺膜的质量。为保证地块整形质量,该播种机设计有专门的铺膜整形装置,如图3-28所示,主要由"V"型挡土板、镇压辊和机架组成,"V"型挡土板和镇压辊通过螺栓分别固定在机架上。

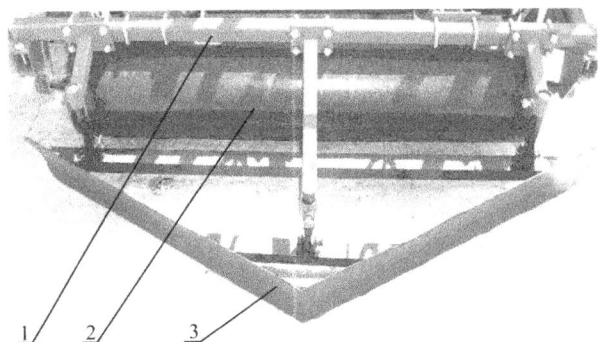

1—机架　2—镇压辊　3—挡土板

图3-28　整形装置

1—机架　2—压膜轮　3—展膜辊
4—地膜回转轴　5—地膜挡片

图3-29　铺膜装置

作业过程中,"V"型挡土板能方便地对苗床进行推刮,刮走体积较大的石块、土块及前茬作物残茎,形成较为平整的膜床,利于铺膜镇压。镇压辊对刮过的苗床进行适时镇压,保证苗床平整和膜床土壤的可塑性,防止破膜,提高成穴质量。

（3）铺膜装置

铺膜装置的功能是顺利将地膜铺设于膜床上,并保证良好的铺膜质量。该机的铺膜装置主要由压膜轮、展膜辊、地膜回转轴、地膜挡片等部件组成,通过单组机架将各部件组合为一个整体,如图3-29所示。

地膜卷通过回转轴安装在地膜支架上,地膜经过地膜张紧轴、展膜辊等部件被拉向后方。工作时,随着机组的前进,开膜沟圆片在膜床的两边开出具有一定深度的膜沟,地膜经过张紧轴,由在地面滚动的展膜辊平铺在经镇压辊整形后的垄面上,然后由压膜轮将膜边压入开膜沟圆片开出的沟内,压膜轮的弧面在膜沟内滚动对地膜产生一个横向拉伸力,使地膜紧紧贴于地表,最后由覆土圆片进行覆土,将膜边覆盖,完成铺膜作业。

（4）铺管装置

铺管装置的主要作用是将滴灌带铺设于要求的位置，一般情况下是将滴灌带铺设于相邻两行作物的中间位置。其主要由滴灌带支架、滴灌带支承轴、滴灌带挡圈、滴灌带铺设架（浅埋式）等组成，如图3-30所示，它们通过单组机架组合为一个作业装置。

播种前将滴灌带卷安装于滴灌带支架上，为防止滴灌带在回转过程中缠绕在支承轴上，在支承轴两端装有滴灌带挡圈（间距可调），该挡圈由钢圈、连接筋、薄壁短钢管及定位螺栓等组成。在滴灌带的铺设过程中，为避免滴灌带受外界因素（风、机具等）的影响，该播种机使用了集开沟和导向于一体的开沟导向器，如图3-31所示，它能开出浅沟，在引导轮的作用下可顺利地将滴灌带铺设于浅沟内。

1—滴灌带支架　2—滴灌带支承轴
3—滴灌带铺设架　4—滴灌带挡圈

图3-30　铺管装置

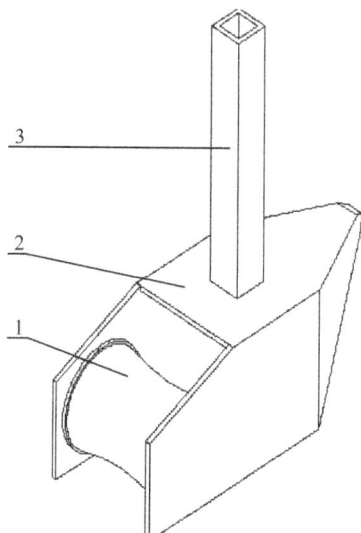

1—引导轮　2—开沟底座
3—升降定位杆

图3-31　开沟导向器

（5）穴播器总成

该播种机采用机械自锁式穴播器，其结构与工作过程如图3-32所示。它主要由成穴轮、挡种圈、接种杯、取种器、投种器等零部件组成。取种器上有夹持板、支座和支座斜面。夹持板的一端装有重块，其中间部位有一横轴，横轴安装在支座长轴孔内，并有一定的移动量。

工作时，成穴轮在苗床上滚动，取种器随成穴轮做回转运动。穴播器种室内的种子通过挡种圈下部的漏种口进入挡种圈和成穴轮内侧之间，当取种器经过时，取种器夹持板与支座斜面之间形成一"V"形槽，种子可在重力和种子群力的作用下进入"V"形槽。当取种器离开挡种圈时，重块在重力作用下绕横轴转动，进入"V"形槽中的种子在重块杠杆力的作用下被夹持板夹持自锁住。随着取种装置离开种子群运动到穴播轮的上部，没被夹持自锁住的多余种子在重力的作用下从取种装置上自行落下，实现清种。当取种装置运动到穴播轮的另一侧时，在重块离心力或投种装置的作用下，重块带动夹持板绕横轴反向转

103

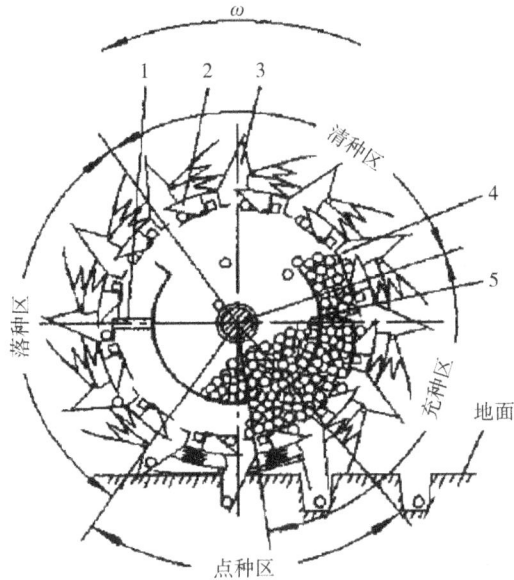

1—投种器　2—取种器　3—成穴轮　4—接种杯　5—挡种圈

**图 3-32　穴播器结构与工作过程示意图**

动,并沿支座长轴孔移动,夹持板对种子的作用力消失,被夹持的种子在重力等作用下落入接种杯。随着穴播器的滚动,接种杯中的种子进入成穴轮,成穴轮在苗床上掘穴并将穴打开,种子在重力和离心力的共同作用下落入穴底,完成投种。

（6）大梁总成

大梁与拖拉机采用三点悬挂,采用以主梁为基础,主梁与其他零部件相结合的配置结构,如图 3-33 所示。其主要由大梁、拉筋定位片、拉筋、下悬挂臂及上悬挂总成组成。这种配置方式有效地解决了两组工作部件之间相互干涉的难题,在铺膜播种机大梁配置方面为独创设计;在主梁两端分别焊接两块扁钢作为划行器固定座,划行器固定座内倾一定角度,该倾角可减少机具在运输状态时划行器顶部的宽度尺寸,保证划行器在运输过程中的安全性;主梁上平面的两端焊接拉筋座,拉筋座内侧加三角筋板进行加固;下悬挂架焊接在主梁的前方,两悬挂架的间距与相应的拖拉机机型相对应。因此,大梁具有足够的刚度和强度来承受阻力和传递动力。

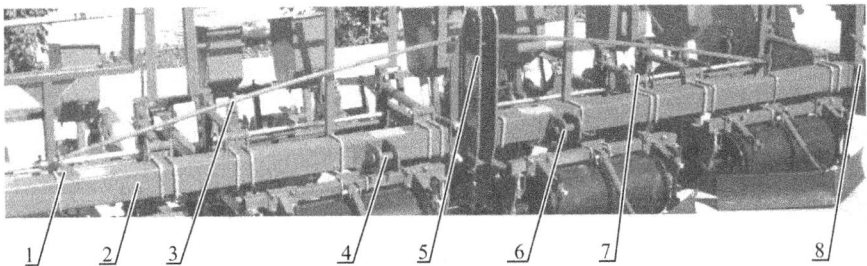

1—拉筋定位片　2—大梁　3—拉筋　4、6—下悬挂臂　5—上悬挂臂　7—四连杆机构　8—划行器固定座

**图 3-33　铺膜滴灌加工番茄播种机大梁总成**

（7）覆土镇压装置

2BMFT-6 型加工番茄铺膜滴灌播种机共有三组覆土装置,每组覆土装置可覆盖两行种孔(两窄行视为一行),工作部件主要包括覆土框架、覆土花篮、覆土圆片及镇压轮,如图 3-34 所示。随着播种机组前进,覆土圆片将地面的土壤挖出并推入覆土花篮内,覆土花篮在进口两端轮爪作用下滚动,依靠呈螺旋状焊接在滚筒内壁上的导土叶片将土壤输送至漏土缝隙处,使土壤均匀地撒落在种行上。

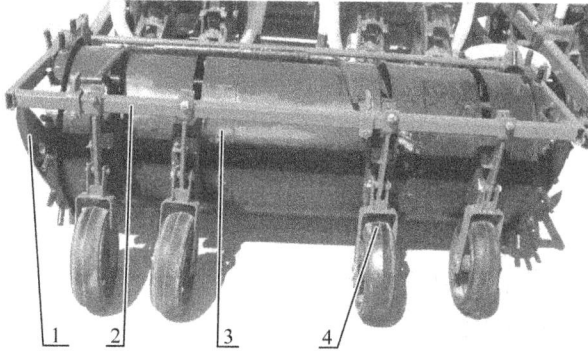

1—覆土圆片　2—覆土框架　3—覆土花篮　4—镇压轮

**图 3-34　覆土镇压装置**

覆土圆片的角度是影响覆土效果的主要因素之一。为提高覆土圆片的挖土、推土性能,将覆土圆片设计成球面状,根据不同的土壤条件调节覆土圆片的前开角 $a$ 及外倾角 $c$ 可以得到较好的挖土及轴向推土效果,如图 3-35 所示。一般情况下覆土圆片后端将土推入覆土花篮内(土的高度到圆片高度的 1/3 处),此时导土叶片能顺利推土,具有较大起土量,利于覆土。

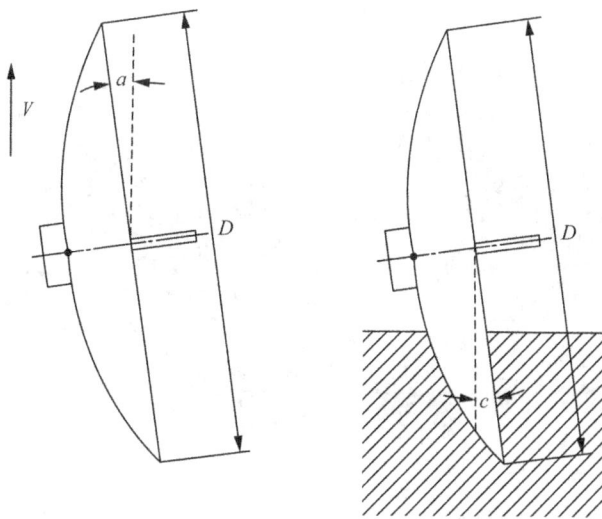

（a）前开角 $a$　　　　　　（b）外倾角 $c$

**图 3-35　覆土圆片角度**

1—圆片总成　2—固定螺栓
3—调节定位螺栓　4—拉筋
5—销锁机构　6—固定连接杆
7—定位架

**图 3-36　划行器**

（8）划行器

划行器的主要作用就是划出明显的沟行,为驾驶员提供线性参考,保证播行间距的一致性和拖拉机的直线行驶。该机的划行器主要由划行器圆片总成、固定连接杆、固定螺栓、调节定位螺栓、销锁机构及定位架等组成,如图 3-36 所示。随着播种机前进,划行器的圆片连续滚动,在地块划出一条沟痕,便于驾驶员驾驶播种机沿直线行走;划行器的臂长可以通过调节定位螺栓进行调整;当播种机处于运输状态或地头转弯位置时,须将划行器收起,并用销锁机构锁紧,以保证安全。

2. 部件安装

铺膜滴灌播种机各工作部件必须以每一工作单组的中心线为基准左右对称安装。对于本学习情境(3 膜 6 行),整机有 3 个工作单组,应以大梁中心线为基准,选择一块较平整的场地,用支架支好大梁,将各工作单组及零部件准备好,按说明书介绍的先后次序进行安装。

（1）大梁总成的安装

找出大梁的中心点,将中间一组工作单组以大梁中心点为基准左右对称摆放到准确位置,并用 U 型螺栓连接紧固;再以中间一组铺膜框架边梁外侧为基准,安装左、右两组铺膜框架。

（2）整形装置的安装

整形机构的安装主要包括刮土板的安装和镇压辊的安装,如图 3-37 所示。安装过程中应保证整形装置以单组的中心线为基准左右对称,确保推土板能有效地消除拖拉机行走时轮碾压下的轮痕,镇压辊对土壤进行有效镇压,形成较好的种床,为后续作业工序的顺利进行奠定基础。

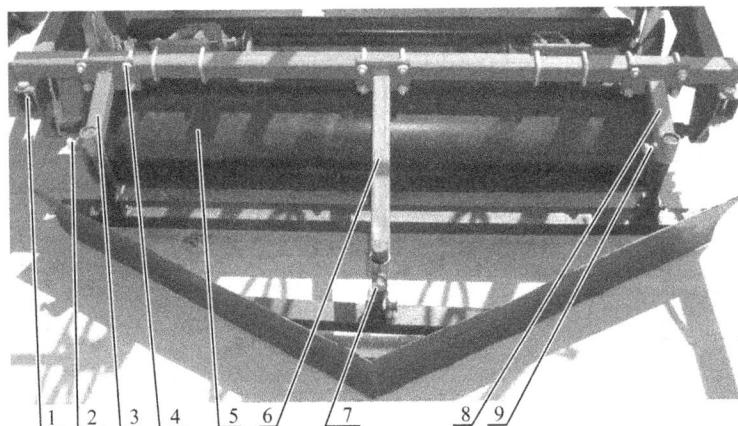

1—镇压辊固定螺栓　2、7、9—刮土板调节螺栓　3、6、8—刮土板固定悬臂
4—U 型螺栓连接紧固螺母　5—镇压辊总成

**图 3-37　整形装置的安装**

① 镇压辊的安装　先将镇压辊的定位孔与机架上安装位置的定位孔对正,用镇压辊固定螺栓将镇压辊两端固定在机架上,保证各螺栓的预紧力大小一致,避免镇压辊扭曲变形。

② 刮土板的安装　先用 U 型螺栓将刮土板的三个固定悬臂安装到机架的相应位置,U 型螺栓的螺母不应固定太紧;再安装刮土板总成,通过调节螺栓将其固定,再次调整刮土板的位置至合适位置,并将 U 型螺栓固定好。

(3) 播种组件的安装

该播种机的播种组件如图 3-38 所示。将连接架(成对安装)和四连杆机构通过 U 型螺栓固定在机架的对应位置,紧固好 U 型螺栓;选取成对的加工番茄穴播器与连接架进行对应安装,安装时一定要注意方向,穴播器正常作业时沿鸭嘴方向回转;将种箱安装于连接架的相应位置并固定好;将截取好的下种管两端分别安装在种箱下种口的钢管上和穴播器进种口的钢管上,用管卡卡紧。至此,播种组件的安装完成。

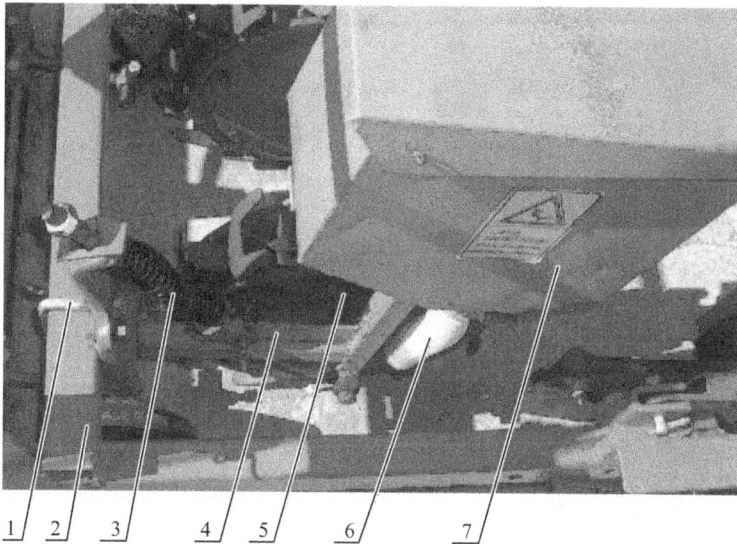

1—U 型螺栓　2—机架　3—弹簧拉杆　4—连接架　5—穴播器　6—排种管　7—种箱

**图 3-38　播种组件**

(4) 铺管装置的安装

铺管装置的安装主要包括滴灌带机架的安装、开沟导向器的安装及滴灌带轴的安装。

① 滴灌带机架的安装　用 U 型螺栓将滴灌带机架安装在大梁上,该机架的中心位置基本处于两相邻穴播器的中间位置,如图 3-39 所示。锁紧螺栓,滴灌带机架的安装完成。

② 开沟导向器的安装　确定铺管的位置,将开沟导向器组件通过 U 型螺栓固定在机架上,如图 3-39 所示。

③ 滴灌带轴的安装　先将一个挡圈安装在滴灌带轴上,再将滴灌带卷安装在滴灌带轴上,然后将另一挡圈安装在滴灌带轴的另一端,调整好滴灌带的位置(一般在滴灌带轴的中间位置),锁紧挡圈的紧固螺栓,并将滴灌带轴的两端放于滴灌带机架的凹槽内(如

图 3-39 所示),铺管装置的安装完成。

（5）铺膜装置的安装

铺膜装置的安装主要是指开沟圆片、压膜轮、展膜辊、覆土圆片及地膜轴的安装。

① 开沟圆片安装　安装开沟圆片前应先确定膜床宽度,一般为地膜宽度减去 15～20 cm(地膜宽度应根据农艺要求和工作机型选择);其次调整开沟圆片的角度和深度,从后往前看一对开沟圆片呈内八字形且与前进方向各约成 20°角,根据土壤情况,圆片入土深度一般为 50～70 mm;然后确定开沟圆片的相对位置,即以镇压辊中心为基准调整开沟圆片的相对位置,以使膜床达到合适的宽度;最后将各定位螺栓、调节螺栓固定预紧,如图 3-40 所示。

1—大梁　2—滴灌带机架　3—滴灌带轴
4—开沟导向器　5—挡圈

图 3-39　铺管装置

1—机架　2—开沟圆片　3—展膜辊　4—地膜轴
5—地膜支架　6—压膜轮　7—覆土圆片

图 3-40　铺膜装置

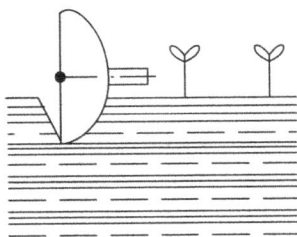

图 3-41　压膜轮工作状态

② 压膜轮的安装　安装压膜轮时,应使压膜轮走在开沟圆片开出的沟内,并使轮圆弧面紧贴沟壁(如图 3-41 所示),产生横向拉伸力,使地膜平贴于地面,保证膜边覆土状况良好,减少打孔后种子与地膜的错位。确定压膜轮的位置后上紧调节螺栓。

③ 展膜辊的安装　将展膜辊两端的定位架安装于机架上的对应位置,安装过程中要确保展膜辊不倾斜,以保证良好的展膜效果,如图 3-40 所示。

④ 覆土圆片的安装　覆土圆片紧挨压膜轮,在压膜轮将地膜拉伸展平的同时进行膜边覆土,以保证铺膜质量。从后往前看一对覆土圆盘呈外八字形且与前进方向各约成 20°角。覆土圆片的位置与角度与土壤结构、播种速度有很大关系,要根据具体情况进行调

整,之后将定位、预紧螺栓上紧,防止其位置和角度发生变化。

⑤ 地膜轴的安装　先将地膜卷一端的挡片装上,将地膜卷安装到地膜轴上,再将另一个地膜挡片安装上去;将安装好地膜卷的地膜轴两端分别放在地膜支架上,调整地膜至合适的位置,固定两端挡片上的定位螺栓,完成地膜轴的安装。

(6) 覆土镇压机构的安装

覆土镇压机构的安装主要包括覆土花篮、覆土圆片及镇压轮的安装等。

① 覆土花篮的安装　将焊接好的覆土花篮置于覆土花篮架内,分别将两端的螺栓孔与覆土花篮两侧的定位孔对齐,用螺栓固定,保证覆土花篮不倾斜同时能轻便回转,如图 3-42 所示。

1—机架　2—覆土圆片　3—覆土花篮架　4—镇压架　5—镇压轮　6—覆土花篮

**图 3-42　覆土装置**

② 覆土圆片的安装　安装覆土圆片时,应使其与覆土花篮的端面具有较小的间隙,保证圆片能转动顺利且漏土量较小;覆土圆片与覆土花篮端面约呈 20°的夹角,起土深度一般为 50~80 mm,用螺栓将位置调节好的覆土圆片固定。

③ 镇压轮的安装　镇压轮与镇压架组成一个镇压组件进行一体安装。安装过程中镇压轮的中心线应与漏土间隙的中心线在同一条直线上,通过螺栓将镇压架固定在适当的位置,如图 3-42 所示。

④ 覆土花篮架的安装　将安装好覆土花篮、覆土圆片、镇压组件的覆土花篮架安装在播种单组的对应位置,调节好各可调部件,保证覆土花篮的漏土带、镇压轮与播行一致,进行定位固定,覆土装置安装完成。

(7) 划行器的安装

划行器的安装如下:将划行器圆片通过圆片固定螺栓固定,根据播种机型的作业宽度,通过调节螺栓调节划行宽度,并将其紧固;将拉筋的两端分别固定在划行器臂和固定连接杆上;划行器组件的定位孔与大梁端部的定位孔对正,通过螺栓将其固定,完成划行器的安装。

(8) 复查

播种机整体安装完毕后,复查各部件的位置是否正确,重点检查点种器、覆土花篮漏土带及镇压轮是否在一条直线上,检查紧固件是否牢固,各转动部件是否转动灵活。

### 三、2BMFT-6型加工番茄铺膜滴灌播种机的主要技术参数

2BMFT-6型加工番茄铺膜滴灌播种机的技术参数见表3-7。

**表3-7　2BMFT-6型加工番茄铺膜滴灌播种机的技术参数**

| 项目 | 参数 |
| --- | --- |
| 外形尺寸(长×宽×高)/mm | 4 559×2 872×1 367 |
| 结构质量/kg | 1100 |
| 配套动力/kW | ≥40 |
| 作业速度/(km·h⁻¹) | 3～4 |
| 工作幅宽/mm | 3 900 |
| 行距/mm | 600+700 |
| 行数 | 6 |
| 铺膜幅数 | 3 |
| 适用薄膜宽度/mm | 900 |
| 单穴粒数/粒 | 5～12(占比≥85%) |
| 错位率/% | ≤1.5 |
| 滴管纵向拉伸率/% | ≤1 |
| 滴管横向偏移度/mm | ≤20 |
| 播种深度/mm | 15～25 |
| 空穴率/% | ≤2 |
| 各行排肥量一致性变异系数/% | ≤13 |
| 总排肥量稳定变异系数/% | ≤7.8 |

### 工作过程

#### 一、工作课时

要求本单元的理论和实训课时分别为12课时和60课时。

#### 二、工作过程

**1. 播种前的技术准备**

（1）种子准备

用作精量播种的种子应具备下列条件：

① 应是适应当地土壤气候条件的优良品种，来源于良种基地。

② 品种纯净，种子净度应在98%以上，水分在12%以下。

③ 饱满而完整，充分成熟，重量大。

④ 加工番茄发芽率应达85%以上，发芽势强，发芽整齐迅速。

⑤ 内部无虫害潜伏，未受过虫蚀，也未受过病菌侵染。

⑥ 应进行包衣、丸粒化处理。

⑦ 种子应通过选种机进行精选。

（2）土地准备

整地作业质量的好坏与精量播种的关系极为密切。整地前每公顷用氟乐灵 1.5～1.8 kg 兑水 450 kg，于夜间均匀喷洒于地表，然后用联合整地机对已耕地进行整地，使之达到待播状态。氟乐灵见光易分解，不宜在强光下使用。

（3）播种机准备

① 要求播种机工作部件能准确地排出种子，每穴粒数达到播种要求，不能漏播。

② 能准确地按规定的数量下种，不损伤种子，种子能准确地随鸭嘴落在预定位置和深度。

③ 覆盖良好，使潮湿的土壤盖在种子上面，以便于种子吸水发芽，覆土应符合规定厚度，且均匀一致。

④ 播种的同时进行镇压，使播下的种子与周围的土壤密切接触，种子上面的表土保持疏松，使土壤水分因毛细管作用而向种子周围运动，以利于发芽、扎根、出苗。

2. 播种机与拖拉机的悬挂连接

（1）拖拉机轮距的调整　在悬挂加工番茄播种机前，要根据加工番茄的栽培模式先将拖拉机的轮距调整好。悬挂播种机的作业宽度应与拖拉机的轮距相适应，工作时拖拉机的行走轮应跨越播行。为达到上述要求，拖拉机的轮距可在一定范围内调整，一般后轮内宽尺寸在 1.2～1.3 m 范围内。要注意的是，在调整中须保证前后轮的中心距一致。

（2）播种机与拖拉机的挂接　播种机与拖拉机通过悬挂机构组成一个悬挂机组进行播种作业，目前三点悬挂机构应用最为广泛，拖拉机后悬挂与播种机三点悬挂分别如图 3-43 和图 3-44 所示。播种机悬挂架上的上悬挂点和两个下悬挂点分别与拖拉机的上拉杆和左右连接杆对应挂接。连接时将拖拉机液压操作手柄置于下降位置，调整左右拉杆的长度使其一致，挂接上左、右下拉杆，再连接上拉杆，并用锁销锁住。

1—左拉杆　2—中间拉杆　3—右拉杆

**图 3-43　拖拉机后悬挂**

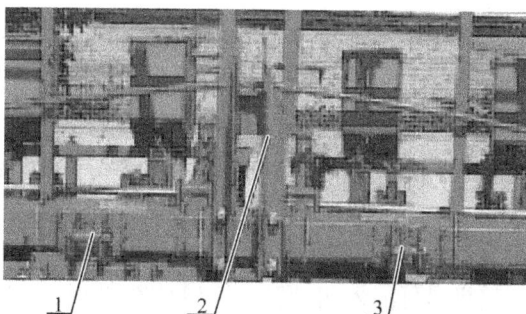

1、3—下悬挂点　2—上悬挂点

**图 3-44　播种机三点悬挂**

3. 播种前的检查调整

播种前的检查调整方法，同本学习情境工作任务二"精量铺膜播种机播种"的检查调整。

4. 播种作业

播种作业方法,同本学习情境工作任务二"精量铺膜播种机播种"的播种作业。

5. 质量检查

质量检查是提高播种质量、保证精量播种效果的重要环节。可按照国家标准《单粒(精密)播种机试验方法》(GB/T 6973—2005)和机械行业标准《铺膜播种机》(JB/T 7732—2006)进行检查,每班次检查不少于3次。播种后及时安装滴灌装置,连接毛管,播种后3天滴完出苗水。

6. 2BMFT-6型加工番茄铺膜滴灌播种机的技术保养

(1)班次保养

要经常检查穴播器的工作状态,及时排除因各种原因造成的不下种现象。每班作业后应及时清除各工作部件上的泥土杂草,松动螺丝应及时紧固,磨损和损坏的部件应及时修理更换,要进行全面检查并按要求加注润滑油,2BMFT-6型加工番茄铺膜滴灌播种机各润滑点位置及数量见表3-8。

表3-8 2BMFT-6型加工番茄铺膜播种机的润滑部位

| 润滑部件 | 总润滑点 | 润滑周期 |
| --- | --- | --- |
| 双圆片开沟器 | 6 | 一班 |
| 地轮 | 2 | 一班 |
| 中间传动 | 4 | 一班 |
| 肥箱 | 8 | 一班 |
| 开沟圆片 | 6 | 一班 |
| 压膜轮 | 6 | 一班 |
| 两种覆土圆片 | 12 | 一班 |
| 点种器 | 6 | 一班 |
| 划行器圆片 | 2 | 一班 |

(2)定期保养

① 每个作业季节后,应全面清除机具表面的泥土、杂草及脏物;检查各轴承及滑动摩擦结合部的间隙,间隙过大时要重新调整或更换零件;各传动部件要注满润滑油或机油;放松各部件弹簧,使其处于自由状态。

② 非工作季节要拆下各类圆片、压膜轮、排肥装置的拆卸件,保养完毕后,分类入库存放。

③ 整机尽可能入库、棚保管,停放在平坦、干燥处。用支架将主梁支起,使地轮不承受负荷。

三、操作及安全注意事项

1. 加工番茄铺膜滴灌播种机的操作使用注意事项

(1)在播种作业前,应先划出(或耕出)地头线,以保证播种机的起落是在一条直线上,确保播种质量的同时,提高一致性。

（2）在地块转移、过田埂和地头转弯时，机组应低速行驶。

（3）在运输时，应将悬挂架提升至最高位置，并将升降手柄固定好，还应缩短拖拉机上拉杆的长度，使播种机与地面的间隙在 25 mm 以上，以提高通过性，防止播种机的意外撞击及损坏。

（4）落播种机时应慢降轻放，防止播种机的各工作装置受到剧烈振动和冲击而失去正常作业能力，从而影响播种质量，降低播种效率。

（5）根据不同地块的土壤特性调整覆土圆片，使其能有效起土。

（6）在大石块、土块及杂物较多的田间作业时，应适时对覆土花篮进行杂质清理，防止因杂物堵塞而影响覆土质量。

（7）在地头转弯时应减小油门，待整个播种装置完全提升起来后再转弯。

（8）播种机与拖拉机分离时，应将播种机支撑好，便于下次挂接。

（9）班次作业结束时，应及时进行保养，检查各部位螺栓、螺母是否松动，如有松动应立即紧固。

2. 安全注意事项

（1）机组人员在作业前应仔细阅读说明书，熟悉本机结构性能、调整使用及保养方法。

（2）严禁儿童和非工作人员接近机具。

（3）挂接农具时应注意后方，防止碰伤挂接人员或损坏机具。

（4）在运输时、工作时机具严禁站人。

（5）在工作时严禁转弯或倒车。

（6）机具在起步前或落下时，应注意检修人员安全。

（7）对机具进行调整、清理、加种等工作时，必须停车。

（8）严禁在种箱或其他部件上放工具、零件等物品。

（9）严禁穿宽大不方便的衣服进行作业。

▼ 质量检测

1. 播种质量检查

可从以下几个方面对加工番茄铺膜滴灌播种机的播种质量进行检查：

（1）每穴粒数　在相邻的 6 个播种行内，每行分段挖取 300 个播种穴，统计每穴的番茄种子数量，检查单穴种粒数、漏播率是否符合要求。

（2）播种深度　在完成播种的地里，选择相邻的 6 行，每行随机选择 3 个点，每个点对应的穴数要大于等于穴播器圆周的鸭嘴数，测量并检查播深是否在 20～25 mm 范围内。

（3）种子机械破损率　在进行每穴粒数的检查时，可以顺便统计出种子的机械破损率，检查其是否超过 0.5%。

（4）错位率检查　选择相邻的 6 行，每行随机选取 3 个点，每个点对应的穴数要大于等于穴播器圆周的鸭嘴数，扒开覆土，找出种子位置，观察是否错位，计算错位率。

**2. 铺膜质量检查**

铺膜质量检查主要有以下几个方面：

(1) 地膜纵向拉伸率　观察地膜沿机组前进方向的纵向拉伸情况，检查其纵向拉伸率是否大于等于3%。

(2) 采光面宽度合格率　在已铺设的地膜上随机选取3～5个点，每个点地膜的铺设长度为2 m，计算其采光面宽度合格率，该合格率应大于等于80%。

(3) 地膜采光面展平度　机组作业过程中适时检测地膜采光面展平度，确保其不低于98%，每班检查次数不低于三次。

(4) 地膜破损程度　在已铺设的地膜上随机选取6～8个点，每个点的面积为3 m²，测量每个点内采光面的总破缝长度，确定其是否超过50 mm/m²。

(5) 膜边覆土宽度合格率　在完成铺设的地膜上随机选取5～7个点，测量地膜边埋入土层下的自然宽度，检查膜边覆土宽度合格率是否低于95%。

(6) 膜边覆土厚度合格率　在已铺设的地膜上随机选取5～7个点，测量膜边埋入土层下的自然宽度中心至覆土层表面的垂直距离（即膜边覆土厚度），检查膜边覆土厚度合格率是否低于95%。

**3. 覆土质量检查**

(1) 膜孔全覆土率　在已播地随机选取8～10个点，每个测试点的总膜孔数不少于100，计算完全被土覆盖的膜孔数与总膜孔数之比，检查膜孔全覆土率是否大于等于90%。

(2) 种子覆土厚度合格率　在已播地随机选取20～30个点，检查种子覆土厚度与膜孔覆土厚度之和，确定种子覆土厚度合格率是否大于等于90%。

**4. 铺管质量检查**

在机组播种作业过程中，观察滴灌带的铺设位置是否合适。由于没有相关的标准，铺设位置仅能依靠有经验的作业人员视情况而定。一般情况下，滴灌带滴孔铺设在地膜内两种子行的中间地带，左右偏差不大于5 cm，这样易保证两侧番茄苗的供水、供肥的均衡性。

**⊙ 故障诊断与排除**

2BMFT-6型加工番茄铺膜滴灌播种机常见故障、故障产生原因及排除方法见表3-9。

表3-9　2BMFT-6型加工番茄铺膜滴灌播种机常见故障、产生原因及排除方法

| 故障 | 产生原因 | 排除办法 |
| --- | --- | --- |
| 铺膜质量不好 | 膜边压土不严 | 调整开沟圆片的位置、深度与角度；调整压膜轮的位置；调整覆土圆片的位置与角度 |
| | 膜上覆土不好 | 调整膜上覆土圆片的深度与角度 |
| 铺膜质量不好 | 膜边卷曲 | 加深开沟圆片入土深度 |
| | 膜辊中心与膜床中心未重合 | 对正膜卷位置 |
| | 展膜辊、压膜轮转动不灵 | 可能有异物卡住，清除异物 |

| 故障 | 产生原因 | 排除办法 |
|---|---|---|
| 断膜 | 有异物挂膜 | 清除异物 |
| | 地膜质量差 | 更换合格地膜 |
| | 展膜辊、压膜轮不转 | 检查展膜辊、压膜轮位置是否有异物卡住，及时清理；检查零部件是否出现故障或者磨损，及时更换或者调整 |
| | 覆土花篮不转 | 花篮内进土量太多，清除多余的土并调整覆土圆片角度 |
| | 点种器不转 | 被异物卡住，清除异物 |
| 漏种或不下种 | 鸭嘴被土堵塞 | 清除堵塞物 |
| | 动鸭嘴合页卡死 | 更换合页或销轴 |
| | 输种管堵塞 | 清除堵塞物 |
| 膜孔覆土量不够 | 覆土花篮进土量不够 | 调整覆土圆片深度、角度及位置 |
| | 覆土花篮大土块多 | 清除大土块 |
| 施肥质量不好 | 主梁不平 | 调节拖拉机中央拉杆的长度 |
| | 拖拉机液压操纵手柄未放在浮动位置 | 调整拖拉机液压操作手柄，使其放在浮动位置 |
| | 传动机构卡住 | 检查传动机构离合器是否打滑、传动装置是否机械损坏或有零部件损坏；检查是否有异物卡住。根据具体情况更换零部件或清理异物 |
| | 种肥结桥 | 对于少量的结块可以人工清理，大量的结块可以使用机械破碎，也可以添加防结剂及时处理 |
| 施肥开沟器入土效果差 | 四连杆机构不能自由伸缩 | 清除锈蚀，加注机油 |
| | 开沟深度调节不到位 | 重新调整至合适位置 |

学习情境四

# 田间管理

# 工作任务一　作物中耕

## 情境描述

操作 3ZF-540 型悬挂式中耕施肥机对 620 亩棉花作物实施松土、除草、施肥中耕作业。

## 作业质量要求

1. 中耕行走路线正确,不走错行。
2. 中耕深度和宽度达到质量标准要求。
3. 不伤苗、不铲苗、不压苗、不埋苗、不损伤膜床。
4. 碎土良好,无土块。
5. 无拉沟、无集堆、无隔墙,沟底平整。
6. 无漏耕,耕到头,耕到边。
7. 耕幅内除净杂草。
8. 适时中耕,选用合适的中耕除草工作部件。

## 学习目标

掌握 3ZF-540 型悬挂式中耕施肥机的构造、工作原理;熟悉其性能和技术规格。

## 技能目标

正确操作 3ZF-540 型悬挂式中耕施肥机进行中耕施肥作业,达到作业质量要求;掌握工作过程;能够熟练地装配、挂接机具;正确地进行技术状态检查;合理地调整、使用和维护保养机具;掌握安全操作规程。

## 所需设备、工具和材料

1. 功率在 40 kW 以上的拖拉机,如约翰迪尔 554 型拖拉机。
2. 原新疆科神农业装备科技开发有限公司(现为新疆科神农业装备科技开发股份有限公司)制造的 3ZF-540 型悬挂式中耕施肥机。
3. 碎土轮、钢钎或木棒。
4. 调整用工具。
5. 卷尺、直尺等测量工具。

◉ **相关知识**

悬挂式中耕施肥机是目前中耕施肥作业中广为采用的中耕施肥作业机具,主要用于棉花、甜菜、玉米、番茄等作物的中耕施肥作业。该类机其中以 3ZF-540 型悬挂式中耕施肥机的使用居多,该机是原新疆科神农业装备科技开发有限公司依据相关国家标准,并按照我国北方土质条件和土壤结构而制造的。该机由液压系统控制,经组合能在中耕作业中完成中耕、施肥、培土、除草等多项作业。

一、悬挂式中耕施肥机的结构和特点

3ZF 系列中耕施肥机是与功率在 40 kW 以上的轮式拖拉机配套的悬挂式中耕施肥作业机具。该机由机架、地轮、中耕单组、肥箱、中间传动部件等组成。通过更换不同的工作部件,能完成中耕(除草、破板结、深松)、追肥、培土(开沟起垄)等多项作业。基本作业行数为 12 行,行距可在 30~70 cm 范围内调节。机型分为 540 型和 760 型两种(以为棉花施肥为例,两种机型工作幅宽分别为 5.4 m 和 7.6 m)。

该中耕施肥机主要的特点如下:

(1)机架设计成组合式,通用性好、适应性强、结构简单、强度大,使用时挂接速度快。

(2)平行四连杆机构非常坚固,在使用过程中不变行。其新型结构配置了尼龙耐磨套,磨损后可以更换新套,保证使用时不松旷,能满足作业性能要求。

(3)设计了新型组合施肥开沟器,能将肥料施加到要求的工作土层。

(4)增强了齿栓及固定装置结构的强度。

(5)肥箱设计成大容积式,排肥采用大外槽轮,能保证足够的施肥量,停机肥料不自流,肥量调节方便。

二、悬挂式中耕施肥机的主要部件和部件安装

中耕机组一般由一台拖拉机、一个通用机架、若干组仿形机构和工作部件等组成。根据农业技术需要,中耕机上可以安装多种工作部件,主要有除草铲、松土铲、培土铲等分别用于满足作物苗期的不同要求。

1. 主要部件

(1)除草部件　中耕机的除草部件有锄铲式除草铲和回转式除草器两种。锄铲式主要用于作物行间第一、二次除草和松土作业,分单翼铲和双翼铲两种,如图 4-1 所示。单翼铲由倾斜铲刀和垂直护板部分组成,其铲刀刃口与前进方向成 30°角,铲刀平面与地面的倾角为 15°左右,用来切除杂草和松碎表土。垂直护板起保护幼苗不被土壤覆盖的作用。单翼铲有左翼铲和右翼铲两种,分别置于幼苗的两侧。除草铲的作业深度一般为 4~6 cm。回转式除草器如图 4-2 所示,两个相对转动的梳齿滚配置在每行苗幅两侧,梳齿滚由地轮或动力输出轴驱动,工作时梳齿在苗间划出有规律的齿迹,可以除掉生根较浅的草芽,疏松表土。这种除草器比较适用于大豆苗期除草,也可用于玉米、高粱等中耕作物定苗前除草。

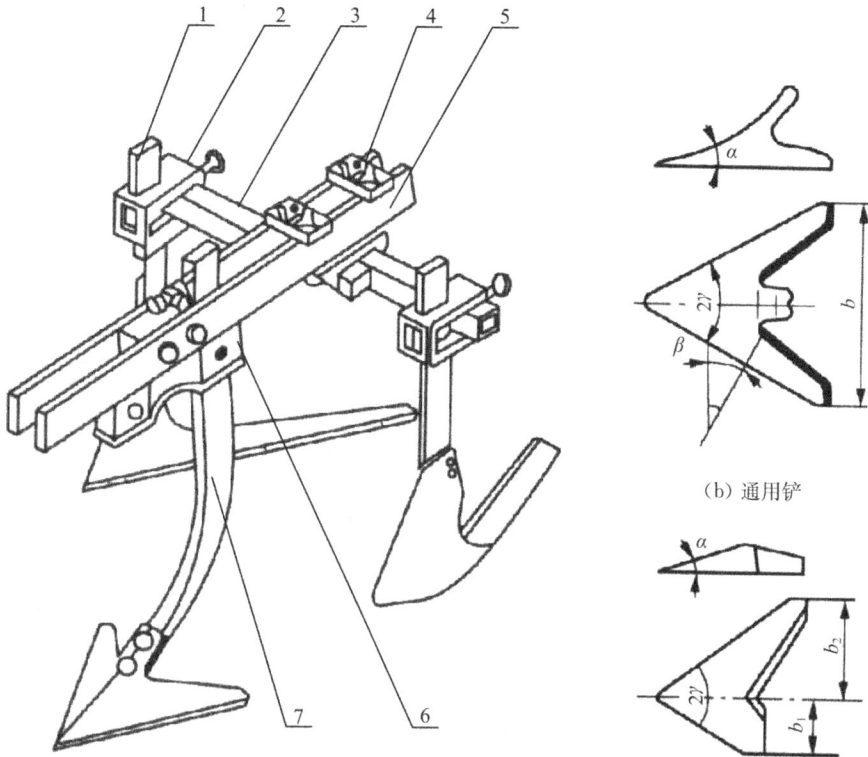

（a）单翼铲和双翼铲的安装　　　　　　　　（c）垄作非对称双翼铲

（b）通用铲

1—单翼铲　2—横臂固定卡　3—横臂　4—U 型固定卡　5—纵梁　6—纵梁固定卡　7—双翼铲

**图 4-1　锄铲式除草铲**

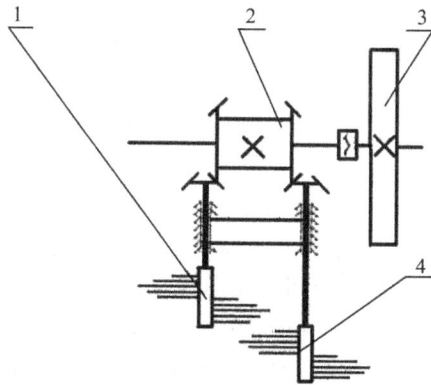

1—短轴梳齿滚　2—传动齿轮　3—地轮　4—长轴梳齿滚

**图 4-2　回转式除草器**

（2）松土铲　常见的松土铲如图 4-3 所示。松土铲用于中耕作物的行间深层松土，有时也用于全面松土。它有破碎土壤板结层、消灭杂草、提高地温和蓄水保墒的作用。松土铲由铲头和铲柄两部分组成，工作深度一般为 12～25 cm，其中铲头是入土工作部分，松土铲的种类很多,常用的有箭形、尖头形、凿形松土铲和趟地铧子等。箭形松土铲碎土性能好,不窜垡条,土壤疏松范围大,常用于浅层松土,耕深一般为 8~10 cm。凿形松土铲的入土能力比较强,深浅土层不易混,但碎土能力较差,多用于深层松土,耕深一般为 12~25 cm。尖头形松土铲的两头开刃,与铲柄用螺栓连接,磨损后易于更换,可以调头使用。

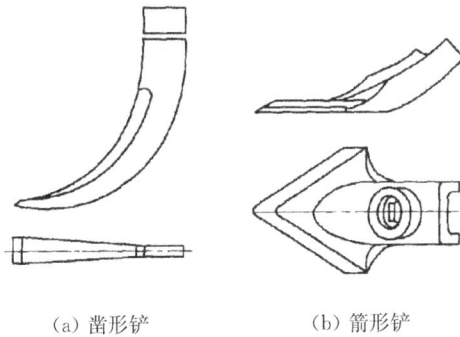

（a）凿形铲　　　　　　　　（b）箭形铲

**图 4-3　松土铲**

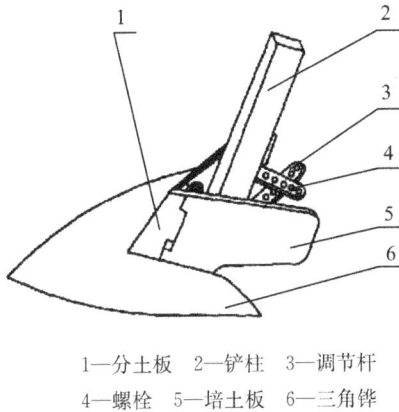

1—分土板　2—铲柱　3—调节杆
4—螺栓　5—培土板　6—三角铧

**图 4-4　铧式培土器**

（3）培土器　培土器通常也称为培土铲,用于向植株根部培土、起垄,也用于灌溉开排水沟。培土器的种类较多,如曲面可调式培土器、旋转式培土器、锄铲式培土器和铧式培土器等。目前使用较为广泛的是铧式培土器,其结构如图 4-4 所示,主要由三角铧、分土板、培土板、调节杆和铲柱等组成。此种培土器的分土板与培土板铰接,其开度可以调节,以适应大小不同的垄形。分土板有平面和曲面两种结构型式。曲面分土板成垄性能好,不容易粘土,工作阻力小;平面分土板碎土性能好,三角铧与分土板交界处容易粘土,工作阻力比较大,但制造容易。三角铧的工作面一般为圆柱面,每种机器上一般配有 3~4 种不同规格的三角铧,可根据需要更换。三角铧常用 QT40-10 或 HT15-33 材料铸造而成,为了耐磨,距铧尖 80 mm 内,表面硬度应为 HB320 以上,白口深度为 2 mm 左右。

旋转式培土器上以适当的偏角和倾角安装有类似圆盘耙的球面圆盘,其配置在苗行之间,用以向苗行培土。将两个圆盘凹面相向或反向安装,可以进行闭垄或开垄培土,将 2~4 组圆盘配置在行间,可用于大垄作物的中耕培土。

（4）仿形机构　对于旱作中耕机,根据作物的行距大小和中耕要求,一般将几种工作部件配置成单体,每一单体在作物的行间作业。各个中耕单体通过一个能随地面起伏而上下运动的仿形机构与机架横梁连接,以保证工作深度的一致性。现有中耕机上应用的仿形机构主要有平行四连杆、单杆单点铰链式和多杆双自由度仿形机构等。

① 平行四连杆仿形机构　平行四连杆仿形机构的结构如图 4-5 所示。它是用一个平行四连杆机构将中耕单体与机架铰接,当仿形轮随地面起伏而升降时,平行四连杆机构带动工作部件随之起伏,同时保证工作部件的入土角始终不变,在地表起伏不大的田地作

业时,工作深度的稳定性较好。其缺点是:当土壤坚硬时,耕深容易变浅;当仿形轮遇到局部地表起伏时,耕深容易不稳。

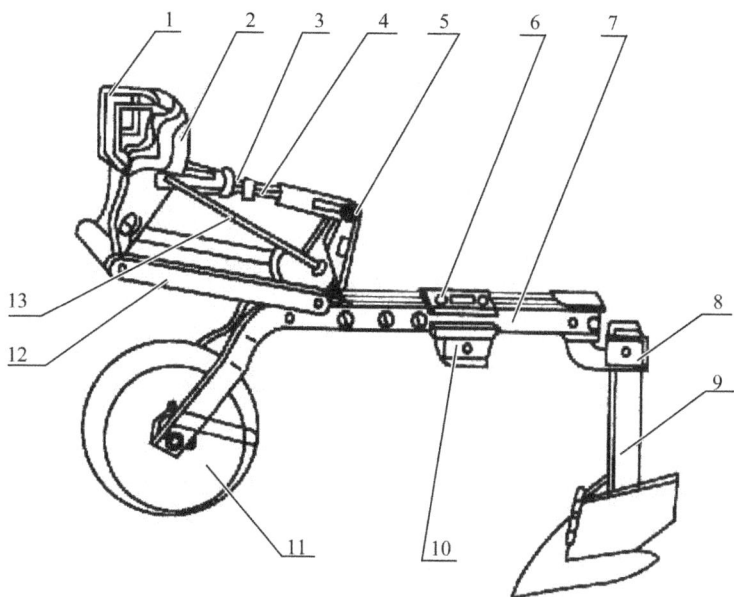

1—主梁卡丝　2—调节支臂　3—锁紧螺母　4—调节丝杆　5—调节支架　6—卡套　7—纵梁
8—工作部件固定卡铁　9—工作部件　10—犁柱下卡套　11—仿形轮　12—连动板　13—调节控制杆

**图 4-5　平行四连杆仿形机构**

② 单杆单点铰链式仿形机构　单杆单点铰链式仿形机构的结构如图 4-6 所示。其工作部件是通过拉杆与机架单点铰接的,工作部件在辅助弹簧的压力和自重的作用下入土,这种机构可以适应地面起伏。因工作部件在起伏过程中绕铰接点转动,故其入土角将发生变化,最后引起工作深度的变化。此种仿形机构的优点在于结构简单。

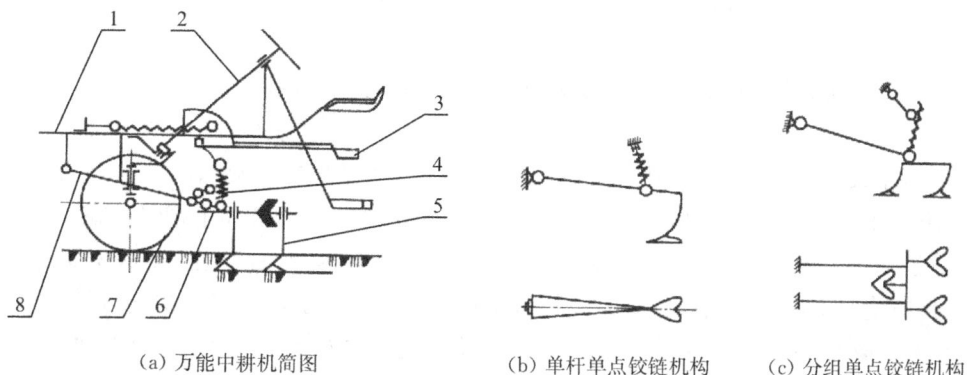

(a) 万能中耕机简图　　　　　(b) 单杆单点铰链机构　　　(c) 分组单点铰链机构

1—机架　2—操向机构舵轮　3—起落机构手柄　4—辅助弹簧　5—锄铲　6—纵梁　7—地轮　8—拉杆

**图 4-6　单杆单点铰链式仿形机构**

③ 多杆双自由度仿形机构　多杆双自由度仿形机构的构造如图 4-7 所示。其工作

部件与仿形轮固结为一体,又与四连杆机构后支架 $DB$ 于 $E$ 点铰链。它利用四连杆机构将工作部件同机架铰接,靠仿形轮和工作部件犁踵的后踵控制耕深和入土角。其入土性能好,在土壤坚硬或阻力变化大时也能稳定地工作,但其结构较复杂。

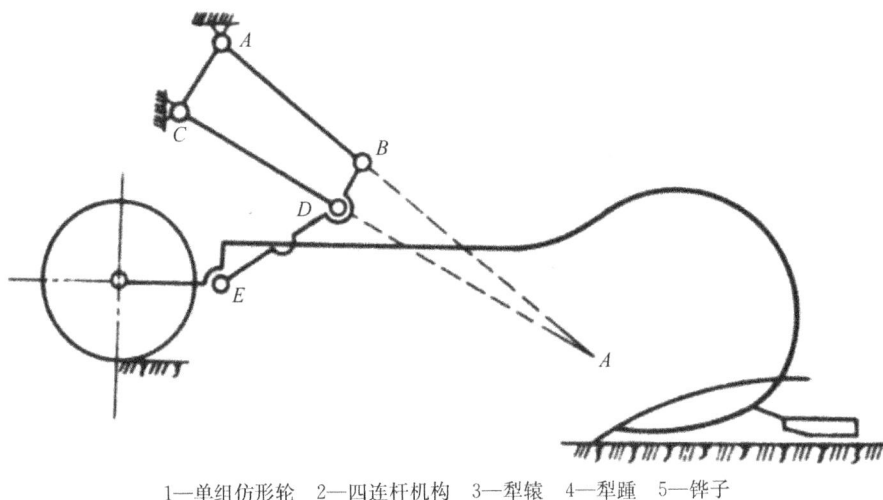

1—单组仿形轮  2—四连杆机构  3—犁辕  4—犁踵  5—铧子

**图 4-7  多杆双自由度仿形机构**

注:其中 $A$ 表示后支架 $BE$ 的瞬心。

(5) 中耕单体  中耕单体由工作铲和仿形机构等组成,并通过仿形机构与机架相连接。由于每个中耕单体都安装有单独的仿形机构,故对地表不平的仿形性能很好。中耕单体可以根据作物的行距大小进行调节。

2. 3ZF-540 型悬挂式中耕施肥机主要部件的安装

为便于运输,3ZF 系列中耕施肥机采用散装出厂的方式,零部件的数量全部列在出厂清单上。

安装前,应根据出厂清单清点零部件,检查其是否齐全,并详细阅读使用说明书,充分了解各部件的结构特点和使用特性,然后对机具进行安装。

(1) 通用部件的安装

通用部件由机架、地轮总成、工作单组总成、脚踏板总成等零部件组成。

① 机架安装  机架的安装如图 4-8 所示。选择一块较平整的场地,用随机附带的机架支腿将主梁支起,支腿距主梁两端均为 850 mm,要保证稳定可靠。用卷尺量出主梁的中心,并做上记号,然后以中心为基点向左右分别量出 400 mm,并做上记号。在三个记号点上分别安装上悬挂臂、下悬挂臂(左、右),并上紧卡子螺母,然后装上拉筋并上紧螺母。

② 地轮及工作单组安装  根据作物行距在中耕机大梁上从中点依次向两端平分,并作好记号。然后根据记号,将各工作单组及地轮总成依次安装在大梁上。如当进行 12 行作业时,安装 7 组中耕单组,左右地轮分别与第 2 组和第 6 组安装在同一行位置上。地轮安装在机架的前方,工作单组安装在机架的后方,如图 4-9 所示。

③ 脚踏板总成安装  脚踏板供作业人员观察机具作业情况时站立使用,它由支臂、脚踏板、U 型卡子等零部件组成。安装时以中耕机大梁中心为对称线,根据脚踏板安装位

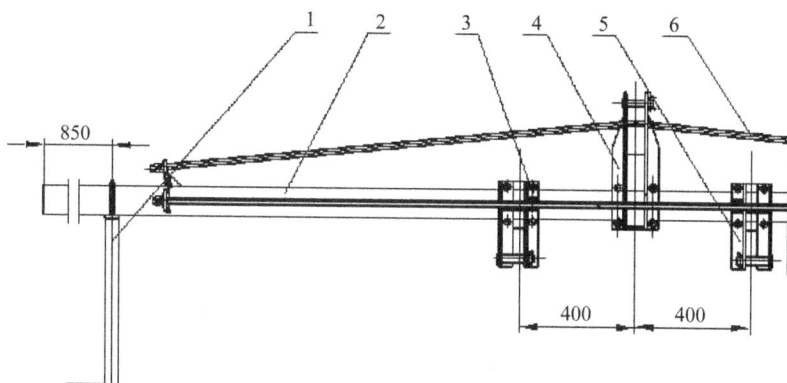

1—支腿　2—主梁　3—左下悬挂臂　4—上悬挂臂　5—右下悬挂臂　6—拉筋

图 4-8　机架安装图

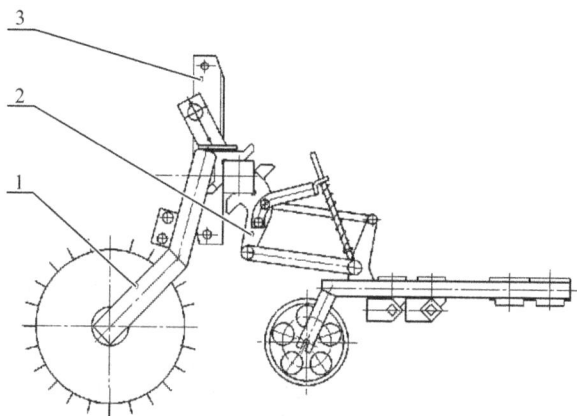

1—地轮　2—工作单组　3—机架

图 4-9　地轮及工作单组安装

置,将两支臂的一端用 U 型卡子固定在机架上,另一端悬臂伸向后方,将脚踏板放在支臂上,并用螺栓固定。

(2)对应各种中耕状态的部件安装

中耕状态的安装指的是在通用部件安装完成的基础上,根据农艺要求进行的部件的调整安装。

①松土、锄草状态的部件安装　安装方法如图 4-10 所示,将松土杆齿及人字铲分别装入工作单组上的长柄齿栓及单联齿栓安装孔中,根据农艺需要调整好它们的左右、前后、深浅位置,然后用顶丝紧固,即完成安装。

②中耕施肥状态的部件安装　安装方法如图 4-11 所示,以大梁中心为基准将工作单组间距均调整为 850 mm,然后加装肥箱、中间传动机构、施肥开沟器和人字铲。具体操作如下:

第一步,松开各工作单组卡子螺母,以机器大梁中心为基准,以 850 mm 为间距调整

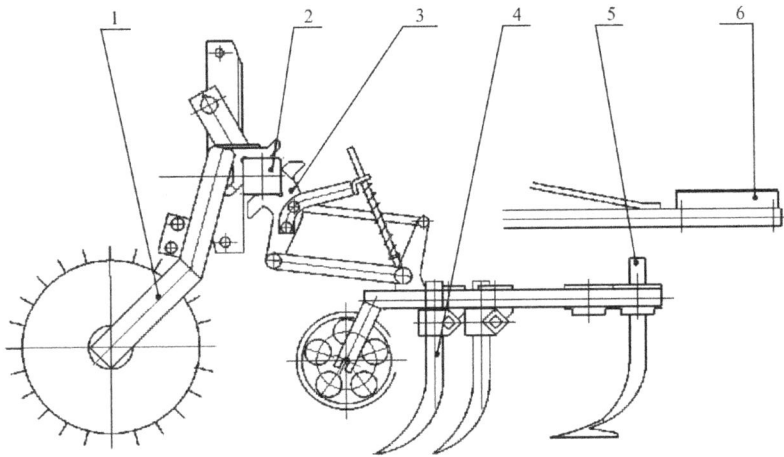

1—地轮　2—机架　3—工作单组　4—松土杆齿　5—人字铲　6—脚踏板

**图 4-10　松土、除草状态安装**

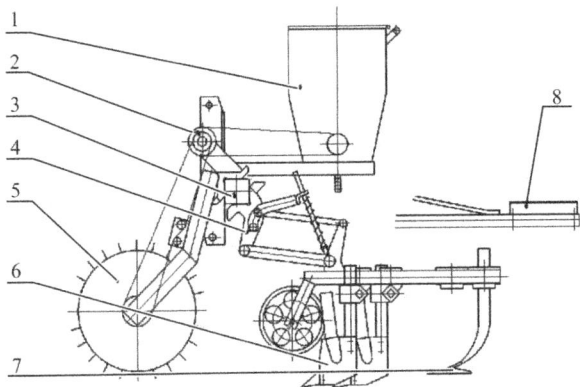

1—肥箱　2—中间传动机构　3—机架　4—工作单组　5—地轮　6—施肥开沟器　7—人字铲　8—脚踏板

**图 4-11　中耕施肥状态安装**

各工作单组位置。调整完毕后,将螺母紧固。

第二步,将施肥开沟器及人字铲分别装入长柄齿栓和单联齿栓安装孔中,根据农艺要求确定位置后,用顶丝紧固。

第三步,安装肥箱。先安装肥箱支座(注意带传动装置的肥箱支座的位置),将肥箱支座卡子螺母装上后,将肥箱安装到肥箱支座上(有的肥箱还需装排肥链轮),在肥箱螺母上紧前应将两箱传动节头装上,并挂上链条,然后摆正肥箱支座及肥箱,最后将螺母上紧。安装完的肥箱及支座的示意图如图 4-12 所示。

第四步,安装输肥管。先把上面的漏斗用大卡簧挂接在排肥器后最上面的一个小孔中,然后将管子下部插到施肥开沟器下种口内。挂接漏斗时,应使漏斗斜面向后。

第五步,安装中间传动机构。如图 4-13 所示,首先将两个滑动轴承装入传动支座和肥箱支座内,并用开口销进行固定。将两定位套装入滑动轴承,然后穿入中间传动轴,接

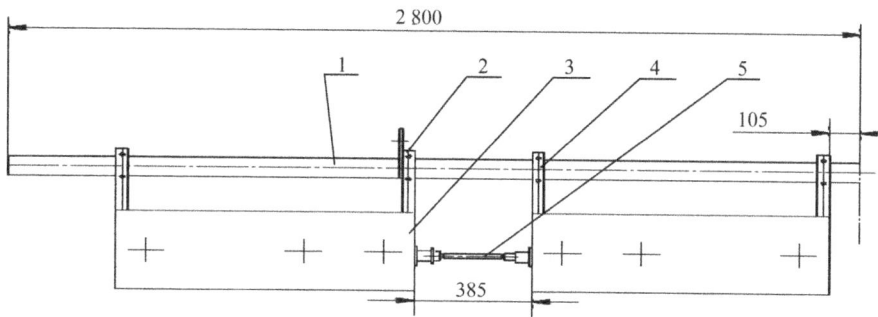

1—主梁 2—支座a 3—肥箱 4—支座b 5—传动节头

**图 4-12 肥箱及支座**

着将两链轮装在两头,中间传动轴与地轮链轮连接处装小链轮,与肥箱连接处装大链轮,链轮相互对正后,用顶丝紧固,并将定位套紧固。紧固后,定位套与轴承间应留一定间隙,以保证轴转动灵活。最后挂上链条,并通过张紧装置调节链条的松紧度。中间传动机构各零部件的装配方向及顺序如图 4-14 所示。

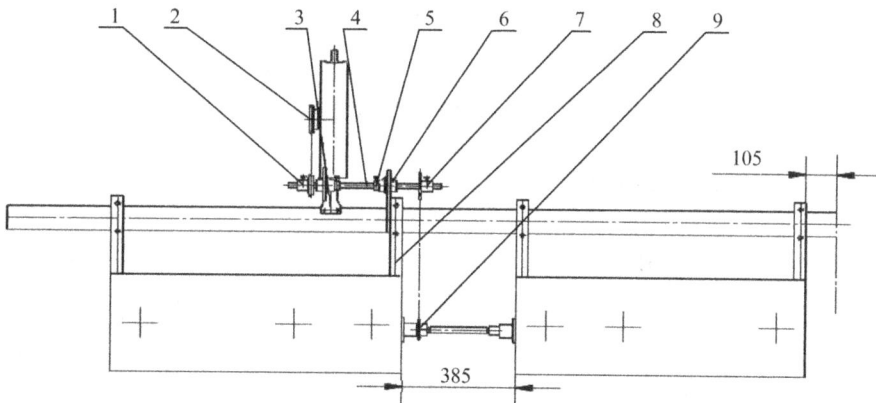

1—小链轮 2—地轮链轮 3—传动支座 4—中间传动轴
5—定位套 6—滑动轴承 7—大链轮 8—肥箱支座 9—肥箱链轮

**图 4-13 中间传动机构安装**

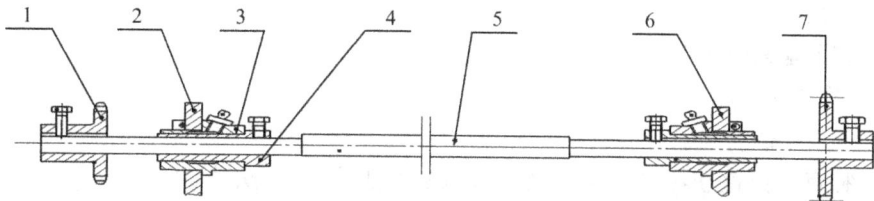

1—小链轮 2—传动支座 3—滑动轴承 4—定位套 5—中间传动轴 6—肥箱支座 7—大链轮

**图 4-14 中间传动轴装配**

③ 施肥培土状态的部件安装 施肥培土状态的部件安装与中耕施肥状态的部件安装基本相同,不同之处在于要将人字铲换为培土器。

④ 培土、开沟状态的部件安装　如图 4-15 所示,培土、开沟状态的部件安装是在通用部件安装完成的基础上,根据不同作物的不同的农艺要求,调整好各工作单组的间距,然后在单联齿栓中装入培土器,并用顶丝紧固。

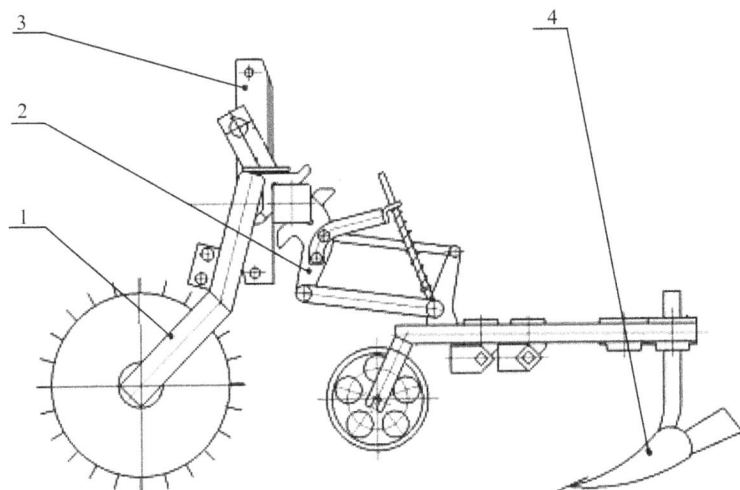

1—地轮　2—工作单组　3—机架　4—培土器

**图 4-15　培土、开沟状态安装**

### 三、悬挂式中耕施肥机的使用调整

正确合理地调整和使用机具是减少故障、延长使用寿命、提高生产效率及作业质量的重要途径。因此,应根据当地农业技术要求及土壤条件,在作业前对机具做必要的调整。

1. 配套拖拉机的调整

(1) 根据作业要求和行距的不同,调整拖拉机轮距。

(2) 拖拉机与机具挂接后,在平坦的场地上通过调节上拉杆使机具在纵向呈水平状态。

(3) 作业时,拖拉机液压操纵手柄应放在浮动位置。

2. 行距的调整

根据不同季节对行距的要求,适当调整地轮、中间传动装置、工作单组、肥箱等零部件的位置,适当调整齿栓在顺梁的位置以及齿栓相对顺梁的位置。

3. 工作部件的调整

(1) 下悬挂臂的调整　调整行距时,为了避免下悬挂臂和工作单组发生干涉,需适当改变下悬挂点的位置,即松开固定在左右下悬挂臂的 U 型螺栓,调节适当后再紧固。

(2) 中耕部件的调整　中耕部件的深度,靠调节铲柄在齿栓上的位置来实现。

(3) 培土、开沟、起垄部件的调整　培土、开沟、起垄部件的工作深度,靠调节铲柄在单联齿栓中的位置来实现。垄形或沟形宽度的调节,靠调节培土器左右翼板开度来实现。

(4) 组合施肥开沟器的调整　组合施肥开沟器的开沟深度,靠调节铲柄在齿栓中的位置实现。

（5）长柄齿栓的调整 护苗带的宽度,可根据农业技术要求,通过改变长柄齿栓的伸出长度进行调整。

（6）传动系统的调整 通过调整中间传动轴上的两个链轮位置,把同级传动链轮调整到同一回转平面内,并通过调节地轮和肥箱的位置来张紧传动链条。

（7）排肥箱的调整 可通过调节排肥轮槽工作长度进行排肥量的调节,具体步骤如下:

① 把各肥箱的肥量调节手柄固定在相同位置。

② 检查所有排肥轮的工作长度,使其长度相差不大于 1 mm。

③ 排肥量试验:将准备好的肥料装入肥箱内,肥料体积不少于肥箱容积的 1/3。转动地轮,待排肥器工作正常后进行测定。测定肥量时,要按照实际作业速度均匀地转动地轮,接取地轮转动若干圈后各排肥器排出的肥料,称其重量,然后按以下公式计算出亩排肥量:

$$Q = \frac{452q}{nAm} \tag{4-1}$$

式中:$Q$——亩排肥量(kg);

$q$——$n$ 转总排肥量(kg);

$n$——试验时地轮转动圈数(圈),地轮滑移率取 2%;

$A$——施肥开沟器平均间距(m);

$m$——施肥开沟器数(件)。

若测定值与规定亩排肥量不符,则应调节排肥槽轮工作长度,重复上述试验,待调准肥量后,锁紧肥量调节手柄,以免因调节手柄松动而造成排肥量改变。

（8）平行四连杆机构的调节 根据土壤比阻调节弹簧的弹力,以达到调节入土力矩的目的。

**4. 整机的调整**

检查整机各部件安装是否正确,各级工作部件调整是否一致,对需要调整的工作部件要进一步调整,使整机处于最佳状态。

**四、3ZF-540 型悬挂式中耕施肥机的主要技术参数**

3ZF-540 型悬挂式中耕施肥机的主要技术参数见表 4-1。

表 4-1 3ZF-540 型悬挂式中耕施肥机主要技术参数

| 项目 | 单位 | 技术规格 | | | |
|---|---|---|---|---|---|
| | | 中耕状态 | 中耕施肥状态 | 施肥培土状态 | 培土状态 |
| 外形尺寸（长×宽×高） | mm | 1 058×5 600×1 300 | 1 058×5 600×1 300 | 1 058×5 600×1 300 | 1 058×5 600×1 300 |
| 结构重量 | kg | 约 860 | 约 940 | 约 940 | 约 880 |
| 行距 | mm | 300～700 | 300～700 | 300～700 | 300～700 |
| 最大工作幅宽 | mm | 5 400 | 5 400 | 5 400 | 5 400 |

| 项目 | 单位 | 技术规格 | | | |
|------|------|---------|---------|---------|---------|
| | | 中耕状态 | 中耕施肥状态 | 施肥培土状态 | 培土状态 |
| 排肥器型式 | — | — | 大外槽轮 | 大外槽轮 | — |
| 肥箱容积 | L | — | 150 | 150 | — |
| 工作深度 | mm | 30～180 | 中耕:30～180<br>施肥:>130 | 施肥:>130<br>垄高:>200 | 垄高:>200 |
| 运输间隙 | mm | >400 | >400 | >400 | >400 |
| 作业速度 | km/h | 3～6 | 3～6 | 3～6 | 3～6 |
| 生产率 | ha/h | 1.2～2.46 | 1.2～2.46 | 1.2～2.46 | 1.2～2.46 |
| 配套动力 | kW | >40 | >40 | >40 | >40 |

### 工作过程

一、工作课时

要求本单元的理论和实训课时分别为 2 课时和 30 课时。

二、工作过程

1. 中耕施肥机与拖拉机的悬挂连接

中耕施肥机与拖拉机是通过拖拉机的悬挂机构组成一个机组进行中耕施肥作业的。目前广泛采用的是三点悬挂。挂接完成后,应在平坦的场地上调节拖拉机上拉杆,使中耕机在纵向呈水平状态。

2. 根据作业要求选用合适的工作部件

(1) 松土、锄草作业

根据中耕作业要求、行距大小、土壤条件、作物和杂草生长情况等因素,选择合适的松土铲和除草铲,使其恰当地组合、排列,以达到预期的中耕目的。

(2) 中耕施肥作业

根据不同作物和不同生长时期的要求,选择合适的施肥开沟器和培土铲,合理组合、排列,以满足作物中耕施肥作业要求。

(3) 培土、开沟作业

对中耕作物的培土和灌溉区的行间开沟,可根据不同作物的不同的农艺要求,选择合适的培土铲组合,以满足作物培土、开沟作业要求。

3. 安装、调整工作部件

各工作部件的安装和调整见本任务中"二、悬挂式中耕施肥机的主要部件和部件安装"。

4. 中耕作业

(1) 确定中耕行走方法  安装、调整好机具以后,机组就可以采用合适的行走方法进行中耕作业。常用的行走方法有梭形行走法和八区套行中耕法(将地块分组,每组 8 个区,1 个区为 1 个播幅,耕幅与播幅相等,中耕顺序为 1-4-7-2-5-8-3-6,中耕完一组用同样的方法耕下一组,此法适用于梭播地块)。可同时运用这两种基本方法,根据作物的具体条件组合成不同的行走方法。

(2) 试耕　对不同的作物进行中耕作业时,应调整耕深、耕宽使它们达到规定要求。

(3) 正式中耕　若试耕时达到了中耕作业的要求,即可按确定好的行走方法实施中耕作业。

5. 中耕地头

中耕地头时,可视地头的宽度情况,采用单独耕法或圈耕法。

6. 质量检查

质量检查是提高中耕质量、保证中耕效果的重要的环节。按照质量检测要求,每班次检查应不少于 3 次。

### 三、操作及安全注意事项

1. 中耕施肥机的操作使用注意事项

(1) 在作业前,机组人员应熟悉该机具的构造、性能、调整使用及保养方法。

(2) 田间作业时,起落农具必须在机具行进过程中进行,起落不能过猛,严禁工作部件入土后倒车,以避免损坏部件。

(3) 作业完成后进行中耕转移、地头转弯时,应将中耕机置于运输状态,缩短拖拉机中央拉杆。

(4) 机组到达地头时,须待工作部件完全出土后,再转弯或倒退。

(5) 在整机运输时,应清空肥箱,将中耕机置于运输状态;机组应低速行驶,离地间隙应大于 300 mm。

(6) 及时清除各工作部件上的泥土及堵塞物。每个作业班次后,进行一次全面清除。

(7) 每班次作业结束时,应全面检查螺栓是否紧固,并及时紧固松动部位。

(8) 按要求对机具各润滑点加注润滑油。各润滑点位置、数量及润滑周期见表 4-2。

(9) 要经常检查排肥器的技术状态以及传动系统工作情况。及时排除肥料架空、堵塞和泄漏现象。作业结束后,要清除肥箱内剩余肥料,减少肥料对肥箱的腐蚀。

表 4-2　中耕施肥机的各润滑点位置及数量

| 润滑位置 | 每台件数 | 总润滑点数 | 润滑周期 |
| --- | --- | --- | --- |
| 地轮 | 2 | 4 | 六班 |
| 中间传动轴承座 | 4 | 4 | 六班 |
| 肥箱轴承座 | 4 | 4 | 一班 |
| 肥量调节联轴器 | 4 | 4 | 一班 |
| 仿形轮 | 7 | 7 | 六班 |

(10) 每个作业季节结束后,应检查各轴承及滑动摩擦结合部的间隙,间隙过大时要重新调整或更换零件。

(11) 每个作业季节结束后,应清除机具表面的泥土、杂草及脏物。土壤工作部件的工作表面、螺栓副及转动调节部位应涂抹或加注防腐润滑油。放松各调节弹簧,使其呈自由状态。

（12）部件须按类存放。休闲季节要拆下输肥管，入库单独保存。

（13）整机尽可能入库、棚保管。必须露天保管时，应停放在平坦、干燥处，并用支承架支承主梁两端，但地轮不得悬空，以防主梁变形。

2. 安全注意事项

（1）拖拉机在挂接农具时，应注意后方，要缓慢倒车，以防碰伤挂接人员。

（2）对机具进行调整、保养、清理、加肥等工作时，必须停车。

（3）田间转移时，机组上严禁站人。作业时，机具操作员站在踏板上，手扶稳，以免掉下而受伤。

（4）在工作中，不得对中耕机进行检查和修理；若有必要检查和修理，则应停车进行。

（5）在运输中，中耕施肥机上禁止坐人。

（6）中耕机升降时，要确保中耕机旁没有工作人员或其他物体。

（7）严禁在中耕机提升后不加任何支撑和保险的情况下，在中耕机下进行维修和保养。

（8）操作中应注意中耕施肥机上相关部位粘贴的安全标识。

◀ 质量检测

1. 行走线路检查

根据播幅查看中耕施肥机工作幅宽、行走线路是否与播种一致，判断中耕施肥机行走线路是否正确，有无走错行。

2. 护苗带检查

为保证中耕时不伤苗、不压苗、不铲苗、不埋苗、不损伤膜床，应对护苗带进行检查。随机取 5～7 个点，用尺子对锄铲外边缘与作物之间的距离进行测量，检查其是否保持在规定的范围内。作物不同、膜床宽度不同、边行采光面不同，护苗带宽度也不同，因此，护苗带的宽度应以不损伤膜床为原则。

3. 耕深检查

耕深检查分作业中的检查和作业后的检查。作业中进行耕深检查时，应沿不同中耕幅宽的犁沟，在地两头和地中间的不同地段随机取 5～7 个点，用直尺测量沟壁高度，并求其平均值作为实际耕深，其与规定耕深要求相差不超过 1 cm 为合格；作业后检查时，沿中耕的行走路线随机取 5～7 个点，整平测量点，用直尺插入沟底测其深度，其平均值再减去 20% 的土壤膨松度，即为实际的耕深。中耕深度和宽度应达到质量标准要求，且无拉沟现象，无集堆、无隔墙，沟底平整。

4. 碎土良好，无土块

检查已中耕地块，要求碎土效果良好，无土块。

5. 无漏耕，耕到头，耕到边

随机检查已中耕地块，应无漏耕，且要耕到地头、耕到地边。

6. 耕幅内除净杂草

对已耕作物行进行检查，耕幅内应无杂草。

### ◉ 故障诊断与排除

3ZF-540 型悬挂式中耕施肥机的常见故障、故障产生原因及排除方法见表 4-3。

表 4-3　3ZF-540 型悬挂式中耕施肥机的常见故障、产生原因及排除方法

| 故障 | 产生原因 | 排除方法 |
|---|---|---|
| 施肥开沟器不入土 | 铲柄位置不对 | 下调铲柄 |
| | 平行四连杆机构压力不足 | 调紧弹簧 |
| | 铲尖磨损 | 更换新铲尖 |
| 杆齿或组合铲不入土 | 铲柄位置不对 | 下调铲柄 |
| | 杆齿或组合铲变形,或铲尖磨损 | 更换或校正 |
| 地轮打滑 | 主梁不平 | 调整拖拉机下拉杆 |
| | 仿形机构压力过大 | 减少压力 |
| | 链条太紧,传达阻卡 | 调整张紧力,检查传动系统 |
| | 肥箱排肥阻卡 | 检查排肥轴,清除阻卡 |
| 排肥不匀或不排肥 | 槽轮工作长度不相等 | 调整工作长度 |
| | 肥料架空 | 搅拌肥箱肥料 |
| | 排肥器或输肥管堵塞 | 疏通堵塞部件 |
| | 传动不可靠或失灵 | 检查传动系统,找出原因 |
| 链条拉断 | 链条张紧力过大 | 调整链条张紧力 |
| | | 调整排肥轴或中间传动轴的安装位置 |
| 施肥开沟器堵塞 | 农具下降过猛 | 停车清理,注意遵守操作规程 |
| | 土壤太湿 | |
| | 工作部件入土后倒车 | |
| 工作部件不入土,仿形轮离地 | 工作部件尖部翘起 | 调整拖拉机拉杆长度 |
| | 铲尖磨钝 | 磨刃口或更换零件 |
| | 入土力小 | 调整弹簧压力 |
| 中耕后地表不平整 | 工作部件粘土或缠草 | 及时清除 |
| | 工作部件安装位置不正确 | 调整安装位置 |
| 压苗 | 播种行距不等,对行不准 | 调整机具使其适应苗行 |
| | 护苗带宽度不当 | 调整护苗带宽度 |
| 垄形瘦小,垄顶培土器壅土,沟底浮土过多 | 培土器翼板张度过大 | 调整培土器翼板张度 |
| | 开沟深度过深 | 调整开沟深度 |
| 垄形低矮,坡度角大,垄顶凹陷 | 培土器翼板张度过小 | 调整培土器翼板张度 |
| | 开沟深度过浅 | 调整开沟深度 |
| 培土开沟器不入土,仿形轮离地 | 工作部件粘土或缠草 | 及时清除 |
| | 工作部件安装不正确 | 调整安装位置 |

# 工作任务二 植物保护

## 情境描述

操作 3WX-800-16F 风送式喷雾机给 600 亩棉花施药。

## 作业质量要求

1. 及时作业,在规定时间内完成作业。
2. 使用规定的药物,按技术要求进行配药。
3. 用药量和药液量符合要求。
4. 各喷头喷药量一致,雾化良好,喷洒均匀,叶片的正反两面都要喷上药液。
5. 行走路线正确,不漏喷,不重喷。
6. 安装可靠的护苗器,不挂伤、损伤作物。
7. 严格按照安全操作规程进行作业。

## 学习目标

掌握 3WX-800-16F 风送式喷雾机的构造、工作原理,熟悉其性能和技术规格。

## 技能目标

正确操作 3WX-800-16F 风送式喷雾机施药,达到作业质量要求;掌握工作过程;能够熟练地装配、挂接机具;正确地进行技术状态检查;合理地调整、使用和维护保养机具;掌握药液浓度的配比方法;掌握安全操作规程。

## 所需设备、工具和材料

1. 功率在 40~47 kW 的拖拉机,如约翰迪尔 6104 型拖拉机。
2. 3WX-800-16F 风送式喷雾机。
3. 配药用的量杯。
4. 配药用的容器。
5. 药液。

## 相关知识

风送式喷雾机是目前在植物田间保护作业中应用最广的植保作业机具,使用的较多的机型是 3WX-800-16F 风送式喷雾机,该机的原型是原新疆科神农业装备科技开发有限公司生产的3WQ系列风送式喷雾机,执行标准为企业标准《风送式喷雾机》(Q/XKS 11—2008)。该机型根据我国北方自然环境和气候条件制造,主要用于农田的病虫害防治、化学除草及叶面施药作业。

一、风送式喷雾机的结构、特点和工作原理

3WX-800-16F风送式喷雾机的整体构造如图4-16、4-17所示。

**图4-16　3WX-800-16F风送式喷雾机**

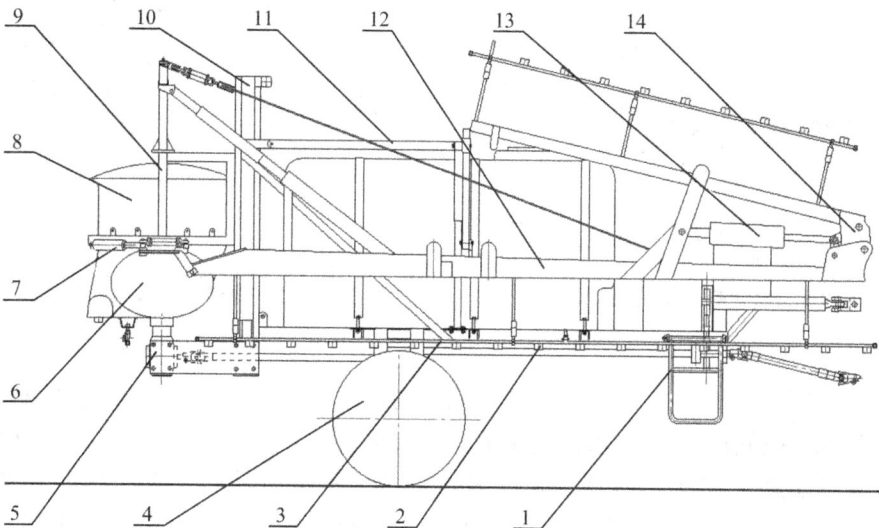

1—悬梯　2—喷头　3—喷管　4—地轮　5—齿箱　6—送风口　7—展臂伸展油缸　8—风机总成
9—风机架　10—中立架　11—机架　12—展臂　13—小臂折叠油缸　14—四连杆机构

**图4-17　风送式喷雾机背面结构示意图(牵引式)**

1. 牵引式喷雾机结构

主要由机架、活塞式隔膜泵、汽油机直轴离心泵、药液箱、风机总成、展臂总成、中立架等部件组成。

展臂由两段组成，左、右两侧可以折叠。喷洒状态时左右两侧的展臂打开，由弹簧和阻尼器控制，起到缓冲和支撑作用。展臂上安装有直装喷杆。在运输状态时，两侧翼喷杆呈折叠状态。

2. 悬挂式喷雾机结构

主要由机架、活塞式隔膜泵、药液箱、风机总成、展臂总成、中立架等部件组成，展臂形式与牵引式喷雾机一样。悬挂式喷雾机的结构如图4-18、图4-19所示。

3. 3WX-800-16F风送式喷雾机结构特点

（1）防腐性好　药箱、喷杆、液泵、喷头分别采用玻璃钢、镀锌管、铝合金、工程塑料等防腐材料制成。

（2）雾化效果佳　采用德国进口的喷头，有较好的雾化效果。

（3）适应性强　工作压力、喷头高度、轮距均可调整，可满足不同时期农作物的防治需求。

（4）药液搅拌均匀　利用液泵回水压力自动搅拌药液箱内药液，使药液浓度保持一致。

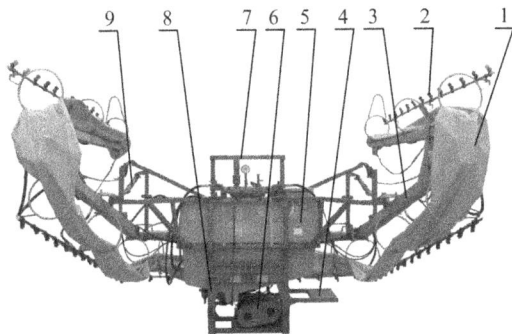

1—袖筒　2—喷头　3—展臂　4—踏板　5—药液箱
6—齿箱　7—中立架　8—机架　9—小臂折叠油缸

**图4-18　风送式喷雾机正面（悬挂式）**

1—风机总成　2—机架　3—袖筒　4—中立架
5—药液箱　6—展臂伸展油缸　7—展臂

**图4-19　风送式喷雾机背面（悬挂式）**

4. 工作原理

（1）活塞式隔膜泵的工作原理　动力输出轴通过万向节传动轴带动隔膜泵偏心轴旋转，推动活塞作往复直线运动，当活塞由上止点向下止点运动时，活塞顶部与隔膜间形成真空，从而抽动隔膜，使侧盖内形成真空，液体在大气压力的作用下通过泵体的流道，之后打开进水阀进入侧盖内腔；当活塞由下止点上行时，进水阀关闭，侧盖内的液体受到活塞和隔膜的挤压，当压力上升到调定的工作压力时，出水阀打开，液体进入出水管路；待活塞行至上止点附近时，隔膜泵开始向外排液，行至上止点时，排液结束，出水阀关闭，进水阀打开，活塞开始又一次循环过程。

（2）喷雾机工作原理　拖拉机的动力作用于动力输出轴、万向节传动轴,带动隔膜泵和齿箱,隔膜泵将药液箱内的药液吸入泵内进行加压,加压后的药液通过隔膜泵出水阀、三通开关、输液管、喷杆传至喷头,喷头对药液进行雾化并喷出。喷头喷出的药液,在克服了空气阻力、液体黏滞性和表面张力之后,分散成多个细小的液体颗粒。齿箱变速带动风机叶片高速旋转,气流通过袖筒从排气口排出,吹动作物叶片翻飞,喷头喷出的药液喷雾均匀附着在叶片正反面。

二、喷雾机的主要部件和安装

喷雾机一般由药液箱、搅拌器、空气室、药液泵、喷头、安全阀、流量控制阀和各种管路等组成。其中药液箱、空气室、喷嘴、安全阀等是喷雾机的主要工作部件。

1. 主要部件

（1）药液泵　药液泵的作用是给药液加压,以保证喷头有满足性能要求的、稳定的工作压力。药液泵的性能参数主要有压力和流量等。常见的药液泵主要有柱塞泵、活塞泵、隔膜泵、滚子泵、挠性叶片泵、齿轮泵等型式。

按照泵药部件的工作原理,通常可将药液泵分成往复泵和旋转泵两种形式,柱塞泵、活塞泵和隔膜泵属于往复泵,其余型式的药液泵皆属旋转泵。往复泵利用曲柄连杆机构或偏心轮等机构,将电机或发动机等动力机械的转动变成活塞等工作部件的往复运动,进而改变泵腔内的容积,再通过进液阀和出液阀两个单向阀的相互配合,在泵腔容积增大时吸液、泵腔容积减小时出液,其特点是工作压力脉动幅度比较大。旋转泵通过药液泵转子的转动使进液腔增大、压力减小而吸液,使出液腔减小、压力增大而排液,无需专门的进液阀和出液阀与之配合工作,其特点是工作压力比较稳定。

如图 4-20 所示,活塞泵由大活塞和小活塞组成,当活塞杆在偏心机构的作用下带动其上的大小活塞向左运动时,缓冲区容积增大,压力降低,当其压力低于低压区的压力时,吸液阀打开,药液箱内的药液进入缓冲区;同时因大小活塞在相同的行程里扫过的容积不同,使得高压区内容积减少,药液被压出。同理,当活塞向右运动时,缓冲区容积减小,其内的压力高于高压区内的压力,药液通过出液阀被压入高压区,此时因压力差的作用吸液阀关闭。这就是活塞泵的一般工作原理。

齿轮泵的工作原理如图 4-21 所示。工作时,相互啮合的一对齿轮旋转,药液从吸液口进入齿轮的齿槽内,随着齿轮一起旋转,待到达出液口时再排出。这种泵的工作压力比较大并且较为均匀,但排量比较小。

活塞式隔膜泵总成的构造如图 4-22 所示。隔膜泵由泵体、泵盖、齿箱等部件组成。

（2）空气室　空气室的作用是缓解药液泵造成的压力脉动,保证喷头在稳定的压力下工作。空气室相当于一个积蓄能量的元件,当高压管路中的压力升高时,空气被压缩,体积减小,积蓄能量;当高压管路中的压力下降时,被压缩的空气体积膨胀,释放能量,进而保证药液的压力基本稳定。

（3）安全阀　安全阀也叫调压阀,它的作用是限制高压管路中的最高压力,确保管路中的部件不因压力过高而损坏。

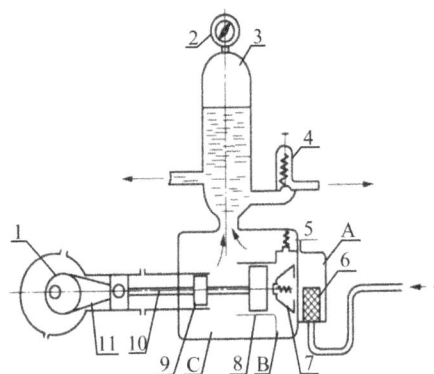

A—低压区　B—缓冲区　C—高压区

1—偏心轮　2—压力表　3—空气室　4—调压阀
5—出液阀　6—过滤器　7—吸液阀　8—大活塞
9—小活塞　10—活塞杆　11—连杆

图 4-20　活塞泵工作原理图

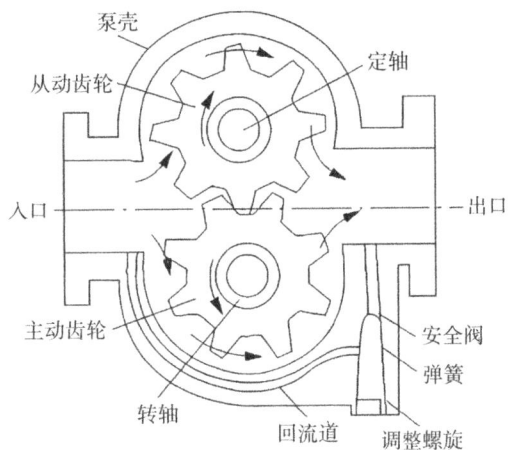

1—吸液口　2—出液口　3—泵壳　4—齿轮

图 4-21　齿轮泵工作原理

(4) 喷头　喷头的作用是保证药液以一定的雾滴尺寸、流量和射程喷向指定位置。在相同喷药量条件下,药液雾滴越小,雾滴的数目也就越多,覆盖面积越大,并且比较均匀,防治效果好。喷头的种类很多,常见的有液体压力式、气体压力式和离心式等。

① 液体压力式喷头。液体压力式喷头在生产上应用很广,主要有涡流式喷头、扇形喷头等。

a. 涡流式喷头:主要有切向离心式喷头、涡流片式喷头和涡流芯式喷头等。切向离心式喷头的结构如图 4-23 所示,其主要由喷头帽、喷孔片、垫圈和喷头体等组成,喷头体具有带锥体芯的内腔和与内腔相切的液体通道,喷孔片的中心有一个小孔,内腔与喷孔片

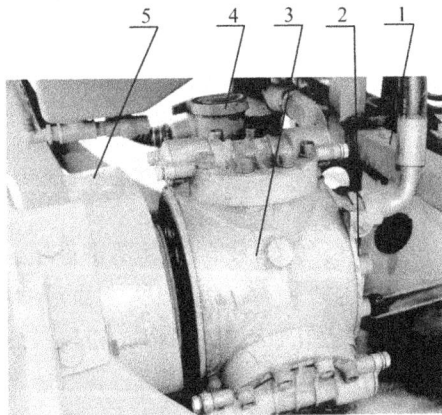

1—机架　2—泵盖　3—泵体　4—加油口　5—齿箱

图 4-22　活塞式隔膜泵

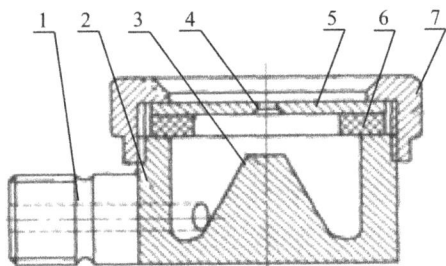

1—进液管　2—喷头体　3—喷头芯　4—喷孔
5—喷孔片　6—垫圈　7—喷头帽

图 4-23　切向离心式喷头结构图

之间构成锥体芯涡流室。切向离心式喷头的工作原理如图 4-24 所示,高压液流从喷杆进入液体通道,由于斜道的截面积逐渐变小,流动速度逐渐增大,高速液流沿着斜道按切线方向进入涡流室,绕着锥体做高速螺旋运动,在接近喷孔时,由于回转半径减小,圆周运动的速度加大,最后药液从喷孔喷出。由于药液的喷射过程是连续的,因此药液从喷孔射出后,成为锥形的散射状薄膜,距离喷孔越远,液膜越薄,以致断裂成碎片,凝聚成细小的雾滴,在空气阻力的作用下,雾滴继续破碎为更小的雾滴,最终到达作物表面。

b. 扇形喷头:主要有缝隙式喷头和反射式喷头等。高压药液经过喷孔喷出后,形成扁平的扇形雾,其喷射分布面积为一个矩形。缝隙式喷头的雾化原理是:药液进入喷嘴后,受到内部半月牙形槽底部的导向作用,药液被分成两股相互对称的液流。两股液流在喷孔处汇合时,因相互撞击而破碎,形成雾滴,之后雾滴又与半月牙形槽的两侧壁撞击,进一步细碎,形成更小的雾滴从喷孔喷出,喷出的雾滴又与空气撞击再一步细碎,最终到达植物表面。

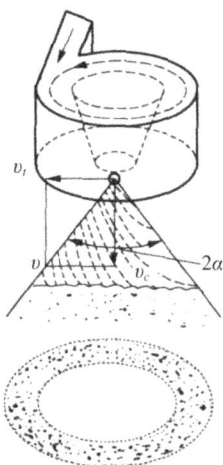

**图 4-24 切向离心式喷头的工作原理**

注:$v_t$ 表示切向速度;$v$ 表示合速度;$v_c$ 表示法向速度;$\alpha$ 表示喷射角度。

② 气体压力式喷头。气体压力式喷头利用比较小的压力将药液导入高速气流场,在高速气流的冲击下,药液被雾化成直径很小的雾滴。利用气体压力式喷头可以获得比液体压力式喷头更小的雾滴,可借助风力把雾滴吹送到比较远的作物上。气体压力式喷头的种类比较多,常见的有扭转叶片式、网栅式、转轮式等,但不同种类喷头工作原理基本相同,即风机制造的高速气流在喷管的喉管处速度增加,带走了喷孔附近的空气而使该处产生负压,药液箱内的药液在负压的作用下从小孔喷出,此时再与从几乎垂直方向吹来的高速气流相遇而被进一步破碎成细小的雾滴,并吹向远方的作物。气体压力式喷头结构简单,功耗小,节约药液,用水量少,喷出的雾滴细,覆盖面积大,防治效果好。

③ 离心式喷头。离心式喷头将药液输送到高速旋转的雾化元件上,在离心力的作用下,将药液从雾化元件的外边缘抛射出去,使药液雾化成细小的雾滴,一般雾滴直径为 $15\sim75~\mu m$,故也称该喷头为超低量喷头。根据驱动方式的不同,离心式喷头的雾化元件可以分为电机驱动式和风力驱动式等类型。其中电机驱动式多用于手持式超低量喷雾机,也可以用于大型机动喷雾机;风力式则多用于背负式机动超低量喷雾机。

2. 机器的安装

(1)总成的安装

① 将两侧展臂分别通过两根销子与机身主体相连。

② 安装喷头支杆,安装时注意支杆连接处的喷头间距应与喷杆上其他喷头间的距离相等(25 cm)。

③ 连接液压油管与喷水管。

(2)万向节传动轴的安装

方向节传动轴的安装参考学习情境二。

三、风送式喷雾机的调整与使用

1. 风送式喷雾机与拖拉机的悬挂连接

(1) 牵引式喷雾机

① 确保机器平稳地放在地上,轮胎下放置垫块。

② 用牵引销将喷雾机的牵引杆与拖拉机牵引板上的牵引环相连(注意:要确保牵引销子的直径与牵引环孔径相配)。

③ 安装万向节传动轴。

(2) 悬挂式喷雾机

① 确保机器平稳地放在地上。

② 将拖拉机液压操纵手柄置于下降位置,挂接上左、右下拉杆,再连接上拉杆,并用锁销锁住。

③ 安装万向节传动轴。

④ 调整拖拉机中央拉杆长度,使机器在纵向处于水平状态。

⑤ 调整拖拉机左、右悬挂吊臂至等长,保证机器呈水平状态,作业时机具横向仿形一致。

⑥ 操纵人员凭借自己的使用经验,对悬挂系统的提升杆和上拉杆的长短进行粗调,然后在柴油机处于中小油门情况下将机器提升起来,以观察机器的提升高度是否合适。

⑦ 机具的两个水平状态调整好后,锁定两个下牵引杆的张紧链条,保证机具作业时不摆动。

⑧ 机器前部的上拉杆连接叉有高低不同的几个位置可以安装销轴,为确保万向节传动轴的角度,可将上拉杆调整为平行牵引杆,或使其朝向拖拉机的一端稍微向下倾斜。

2. 作业前的检查调整

(1) 作业前的检查与准备

为确保机组正常工作,作业前主要应检查以下内容:

① 第一次使用活塞式隔膜泵时应加足规定牌号的清洁润滑油(夏季用 14 号柴油机机油,冬季用 11 号柴油机机油)。加油时先旋开端盖处的放气螺钉,在加油的同时慢慢转动泵轴,直至放气螺孔往外溢油,然后拧紧螺钉,继续加油到油杯加满为止。

② 检查万向节传动轴是否符合安装要求,同时锁紧各紧固螺栓、螺母。

③ 检查各部位,不得有漏油、漏水现象。

④ 将调压阀的减压手柄按顺时针方向扳到卸荷位置;工作时应将减压手柄扳到加压位置。

⑤ 在接合动力输出轴前,先给药液箱加满水。

⑥ 缓慢接合动力输出轴,以低速运转 15 min,当机器无异常声响时方可进行下一步的工作;如有异常声响应立即停机检查并排除故障。

⑦ 用调压阀调节泵的工作压力时,一般应由低压向高压调节。

⑧ 将拖拉机悬挂装置上下拉杆挂接在喷雾机机架的三个悬挂点上;调整上下拉杆的长度,以保证喷雾机提升到工作位置时能保持在水平状态;调整限位链,防止喷雾机左右

摆动(此项调整适用于悬挂机具)。

（2）轮距调整(牵引式喷雾机)

根据作物的行距调整喷雾机的轮距,步骤如下:

① 用千斤顶将底盘顶起,使喷雾机的两个轮子离开地面。

② 拧松半轴夹紧螺栓。

③ 将两轮对称地向里(向外)移至所需的位置。

④ 拧紧半轴夹紧螺栓。

⑤ 拆去千斤顶,使喷雾机两轮着地。

3. 行走速度的计算

根据每亩喷药量的农业技术要求,按以下公式计算出拖拉机的行走速度:

$$v = \frac{40Q}{Bq} \tag{4-2}$$

式中:$v$——拖拉机行走速度(km/h);

$Q$——喷雾机的喷药量(kg/min),可事先测定好;

$B$——喷雾机作业幅宽(m);

$q$——每亩所需喷药量(kg)。

4. 风送式喷雾机的起动

（1）按需求给药箱加水,连接拖拉机传动轴。

（2）发动拖拉机,向药箱内加药液,利用隔膜泵回水进行液力搅拌。

（3）根据作业需要,伸开展臂,打开隔膜泵相应出水阀,提高拖拉机动力输出轴转速,调整隔膜泵压力,进行喷雾作业。

5. 安全停放

（1）把机器置于停放位置。

（2）打开药液箱底部的放水阀将水放尽,然后使泵转动,在脱水空转状态下运转3 min,以便排尽泵和管道内的残余药液。

（3）在药箱中加入清水,"喷雾"数分钟,冲净管道、药液箱内外以及其他部件上的残药。

（4）正确地清洗机器,去除泥土和植物。

（5）卸下喷头等管件,清洗后重新安装。

（6）每年作业季节结束后,应采用随机喷枪用清水彻底冲洗机具的外表面及药液箱内壁,放净泵腔内的脏机油,用轻柴油清洗泵腔并放净,然后换上新的14号或11号柴油机机油。卸下所有喷头部件,用轻柴油清洗干净。如有压力表,则卸下压力表妥善存放。放净药液箱内及各管路系统中的残液,松开泵盖螺栓,放净泵内残液,然后将整机及有关零部件、备件、附件存放在阴凉、干燥、通风的机库内。

6. 运输状态机具布置

（1）机器不可在悬挂或牵引状态下进行长距离运输。

（2）运输距离较长时,必须用拖车装载运输。

（3）运输时,应将展臂与喷杆拆下平放在车上并固定好。

（4）装车运输时,机器必须用固定链条稳固在车上,避免其前后或左右晃动。

（5）确保拖拉机挂钩和连杆受力不超过允许的最大承受力。

7. 减压方法

（1）将安全阀转到低压位置。

（2）加大回流阀流量。

（3）加大出水阀流量。

有冻结危险时,应在作业完毕后打开药液箱底部的放水阀,将水放尽,在脱水空转状态下运转 3 min,以便排尽泵和管道内的残余药液,以防冻结。禁止在含有硝酸铵或其残余物的容器上使用电弧法或氧乙炔法进行焊接或切割(因为有着火或产生有害气体的可能性)。

喷雾机喷杆的挤压点和剪切点处有挤压或剪切伤人的潜在危险,折叠时人应站在喷杆桁架的外侧端头,用手抓住桁架,慢慢送到折叠位置,切不可突然松手,以免造成挤压或剪切伤人。

8. 维护和清洗

（1）开始任何保养和维修工作之前,必须使用安全支架,把机器平稳地放在地上。

（2）如需抬高机器进行维护,一定要把机器支撑稳固。

（3）定期检查螺栓、螺母是否紧固,尤其是第一天作业后,如有松动立即拧紧。

（4）更换零件时,应戴上手套并使用合适的工具。

（5）定期检查防护装置,如有损坏,立即更换。

（6）更换的备件须符合制造商提供的性能标准,并应使用原装的零部件。

（7）在对拖拉机和机器进行电焊工作前,应首先从发电机和电池上拆下电缆。

（8）维修有张力或压力的部件(如弹簧、压力罐等)时,要求使用专用工具,必须由具备专业技能的专业人员进行操作。

（9）用冷水或温水冲刷机器上的泥污,但要特别注意不能直接向轴承部件喷射(如必要可以使用脱脂剂,但不得使用酸性或碱性的清洗剂)。

（10）禁止使用特殊的工作液。

（11）在处理农药时,应当参照农药生产公司所提供的安全指示,务必佩戴口罩、眼罩和手套。

四、风送式喷雾机的技术规格

3WX-800-16F 风送式喷雾机的主要技术参数见表 4-4。

表 4-4　3WX-800-16F 风送式喷雾机主要技术参数

| 序号 | 技术参数 | 悬挂式 | 牵引式 |
|---|---|---|---|
| 1 | 作业幅宽/cm | 1 000~2 200 | 1 000~2 200 |
| 2 | 药箱容积/L | 800 | 2 000~2 500 |
| 3 | 喷头离地高度/cm | 65~120 | 65~120 |
| 4 | 最小要求动力/kW | 40 | 40 |

续表

| 序号 | 技术参数 | 悬挂式 | 牵引式 |
|------|---------|--------|--------|
| 5 | 最大允许动力/kW | 59 | 59 |
| 6 | 工作压力/MPa | 0.3~0.4 | 0.3~0.4 |
| 7 | 设计动力传动轴型式 | 8键万向节传动轴 | 8键万向节传动轴 |
| | | 6键万向节传动轴 | 6键万向节传动轴 |
| 8 | 设计动力传动轴转速/(r·min$^{-1}$) | 540 | 540 |
| 9 | 挂接机构 | 悬挂式 | 牵引式 |
| 10 | 液泵型式 | 活塞式隔膜泵 | 活塞式隔膜泵 |
| 11 | 液泵型号 | MB120/3.0 | MB120/3.0 |
| 12 | 液泵额定流量/L | 120 | 120 |
| 13 | 液泵工作压力/MPa | 3.0 | 3.0 |
| 14 | 喷头型式 | 扇形或锥形 | 扇形或锥形 |
| 15 | 展臂型式 | 三段折叠式 | 三段折叠式 |
| 16 | 液压管 | 最大工作压力可达16 MPa的橡胶管 | |
| 17 | 作业速度/(km·h$^{-1}$) | 3~5 | 3~5 |

## 工作过程

一、工作课时

要求本单元的理论和实训课时分别为8课时和12课时。

二、工作过程

1. 按要求调试喷雾机

(1) 喷头离地高度的调整

① 牵引式喷雾机。根据地形及作物高低,适当调整喷头的离地高度,步骤如下:

a. 旋松并卸下中立架的固定螺栓。

b. 将油缸转移到中立架与机架之间的油缸连接座上。

c. 根据需要调整油缸与中立架的高度(调节范围在700~1 300 mm)。

d. 将油缸移回到中立架油缸座上。

e. 安上并旋紧喷杆桁架紧固螺栓。

② 悬挂式喷雾机。悬挂式喷雾机喷头离地高度可通过拖拉机的液压提升系统和中立架本身的调节机构进行调整。

(2) 雾化效果的调整

根据农艺作业的需要,可通过增大或减小泵的工作压力来调整雾化效果。具体方法是:用手旋动回流阀手柄,回流少时压力升高,雾化效果好;回流多时喷雾压力下降,雾化效果差。喷雾压力的调整方法与雾化效果的调整方法相同,均是通过回流阀进行调整。

（3）喷雾量的调整

根据农业技术的要求,可适当调节每亩喷量的大小。具体方法如下:

① 当每亩喷雾量的变化范围不大时,可通过适当调节喷雾压力的大小来达到所需的喷药量。

② 当每亩喷雾量的变化范围较大时,可通过更换喷量不同的喷嘴,同时适当调节喷雾压力来达到所需的喷药量。

③ 在保证喷雾压力正常的情况下,多采用变换拖拉机行走速度的方法来控制每亩喷药量的大小。

（4）喷幅的调整　当喷雾作业进行到接近地边而不是一个整喷幅时,可适当减少喷雾机的喷幅。具体方法是:关闭开关,使一边或一段展臂上的喷头停止喷雾。

**2. 配置农药并加入药液箱**

根据农艺要求及农药使用说明书配比药液,将农药配置成母液。向药液箱加水至1/2处,把母液加入药液箱,再向药液箱加满水(向药液箱泵水)。

向药液箱泵发的步骤如下:

（1）将汽油机直轴离心泵(以下简称离心泵)吸水管放入水池中,将上水管放入药液箱口的过滤器内。

（2）启动离心泵,给药液箱加水。

（3）打开隔膜泵进水阀,使水能进入泵内。

（4）接合万向节传动轴,驱动液泵运转。

（5）给药液箱加水至1/2处,将农药由药液箱的加药口倒入药液箱内,利用加水过程进行液力搅拌,将药液箱的水加到所需水位。

（6）药液箱水加足后,切断动力使万向节传动轴停止转动。

（7）关闭离心泵开关。

**3. 做出喷药行走路线标记**

根据施药机械喷幅和风向确定田间作业行走路线。使用喷雾机具施药时,作业人员应站在上风向,顺风隔行前进或逆风退行两边喷洒。严禁逆风前行喷洒农药以及在施药区穿行。

**4. 试喷雾,检查各喷嘴雾化质量**

在喷雾时,为了使喷雾药液浓度的误差不至于太大,新机第一次使用和长期未用的旧机重新使用时,都必须进行试喷雾,再进行测算。工作时液泵的压力和喷雾胶管的长短都应和试喷雾测定时相同。用清水进行试喷雾,观察各接头处及喷嘴处有无渗漏现象,喷雾状况是否良好。

**5. 喷雾作业**

（1）展开喷雾展臂。

（2）如图4-25所示,打开安全阀与回流阀,关闭三路喷头控制阀,进行液力搅拌。

（3）充分搅拌后,打开三路喷头控制阀,关闭安全阀,如果仍然不能达到需要的喷雾压力,可以通过调节回流阀的大小进一步调节。这时,部分药液通过回流阀流回药液箱,然后进行液力搅拌,其余药液通过喷头控制阀经送水管由喷头雾化后喷出。

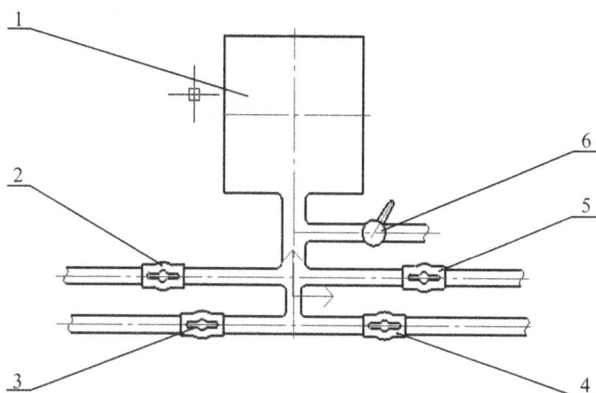

1—活塞式隔膜泵主体 2—喷头控制阀1 3—回流阀 4—喷头控制阀2 5—喷头控制阀3 6—安全阀

**图4-25 活塞式隔膜泵主体及进出水阀位置示意图**

（4）根据不同的作业对象调整泵的工作压力。

（5）按照实际情况确定喷雾路线，进行喷雾作业。

（6）作业完后，旋松药液箱底部的放水阀，放空药液箱内残留的药液。

（7）向药液箱内加入一定量的清水，用清水冲洗药液箱、液泵、喷杆及喷头等部件内部的残留药液。

（8）切断动力，使动力输出轴停止转动，将安全阀扳到减压位置，将展臂折叠，挂在挂钩上固定好。

（9）隔膜泵进水阀开启状态下，禁止将五路出水阀同时关闭。

6. 质量检查

质量检查是提高喷药质量、保证喷药效果的重要的工作环节。可按照质量检测要求，每班次检查不少于4次。

7. 风送式喷雾机的技术保养

为保证机器正常工作并且延长使用寿命，喷雾作业前后都必须进行机具保养，内容如下：

（1）使用前，首先检查各部位连接是否可靠，转动部位有无碰撞。

（2）首次工作几小时后，检查并紧固所有螺栓和螺母。

（3）每班作业前应向油杯内补足14号或11号柴油机机油。

（4）每班作业前均全面检查各部位紧固件是否紧固，如有松动，及时将其紧固。

（5）每班作业前向轮胎内及空气室内补足气。

（6）每班作业前清洗过滤器，检查、更换已堵塞的喷头部件。

（7）动力传动轴交叉部分的轴管、十字轴节处的黄油嘴以及轴节护罩处的黄油嘴每隔8 h加注润滑脂一次。

（8）每班作业后检查各工作部件有无变形或损坏，若发现问题，应及时予以校正或更换。

（9）每班作业完毕后，及时清除机器上的泥沙、杂物，以防锈蚀。

（10）每次工作完毕后，打开药液箱底部的放水阀，将水放尽，然后使泵转动，在脱水空转状态下运转 3 min，以便排尽泵和管道内的残余药液。

（11）每次工作完后，加清水喷雾数分钟，冲洗药液箱及其他部件上的泥土、残药。

（12）暂时不用时，应将喷雾机置于阴凉通风的机库或凉棚内，避免太阳光的直接照射，以防止玻璃钢及塑料制品的老化，延长其使用寿命。

（13）长时间不用时，卸下喷头等管件，清洗擦干后放妥，切勿重物堆压及接触油类。

（14）第二年使用时，应换上新的工作隔膜。

三、操作及安全注意事项

1. 喷雾机的操作使用注意事项

（1）拖拉机的行进速度能明显影响作业质量，要保持 3～5 km/h 的速度进行喷雾作业。

（2）先启动液压控制盒上的开关，指示灯亮后，再操作驾驶室内的操作手柄。

（3）如果地表不平或过黏，应适当降低拖拉机轮胎压力，以提高机组稳定性和减小轮胎堵塞。

（4）时刻观察喷头的工作情况，它们可能被药液中的杂质堵塞。

（5）定期清理喷头，这样可获得较好的作业质量。

（6）进入油路中的液体油要确保干净无杂质。

（7）尽量使用井水或自来水等清洁程度高的水来稀释农药。

（8）夜间作业时要安装夜间工作灯。

（9）作业或运输时，如遇异常呼叫（或发现停车信号时）、投石、投土等情况，应立即停车，查明原因。

2. 操作基本原则

（1）操作拖拉机和机器前，首先确认它们符合工作安全和道路交通法规的规定。

（2）除了包含在使用说明书中的内容外，还一定要遵从其他安全和事故预防方面的指导。

（3）粘贴在机器上的安全标志提供指示并有助于避免事故的发生。

（4）作业前，操作人员必须熟悉机器的操作、控制装置和它们的功能。

（5）即便机器已停止工作，也不要让孩子爬上机器或在附近玩耍。

（6）确保在新的或旧的机器交货时拿到使用说明书，并且遵从生产商的指导操作机器。

（7）在公路上行驶时，请遵守交通法规。

（8）在上公路前，操作人员必须确保机器符合交通法规的有关规定。

（9）驶入公路前，确保所有规定的标识装置都已安装并能正常工作。

（10）驶入公路前，按照使用说明书的要求置机器于运输状态。

（11）公路运输时，使用专门设计的远距离运输车。

（12）请注意：对于农业机械，即使宽度很窄，也可能会有很锋利的部件可能引发致命的事故。

（13）如果机器没有交通信号装置，应加装灯、反射镜、警示板或反射胶带等，应有标识指明设备在运输时的宽度。

（14）锁紧所有安全销和安全挂钩。

（15）没有预防保护装置和不符合安全标准的拖拉机不能挂接机器。

（16）确保农具安全有效地与拖拉机挂接在正确的位置。

（17）拖拉机及喷雾机整体机器不要超过最大的车载允许重量或车辆总重量定额。

（18）不要超过公路上准许的最大车辆宽度（如果超宽应作明显的标志）。

（19）根据路况和地况调整行驶速度，在任何情况下都应避免急转弯。

（20）在转弯时要格外小心，要考虑到悬挂（牵引）的机器的长度、高度和重量。

（21）拖拉机的方向准确性、牵引力、地面附着力和刹车效果受到其牵引（悬挂）农具的重量和种类、前配重的重量、路况和地况等方面的影响，因此，在驾驶时对所有特别情况都要引起足够的重视。

（22）严禁超速行驶。

（23）开动机器或开始工作前，检视机器四周，必须保证视野开阔，确保所有人员和动物远离机器的危险区域。

（24）作业和行驶时严禁搭载人或动物。

（25）拖拉机启动后，驾驶员不能离开驾驶位置。

（26）离开拖拉机或进行任何调整、维修之前，应关闭引擎并从钥匙孔中拔出钥匙，等待所有运动部件停止动作。

（27）不得站在拖拉机和机器之间，除非已刹紧手刹车，而且机器已稳定地停放于地上。

（28）不要站在机器的工作区域内。

（29）使所有扶手和脚踏板保持清洁，当表面粘有泥污时应及时清理。许多事故就是在上下操作台时发生的。

（30）药液的配制应当在农业技术员的指导下进行。

（31）作业完毕，药液箱和管路应及时清空并用清水冲洗干净，因为残留的农药会对人或动物造成伤害，还会腐蚀金属表面。

（32）冬季存放时，应放净药液箱及隔膜泵内残留的积液以及隔膜泵空气室内的压缩空气，以防冻坏壳体及隔膜老化；塑料件应清洗后放入室内保管。

（33）喷药及排除故障时，做好安全防范，严防农药中毒。一旦发现身体不适，立即到就近医疗机构就诊。

3. 操作机器前的准备工作

（1）不要穿过于宽松的衣服，以防衣服被转动的机器部件缠绕住。

（2）根据不同工作的需要穿戴个人安全用具（手套、鞋、眼罩、耳罩等）。

（3）确保所有的操作控制装置（绳索、电缆、连杆等）安装正确，以防突然弹起而导致意外。

（4）操作机器前，检查并紧固所有螺栓和螺母，尤其是转动部件上的螺栓螺母。

（5）操作机器前，确保所有的安全防护装置安装正确并状态良好，一旦发现磨损或损坏,应立即更换。

4. 拖挂注意事项

（1）与拖拉机挂接或分离时,将控制液压提升油缸的操纵杆置于不可能导致意外发生的位置。

（2）与拖拉机挂接时,应确保拖拉机前轮有足够的配重。配重的选择请参照拖拉机制造商提供的使用说明书。

（3）与拖拉机三点悬挂提升系统挂接时,确保销子的直径与球形连轴节的直径相配。

（4）与拖拉机牵引装置挂接时,确保牵引销的直径与拖拉机牵引环的孔径相配。

（5）与拖拉机挂接或分离时,应正确地支撑机器,要特别注意安全。

（6）在三点悬挂提升系统附近,存在压碎和剪切的潜在危险,应保持安全距离。

（7）进行外展提升操作时,禁止站在拖拉机和机器之间。

（8）进行外展提升操作时,禁止站在机器的展开区域内。

（9）装车运输时,机器必须用固定链条稳固在车上,避免前后和左右晃动。

（10）机器保持在抬起位置进行运输时,必须锁死提升控制杆。

5. 轮胎保养注意事项

（1）对轮胎作任何操作之前,确保机器已在地上放稳,不能突然移动（锁紧锁销）。

（2）只能由有经验的人员对轮子和轮胎进行安装、更换和修理,而且要使用适当的专用工具。

（3）定期检查轮胎压力,按照轮胎制造商的说明设置轮胎压力。

6. 关于力传动部件(动力输出轴和万向节传动轴)的注意事项

（1）只能使用随机配备的或制造商的说明书中推荐的万向节传动轴。

（2）确保动力输出轴和万向节传动轴的防护罩安装正确且性能良好。

（3）确保在作业和运输时,万向节传动轴轴管重叠尺寸正确。

（4）连接和分离万向节传动轴时,分离动力输出轴,关闭引擎,并从钥匙孔中拔出钥匙。

（5）如果一级万向节传动轴要连在安全离合器或滑轮上,要确保它与动力输出轴正确连接。

（6）确保万向节传动轴的正确连接和锁死。

（7）确保万向节传动轴护罩由专用链条挂住,避免其随轴转动。

（8）接合动力输出轴前,根据制造商的说明确保其转速和方向正确。

（9）接合动力输出轴前,确保人员和牲畜远离机器。

（10）拖拉机熄火后切忌接合动力输出轴。

（11）拖拉机转弯时,一定要切断动力输出轴的动力输出。

（12）当万向节传动轴角度大于制造商标明的限制时,分离动力输出轴。

（13）分离动力输出轴后,转动部件还要持续转动几秒钟,应在它彻底停止转动后再靠近。

（14）对于没有挂接拖拉机的农具,应把万向节传动轴放在机器的专用支架上。

（15）从拖拉机的动力输出轴分离下万向节传动轴后,须重新扣好保护盖。

（16）动力输出轴和万向节传动轴的护罩受损后应立即更换。

7. 液压管线相关注意事项

(1) 液压管线都有一定的压力,操作时应注意压力危害。

(2) 与隔膜泵连接时,确保按照制造商的说明正确安装液压管线。

(3) 液压管与拖拉机的液压系统连接时,确保拖拉机和机器的液压管线内都没有压力。

(4) 强烈推荐操作者在拖拉机和机器连接的液压接头上做出标记以避免连接时出错。

(5) 定期检查液压管线,一旦发现油管损坏应立即更换。更换液压管时,确保只使用符合制造商所规定的性能和质量要求的液压管。

(6) 一旦发现液体泄漏,须立即采取适当的预防措施,以避免事故发生。

(7) 所有有压力的液体都能穿透皮肤造成严重的伤害,一旦受伤,应立即前往就近的医院医治,以避免感染。

(8) 对液压管线进行任何操作之前,应放下机器,卸掉压力,关闭引擎并从钥匙孔中拔出钥匙。

(9) 每次作业后,应清洗液压接头,盖好保护帽。如接头不能扣紧或有漏油现象应立即更换。液压油管不能拖到地上。

8. 其他注意事项

除了设备使用说明书给出的建议外,驾驶员(操作者)还必须遵守拖拉机制造商的规范要求:

(1) 使用设备公司推荐的用于此目的的拖拉机。

(2) 确保拖拉机挂钩和连杆受的力不超过制造商允许的最大承受力。

(3) 分离拖拉机时,应制动刹车闸,放下停车架,在车轮下放置挡块。

(4) 每次上路前,须检查刹车是否能正常工作。

(5) 刹车系统必须由专业人员检查和维护。

(6) 刹车系统的调整和维修工作必须由专业维修点完成。

### 质量检测

1. 检查施药时间

应根据不同农作物的生长期,在合适的时间及时施药。在作物的开花期、炎热天气时、有雾时、雨前或雨时以及农作物接近收获时,都不宜进行喷雾作业。

2. 检查药物

在进行喷洒作业时,须严格按照作业质量要求,对不同的作物施用不同的药物;应根据防治对象,确定喷药浓度,即药液的稀释倍数。

3. 检查农作物

按照作业质量要求,各喷头喷药量应一致,雾化良好,喷洒均匀;作业中不挂伤、损伤作物;行走路线正确,不漏喷,不重喷,叶片的正反两面都要喷上药液。

4. 检查亩喷药液量

一箱药液喷施结束时,根据喷施面积、药液重量计算出实际每亩施药量,看其与规定的亩施药量是否一致,如不一致,可通过调整机构或改变拖拉机行驶速度来使之一致。

### ▼ 故障诊断与排除

3WX-800-16F 风送式喷雾机常见故障、故障产生原因及排除方法，见表 4-5。

表 4-5　3WX-800-16F 风送式喷雾机常见故障、故障产生原因及排除方法

| 故障 | 产生原因 | 排除方法 |
|---|---|---|
| 吸不上液体或吸得过少 | 吸水管的接头漏气或其密封垫圈脱落漏气 | 旋紧接头螺母或垫好密封垫圈 |
| | 进水管道破裂 | 修补或更换水管 |
| | 隔膜泵润滑油量不足或牌号不对 | 加足或更换规定牌号的润滑油 |
| | 隔膜损坏 | 更换隔膜 |
| | 隔膜泵调压阀中锥阀与阀座密封不良 | 修磨或更换锥阀与阀座 |
| 出水管抖动剧烈 | 隔膜泵气室隔膜破裂 | 更换隔膜 |
| | 隔膜泵进出水阀工作不正常 | 修理或更换进水阀 |
| 能吸上水，但压力调不高 | 隔膜泵进出水阀被杂物卡住或损坏 | 拆开隔膜泵侧盖，清除杂物或更换进出水阀 |
| | 隔膜泵调压阀座磨损或调压阀座与锥阀之间有杂物 | 反复扳动减压手柄，冲去杂物，如果没有效果则应拆开调压阀进行检查清洗或更换锥阀 |
| | 隔膜泵调压阀的柱塞卡死在回水体的孔中 | 拆开调压阀进行检查清洗，调整调压阀使柱塞在回水体孔中能来回活动 |
| | 压力表损坏 | 修理、更换压力表 |
| 喷头滴水 | 防滴装置的弹簧损坏 | 更换新的弹簧 |
| | 防滴隔膜损坏 | 更换防滴隔膜 |
| 喷雾不均匀 | 喷孔磨损 | 更换喷嘴 |
| | 喷头堵塞 | 清除堵塞物 |
| 喷头不喷雾 | 喷孔堵塞 | 清除堵塞物 |
| | 液泵不供液 | 检查液泵是否正常工作，清洗吸水三通阀处的过滤器 |
| 隔膜泵漏油 | 油封损坏或翻转 | 检查后正确安装，必要时可更换 |
| | 隔膜泵的隔膜破裂 | 停机后检查并更换隔膜 |
| 泵的油杯口窜水油混合物 | 泵的工作隔膜损坏 | 更换工作隔膜 |
| 喷头雾化不良 | 有杂物堵住喷孔 | 拆卸后清洗 |
| | 喷头压力不够 | 调整喷头压力 |

学习情境五

作物收获

# 工作任务一　小麦机械收获

## ◉ 情境描述

操作新疆-2.0 型(4LD-2 型)自走式轴流谷物联合收割机收割 600 亩小麦。

## ◉ 作业质量要求

1. 适时收割,及时完成。
2. 收割干净,不漏割,尽量减少收割时的损失。
3. 掉穗、脱净率、分离、清选符合技术要求,总损失率<2%。
4. 割茬高度符合要求。
5. 粮仓的麦子干净,破碎率<1.5%。
6. 卸粮时不漏撒麦子。
7. 运粮车封闭严密,运输过程不漏撒麦子。
8. 麦草抛撒均匀或集堆大小合理。
9. 倒伏麦子要逆向收割。

## ◉ 学习目标

掌握新疆-2.0 型(4LD-2 型)自走式轴流谷物联合收割机的构造、工作原理,熟悉其性能和技术规格。

## ◉ 技能目标

正确操作新疆-2.0 型(4LD-2 型)自走式轴流谷物联合收割机收割小麦,达到作业质量要求;掌握工作过程;能够熟练地进行驾驶操作;正确地进行技术状态检查;合理地调整、使用和维护保养机具;掌握安全操作规程。

## ◉ 所需设备、工具和材料

1. 中国收获机械总公司(新疆新联科技有限责任公司)制造的新疆-2.0 型(4LD-2 型)自走式轴流谷物联合收割机。
2. 运粮机车。
3. 天平。
4. 尺子。
5. 铁锹。

6. 灭火器。

**相关知识**

自走式轴流谷物联合收割机是目前广泛应用于小麦收获作业的联合收获机械,最常用的机型是新疆-2.0型(4LD-2型)自走式轴流谷物联合收割机。该机是中国收获机械总公司(新疆新联科技有限责任公司)依据国家标准,并按照我国北方环境和条件制造的。它用中间输送装置将收割机和脱粒机以"T"型配置连接成为一体,具有底盘和发动机,结构紧凑、机动灵活、操作方便,能自行开道和进行收割。其喂入量为 2 kg/s,割幅为2.13 m,能够在田间一次性完成切割、脱粒、分离和清选等作业,可直接获得清洁的谷粒,以收获小麦为主,可兼收大豆、水稻等作物,生产效率高,损失小。随着我国农业机械化程度的不断提高,自走式轴流谷物联合收割机已得到普及。

一、自走式轴流谷物联合收割机的构造和工作过程

自走式联合收割机按喂入量可分为大型和中小型联合收割机。我国生产的中小型自走式谷物联合收割机有两种类型:一种是传统型,其特点是采用切流脱粒滚筒,分离装置采用双轴键式逐稿器;另一种是轴流型,其脱粒装置采用轴流滚筒或切流滚筒和轴流滚筒的组合。

新疆-2.0型(4LD-2型)自走式轴流谷物联合收割机采用切流和轴流式双滚筒脱粒装置。第一滚筒为板齿式切流滚筒,抓取作物能力强;第二滚筒为多种脱粒元件组合的轴流式滚筒,可对第一滚筒排出的脱出物进行多次冲击和搓擦,确保脱粒干净。该机采用轴流滚筒,可使茎秆中的籽粒在脱粒的同时就与秆草全部分离,秆草可由第二滚筒排出机外,省去了尺寸庞大的逐稿器,因此整机尺寸较小。

1. 结构

新疆-2.0型(4LD-2型)自走式轴流谷物联合收割机的整体构造如图5-1、图5-2所示。主要由收割台、脱粒装置、发动机、底盘、传动装置、液压系统、电气系统等组成。

(1) 收割台 位于收割机的正前方,与脱粒机呈非对称"T"型配置,用于切割和输送作物。

(2) 脱粒装置 包括脱粒装置、清选装置等。

① 脱粒装置:脱小麦时采用纹杆式滚筒,脱水稻时采用钉齿式滚筒。收割小麦时采用栅格式凹板,收割水稻时采用钉齿与栅格组合式凹板。

② 清选装置:采用风扇与筛子组合式。筛子分为上筛、尾筛和下筛,都采用鱼鳞筛,其开度通过手柄分别调整。风扇为五叶片蜗壳式清粮风扇,其转速可通过调节手柄、杠杆和拨叉,以及改变无级变速皮带轮工作直径进行调节。

(3) 发动机 发动机是收割机工作的动力来源,该机采用495A或4105柴油发动机,功率分别为36 kW或48 kW。

(4) 底盘 主要由行走离合器、无级变速器、齿轮变速箱、前桥、后桥和行走轮等组成。前轮为驱动轮,后轮为导向轮。

(5) 传动装置 由皮带、皮带轮、链条、链轮和离合器等组成,布置在机器两侧,负责

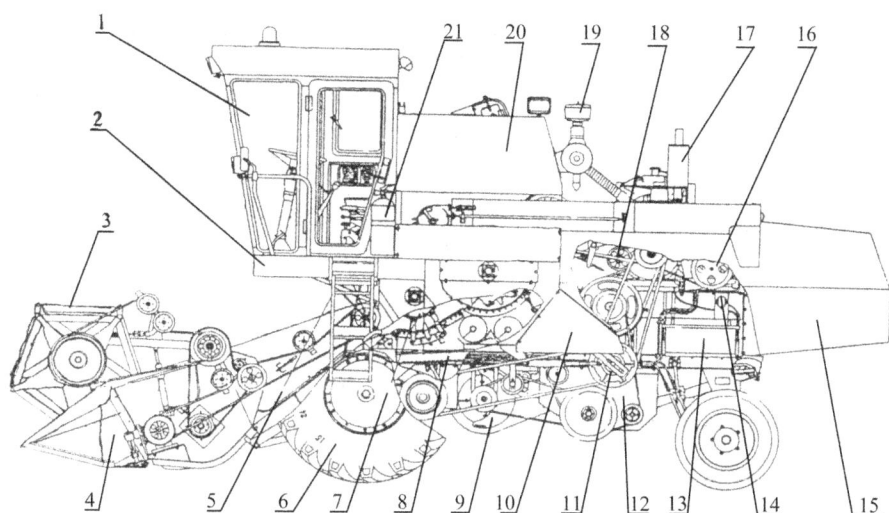

1—驾驶室　2—驾驶室地板　3—拨禾轮　4—收割台　5—前梯　6—底盘　7—脱粒装置　8—抖动板
9—风机　10—排草罩　11—行走无级变速轮　12—清选装置　13—电瓶　14—电气系统　15—外围
16—液压系统　17—发动机　18—主离合器　19—空气滤清器　20—粮仓　21—灭火器

图 5-1　新疆-2 型收割机整体构造 1

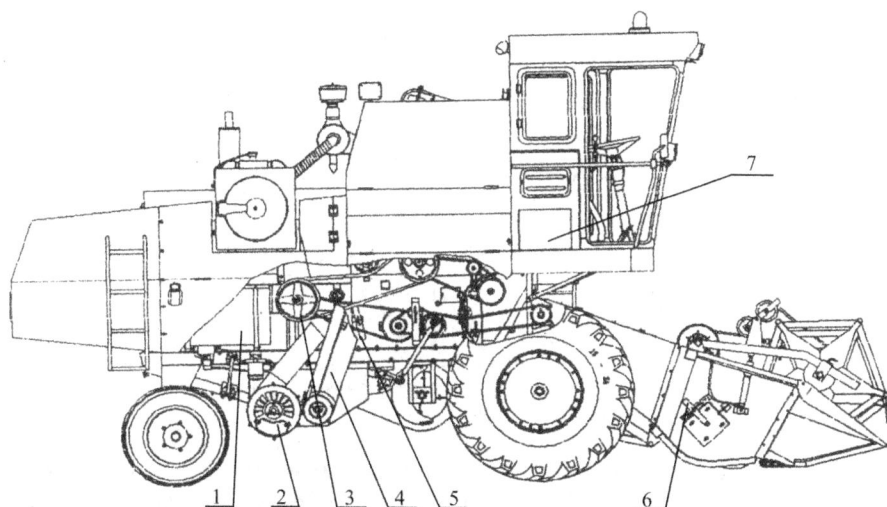

1—柴油箱　2—复脱器　3—中间轴无级变速轮　4—升运器
5—滚筒间歇调节手柄　6—搅龙伸缩装置调节手柄　7—工具

图 5-2　新疆-2 型收割机整体构造 2

把发动机的动力传给行走和工作部件。

（6）液压系统　由柴油箱、油泵、分配器、液压方向机、油缸和管路等组成,用于工作部件的调整、行走无级变速和转向操纵。

（7）电气系统　由蓄电池、启动装置、照明设备、信号装置和监视装置等组成,用来启动发动机、夜间照明、监视和指示工作情况。

2. 工作过程

工作时拨禾轮将作物拨向切割器,被切断的作物在拨禾轮推送下铺放到割台上,割台搅龙将作物集中到中间,伸缩耙指将作物喂入倾斜输送器,作物进入板齿滚筒脱粒,然后切向抛入轴流滚筒脱出的作物在轴流滚筒上盖导向板的作用下从右向左螺旋运动,同时在纹杆和分离板作用下完成脱粒和分离,长茎秆被滚筒左端分离板从排草口抛出去,而从轴流滚筒凹板分离出的籽粒、颖壳和碎茎秆等细小脱出物由第一分配搅龙和第二分配搅龙推集到清粮室前,在抛送板的作用下落到阶梯抖动板上。阶梯抖动板使物料分层,并将物料均匀地输送到清选装置。在清选装置中,物料在筛子和风扇的作用下进行清选,颖壳和短茎秆被吹出机外,籽粒从筛孔落下,被籽粒搅龙向右推运,经籽粒升运器和卸粮搅龙送入粮箱。未脱净的穗头经下筛后段的杂余筛孔落入杂余搅龙,被推送到右端复脱器,经复脱后抛回上筛,进行再清选。

粮仓充满后谷物通过粮箱底搅龙和卸粮槽(簸箕)卸入运粮车。

二、自走式小麦联合收割机的主要部件和部件安装

1. 收割台

收割台是联合收割机的主要工作部件之一。收割占通常由拨禾器、切割器、割刀驱动机构图 5-3 中 2、3、割台搅龙、倾斜输送器等组成,如图 5-3 所示。

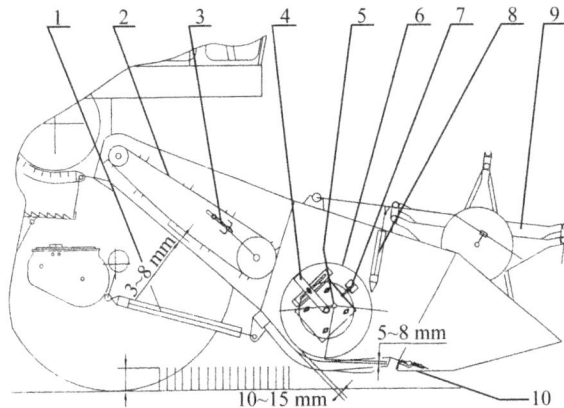

1—割台升降油缸 2—过桥链耙 3—过桥链耙张紧螺栓 4—伸缩齿调节手柄 5—伸缩齿
6—割台搅龙 7—割台搅龙间隙调节螺栓 8—拨禾轮升降螺栓 9—拨禾器(拨禾轮) 10—切割器

**图 5-3 收割台**

(1) 拨禾器

联合收割机上装有拨禾器,其作用有三个:一是把割台前方的谷物拨向切割器;二是在切割器切割谷物时,扶持禾秆以防其向前倾倒;三是在禾秆被切断后,将禾秆及时推放在输送器上。

拨禾器的种类较多,以拨禾轮和链齿式拨禾器应用最广。

① 拨禾轮。拨禾轮的结构较简单、工作可靠,多用于大中型收割机和联合收割机上。

按结构可分为普通压板式和偏心式两种。

a. 普通压板式拨禾轮。由压板、辐条、加强筋、轴和轴承等组成,如图 5-4 所示。工作时,拨禾轮沿滚动方向回转,其压板起拨禾、扶持切割和向输送器拨送禾秆的作用。为了使压板进入禾丛后对谷物有向后拨送的作用,拨禾轮的圆周速度应较机器前进速度大,两者的比值应为 1.2~2.0。

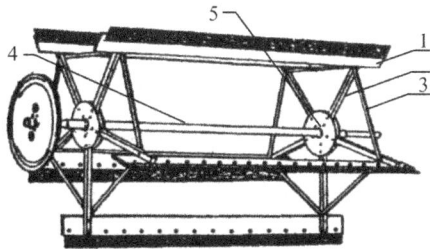

1—压板　2—辐条　3—加强筋　4—轴　5—轴承

**图 5-4　普通压板式拨禾轮**

拨禾轮的位置(高低和前后)可以调节,其调节机构有机械式、液压式和液压-机械式等三种。液压式调节机构使用较方便,目前应用较广。

拨禾轮的速度可以调节,以适应不同作业速度的需要。其调节机构有机械式(更换链轮、更换皮带轮或调整皮带轮工作直径)和液压式两种。液压式调节机构使用较方便,在大、中型谷物联合收割机上采用较多。

b. 偏心式拨禾轮。它由带拨板和弹齿的管轴(4~6 根)、主辐条(左、右两组)、辐盘、副辐条、偏心盘、偏心吊杆、支承滚轮和调节杆等组成,如图 5-5 所示。左侧及右侧的主辐条经辐盘固定在轴上。副辐条固定在一侧的偏心盘上。偏心盘由偏心吊杆和滚轮支承组成,并保持一定的偏心位置。主、副辐条的外端有轴孔,主辐条的轴孔中穿有带弹齿的管轴,副辐条的轴孔中穿有管轴的曲柄销。各管轴的曲柄与偏心吊杆长度相等而且平行,各主辐条及副辐条也长度相等而且平行。因此,该拨禾轮的主辐条、副辐条、管轴的曲柄和偏心吊杆构成多组平行四连杆机构。偏心吊杆是与曲柄相对应的共杆,可通过调节杆将偏心吊杆(及支承滚轮)固定在某一位置,因而拨禾轮旋转过程中各管轴的曲柄方向保持不变,固定在管轴上的弹齿方向也不变。偏心式拨禾轮的这一特点,使得弹齿能够平行插入谷物,减少落粒损失,并能起到扶起倒伏谷物的作用。

在收获顺向倒伏作物时,为了增强扶倒能力、减少损失,可移动调节杆的位置使偏心吊杆向后方稍稍倾斜,也使管轴上的弹齿向后倾斜。在收获直立作物时,一般使弹齿直立向下,以减小弹齿的迎禾面,减少冲击损失。与使用普通压板式拨禾轮相比,使用偏心式拨禾轮收获倒伏作物可将生产率提高 20%~30%,将损失减少 40%~50%。目前新型联合收割机多采用偏心式拨禾轮。

拨禾轮的工作状态、位置和转速,对收获作业质量有直接影响,所以必须安装正确。安装拨禾轮时,辐盘间应相互平行,而且应垂直于拨禾轮轴。同一个辐盘上的辐条应在同一个平面内,偏差不大于 5 mm。压板的宽度和重量应相等,安全离合器要调整适当。

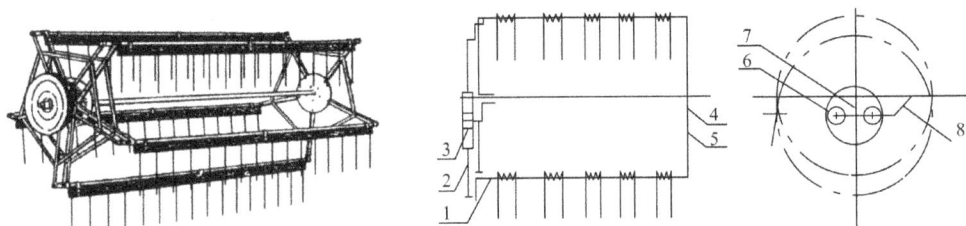

(a) 示意图　　　　　　　　　　　　(b) 结构图

1—管轴　2—副辐条　3—偏心盘　4—辐盘　5—主辐条　6—支承滚轮　7—偏心吊杆　8—调节杆

**图 5-5　偏心式拨禾轮**

② 链齿式(带齿式)拨禾器。它由带有拨齿的链条(或三角带)组成,常见的有拨禾带、拨禾链和扶禾器三种。

a. 拨禾带:用在割幅较宽的立式收割机上,拨禾带的主要作用是拨禾和输送。

b. 拨禾链:多用于玉米收割机的割台上,一般由一对相对回转的带拨齿的链条组成。拨禾链除具有一般的拨禾作用外,还具有扶起倒伏茎秆的作用。

c. 扶禾器:一般装在半喂入式立式水稻联合收割机上,以适应倒伏作物的收割。它由若干对在竖直平面(或倾斜面)内回转的拨禾链和分禾器等组成,如图 5-6 所示。工作时,机器前方的分禾器将作物分成若干小束并引向拨禾链的工作行,在拨禾链的扶持下禾秆被扶起并送向割台。拨禾链上的拨齿铰连在链条上,借助导轨的控制使拨齿转至前方伸出拨禾,再转至后方向链条中心线缩回。扶禾器的结构虽与拨禾链相似,但其参数选择与拨禾链有较大差别。

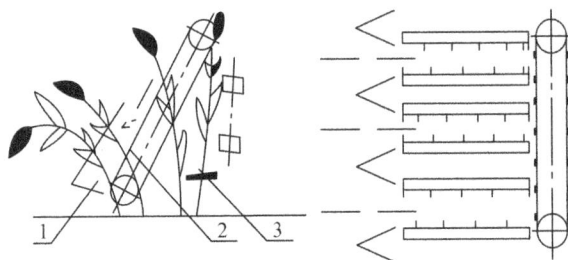

1—分禾器　2—拨禾链　3—切割器

**图 5-6　扶禾器**

(2) 切割器

现有的收割机械上的切割器有回转式和往复式两类。

回转式切割器的特点是滑动作用大,有的还是无支撑切割,因此切割速度快,在惯性力作用下易于平衡。但这种机器结构复杂,割幅较小,而且重量较大,不适于在宽幅、多行收割机上使用。

目前收割机械上采用较为广泛的切割器是往复式切割器。其优点是通用性广、适应性强、工作可靠、结构简单、重量轻,适用于宽幅收割。但由于惯性力限制了其切割速度,使收割作业速度受到限制。

① 往复式切割器的构造和类型

a. 往复式切割器的构造。往复式切割器由往复运动的割刀和固定不动的支承部分组成,如图 5-7 所示。割刀由刀杆、动刀片和刀杆头等铆合而成,刀杆头与传动机构相连接,用以传递割刀的动力。支承部分包括护刃器梁、护刃器、铆合在护刃器上的定刀片、压刃器和摩擦片等。工作时,割刀做往复运动,其护刃器尖将作物分成小束并引向割刀,割刀在运动中将禾秆推向定刀片进行剪切。定刀片是切割时的固定支撑,压刃器保证刀刃间有正常间隙,这样才能使切割顺利、整齐。摩擦片位于刀杆后方,作为刀杆垂直面的后支承和动刀片后部的支承,摩擦片磨损后可以调整,以保证合理的切割间隙。

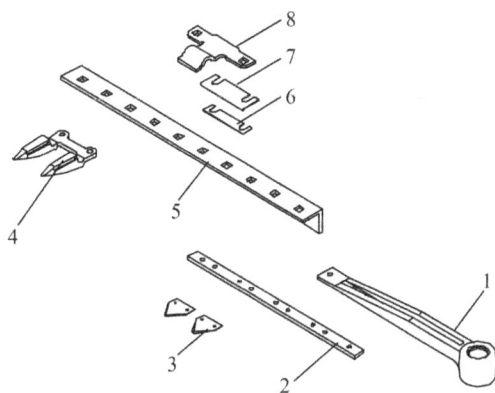

1—刀头　2—刀杆　3—动刀片　4—护刃器　5—刀梁　6—调整片　7—摩擦片　8—压刃器

**图 5-7　往复式切割器**

动刀片是主要切割件,形状为对称六边形。动刀片两侧为刀刃,刀刃有光刃和齿纹刃两种。光刃刀片切割较省力,割茬较整齐,但使用寿命较短,需要经常磨刀;齿纹刃刀片的刃口上平面上有齿,一般每厘米有 6～7 个齿,该刀片不需磨刀,使用较方便,但切割阻力较大,有时会将茎秆撕断。在谷物收割机和联合收割机上多采用齿纹刃刀片。

定刀片为支承件,多为光刃刀片。其用铆钉铆在护刃器上,与动刀片配合切割。

刀杆材料为 35 号冷拉扁钢。标准型切割器刀杆的断面宽度为(20±0.25)mm,长度取决于收割机割幅。动刀片铆在刀杆上,刀杆要平直,刀片应在同一平面上。

护刃器的作用是保持定刀片的正确位置、保护割刀、对禾秆进行分束,护刃器舌与铆在其上的定刀片起切割支承作用,构成两点支承的切割条件。为防止护刃器在低割时插入土中,标准型护刃器齿的前下部为向上的弧形。

压刃器采用 35Mn 钢制成,其与护刃器、摩擦片一起固定在护刃器梁上,防止割刀在运动中向上抬起并使割刀保持正常工作间隙,便于其自由往复运动。在护刃器梁上每隔30～50 cm 装一个压刃器。摩擦片装在压刃器下方,用以支承割刀的后部,使之具有垂直和水平方向的两个支承面。摩擦片磨损时,可增加垫片或将其向前移动,以调整切割器间隙。

b. 往复式切割器的类型。往复式切割器是根据割刀行程、两个相邻动刀片的中心线之间的距离和两个相邻定刀片的中心线之间的距离的相互关系来分类的。目前,我国在收割机械上应用的切割器主要分为标准型和非标准型两种。

标准型切割器:割刀行程 $S=76.2$ mm,且有

$$S=t=t_0 \tag{5-1}$$

式中:$S$——割刀行程;

　　$t$——两相邻动刀片中心线距离;

　　$t_0$——两相邻护刃器中心线距离。

标准型切割器具有良好的切割性能,而且护刃器之间距离比较大,对茎秆的粗细适应性较强,因此在割草机、收割机和联合收割机上被广泛应用,如图 5-8 所示。

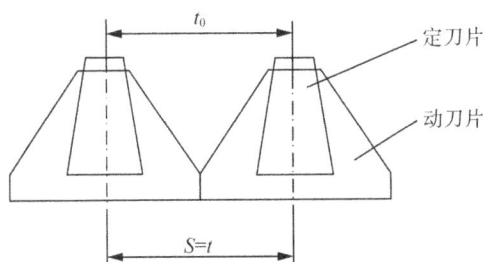

图 5-8　标准型切割器

非标准型切割器:在一些水稻收割机上采用的比标准尺寸略小的切割器。

② 往复式切割器割刀的驱动机构

割刀驱动机构的作用是把传动轴的回转运动变为割刀的往复式直线运动。目前不同类型的收割机械割刀的工作条件和切割器位置的不同,所采用的驱动机构也不同,一般有曲柄连杆机构和摆环机构两类。曲柄连杆机构的构造简单,应用广泛;摆环机构的构造较复杂,但结构紧凑,在新型联合收割机上的应用正逐渐增多。

a. 曲柄连杆机构。曲柄连杆机构利用曲柄做回转运动来驱动连杆并带动摇杆,摇杆推动割刀(或短连杆),使割刀做往复运动,如图 5-9 所示。这种驱动机构为直角转向式,曲柄轴横置,通过三角摇杆直角转向来驱动割刀,沿机器横向所占的位置较小,可避免驱动机构进入未切割的作物中,防止开道收割时产生缠草现象。由于各传动元件不在同一平面上,为防止割刀在垂直方向跳动,使刀头在导向板的刀槽中滑动,刀头和三角摇杆采用球铰连接。这种驱动机构在自走式前置收割台的联合收割机上应用广泛。

为了合理地利用切割器,使割刀在较高的速度范围内切割茎秆,要求切割器的驱动机构能够使曲柄销处在左右两极限位置时,动刀片与定刀片的中心线相重合。对于超行程型切割器,动刀片中心线超出定刀片中心线两边的距离应相等。因此连杆的长度是能够调节的,其调节方法是:松开锁紧螺母,摘下球铰,相对连杆拧动球铰螺杆,使其伸入推杆的长度改变,从而改变连杆的长度。

b. 摆环机构。目前联合收割机的割刀大都采用这种驱动机构。摆环机构将传动半轴的旋转运动转换成摆臂的往复运动来驱动割刀。它主要由摆臂、摆叉轴、摆环、偏心套

等组成。如图 5-10 所示,在主动轴 $MM$ 上,装有一滚动轴承,摆环 $Q$ 固定在轴承外圈上。在摆环径向设有柱销 $AA$,柱销与摆动轴 $qq$ 上的摆叉 $P$ 相连。在 $qq$ 轴的另一端(前端)固定有摇杆 $K$,而 $K$ 又与连杆 $L$ 相铰接,借以驱动割刀 $SS$ 运动。摆动轴线 $qq$、主动轴线 $MM$ 与摆环轴线 $AA$ 三线交于点 $O$,所以这种圆环摆动机构是一个空间球面机构。当主动轴 $MM$ 以等速回转时,摆环的环面位置即连续改变,绕 $O$ 点做空间摆动。此时柱销 $AA$ 就在与 $qq$ 轴垂直的平面上做往复摆动,经过摆叉 $P$ 带动摆轴上的连杆 $L$,驱动割刀做往复运动。

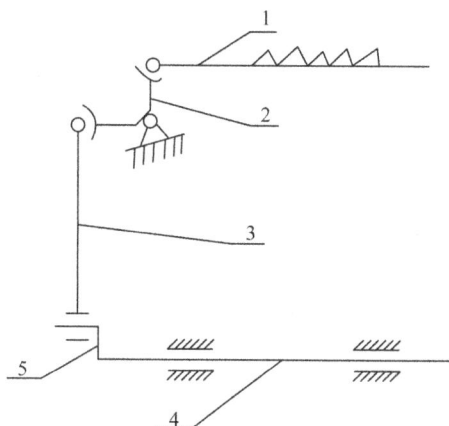

1—割刀 2—三角连杆 3—连杆
4—传动轴 5—曲柄

**图 5-9 曲柄连杆机构**

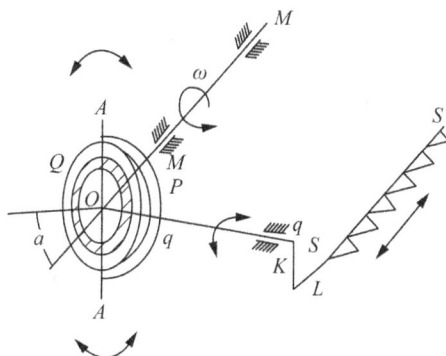

**图 5-10 摆环机构原理图**

摆环机构的运动规律与曲柄连杆机构并不一样。但当圆环中心面的摆角≤15°时,其与曲柄连杆机构的割刀运动规律类似,其工作情况基本上是一样的。

(3) 割台搅龙

割台搅龙由左右两端的螺旋叶片和伸缩拨指机构组成,如图 5-11 所示。焊在搅龙筒上左端的为左螺旋叶片,右端的为右螺旋叶片。工作时螺旋叶片将割下的作物从两端向伸缩拨指处输送,伸缩拨指轴刚性地安装在偏心调节轴和短轴的曲柄上,右半轴通过右调节板固定在割台的右侧壁上,伸缩拨指的铸铁座套滑套在伸缩拨指轴上,伸缩拨指的外端插入搅龙壳体上的拨指导套中,并伸出搅龙筒外,搅龙筒通过辐盘与主动轴刚性相连。

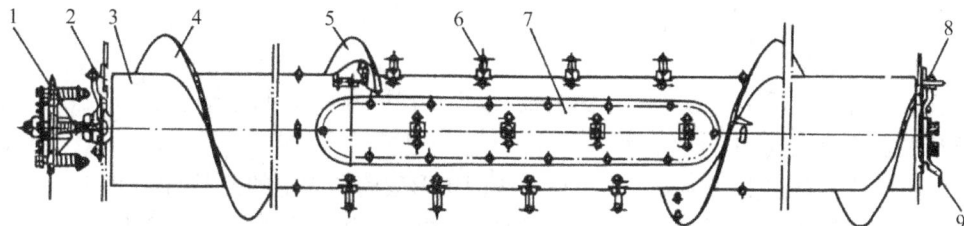

1—主动链轮 2—左调节杆 3—螺旋筒 4—螺旋叶片 5—附加叶片
6—伸缩扒指 7—检视盖 8—右调节杆 9—扒指调节手柄

**图 5-11 割台搅龙**

当主动链轮带动搅龙筒旋转时,装在搅龙筒上的拨指导套就会带动伸缩拨指旋转,由于伸缩拨指轴相对于主动轴偏向前下方一定距离,故伸缩拨指除转动外,还沿导套滑动,至前下方伸出最长,起到搂取谷物的作用。

(4)倾斜输送器

倾斜输送器(图5-12)是连接割台和脱粒装置的过桥装置,是脱粒滚筒的喂入装置(也叫倾斜喂入室)。

自走式谷物联合收割机倾斜喂入室的构造基本相同,都采用链耙式装置。倾斜输送器上轴为主动轴,主动轴轴承套与脱谷部分前滑动轴座相连,当割台升降时,整个输送器绕主动轴中心摆动,而主动轴到脱粒滚筒的中心距始终保持不变。输送器下轴及被动辊悬吊于倾斜输送器室的侧壁上,由张力弹簧压向室底。当喂入作物层厚度发生变化时,被动辊能上下浮动,防止作物堵塞。倾斜输送器链耙齿与室底面的间隙大小会直接影响作物的输送情况。

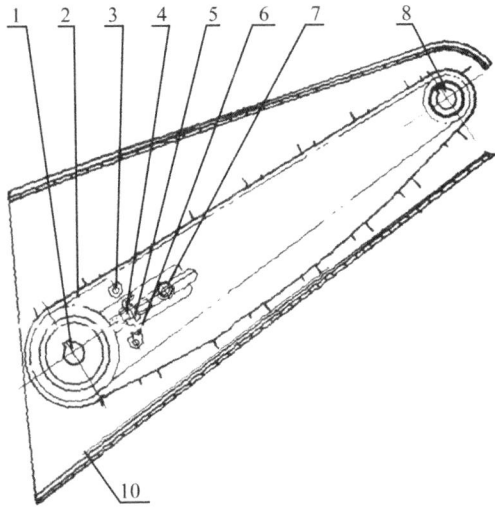

1—被动轴　2—链耙　3—上限位销　4—螺母　5—螺母　6—下限位销　7—活动臂螺栓轴　8—主动轴

图5-12　倾斜输送器

2. 脱谷部分

脱谷部分是谷物联合收割机的主体,它由脱粒、分离、清选等主要工作机构和升运器、推运器(搅龙)、复脱装置、粮箱和秸秆还田装置等组成。

(1)脱粒装置

脱粒装置的功用是将谷粒从谷穗上脱下,并使其尽量多地从脱出物(由谷粒、碎茎秆、颖壳和混杂物等组成)中分离出来。

常用的脱粒装置由高速旋转的圆柱形或圆锥形滚筒和固定的弧形凹板组成。滚筒与凹板间形成脱粒间隙(又称凹板间隙),谷物在脱粒间隙内通过时,受到滚筒与凹板的机械作用而脱粒。

对脱粒装置的要求包括:脱粒干净;尽可能多地将脱下的谷粒分离;谷粒破碎脱壳少;

脱粒种子时不对种子造成机械损伤。此外,应因地制宜,满足不同地区对茎秆处理的不同要求。

① 脱粒原理。脱粒装置对作物脱粒的过程是比较复杂的,往往要同时利用多种作用力,归纳起来,可以通过冲击、搓擦、碾压、梳刷、振动等原理来实现脱粒。

冲击脱粒是通过脱粒元件与谷物穗头的相互冲击作用使谷物脱粒。提高冲击强度可以提高生产率和保证脱粒干净,但这样易使谷粒破碎或受到损伤。降低冲击强度能够减少谷物破碎和损伤现象,但为了将作物脱粒干净,需增加脱粒时间,这样就会降低生产率,因此脱粒装置应考虑增设脱粒速度调节机构。冲击强度一般可用冲击速度来衡量,随冲击速度增加而增加。

搓擦脱粒是通过脱粒元件与谷物穗头的相互摩擦使谷物脱粒。谷物脱净的程度与摩擦力的大小有关,增强对谷物的搓擦,可以提高脱净率和生产率,但会使谷粒脱皮破碎。在脱粒装置上改变滚筒与凹板之间的间隙大小可以调整搓擦作用的强度。

碾压脱粒是通过脱粒元件对谷穗的碾压而将谷物脱粒,因此,附加在谷粒上的力主要沿谷粒表面的法向分布,切向力很小,并且附加的压力对谷粒不产生很大的冲击,所以碾压脱粒不易使谷粒破碎和脱皮。

梳刷脱粒是通过脱粒元件对谷物施加拉力和冲击使谷物脱粒。梳刷的能力也与脱粒元件的运动速度有关。

振动脱粒是对被脱谷物施加高频振动而脱粒,脱粒能力与振动的频率和振幅有关。

现有的脱粒装置工作时并不都是单纯按一种原理脱粒,而是以某一原理为主,其他原理为辅进行配合脱粒的。

② 脱粒装置的类型和构造

脱粒装置的类型很多,根据作物喂入装置的类型可分为全喂入型脱粒装置和半喂入型脱粒装置两大类。

全喂入型脱粒装置根据作物沿滚筒的流向可分为切流式和轴流式两种。在切流式脱粒装置中,作物喂入以后,沿滚筒的切线方向流动,通过凹板间隙而脱粒。纹杆滚筒式和钉齿滚筒式脱粒装置均属于切流式脱粒装置。在轴流式脱粒装置中,作物喂入以后,一面随滚筒做旋转运动,一面又沿着滚筒的轴向移动而完成脱粒。其脱粒的时间比切流式脱粒装置长许多倍,滚筒运动的速度较低,凹板间隙可以增大。轴流式脱粒装置有横向轴流式和纵向轴流式两种。

半喂入型脱粒装置工作时只将作物带有穗头的上部喂入,脱粒后茎秆比较整齐,脱粒功率消耗较少。目前广泛应用于脱水稻的弓齿滚筒式脱粒装置就属于这种类型。

由于纹杆式、钉齿式、轴流式和双滚筒式脱粒装置在脱粒机与联合收割机上应用得较为普遍,下面重点介绍这几种脱粒装置。

a. 纹杆式单滚筒脱粒装置。它由纹杆滚筒和凹板组成,如图5-13所示。作物进入脱离间隙之初受到纹杆的多次打击,这时就脱下了大部分的谷粒。随后因靠近凹板表面的谷物运动较慢,靠近纹杆的谷物运动较快而产生搓擦作用,纹杆运动速度比谷物运动速度大,在谷物上面刮过,使得后者像爬虫一样蠕动,从而使谷物产生径向高频振动。同时谷物在间隙中以波浪式移动,波浪涌向出口处并逐渐变小。对纹杆滚筒与凹板间的脱粒过程进行高速摄影的结果显示,谷粒径向运动的平均速度最初为 5 m/s 左右,之后逐渐增至 8 m/s 或更高一些,茎秆运动速度亦为这一数值,二者的最大瞬时速度可达 25~30 m/s,运动的加速度平均为 3 000 m/s²,由此形成的惯性力有助于脱粒。在入口阶段,作物在打击和搓擦共同作用下脱粒,由此引起振动,在此期间谷物脱粒已基本完成,中段穗头几乎已全部脱净,仅有不成熟的籽粒尚未脱净,茎秆已开始破碎。出口段以搓擦为主,谷粒完全脱净,茎秆的破碎加重。碎草被抛离滚筒的速度可达 12~15 m/s,谷粒在凹板上有60%~90%可被分离出来。

这种装置的特点是:有较好的脱粒、分离性能;对多种作物有较好的适应性,尤其适合麦类作物;结构较简单,运用也最广泛。但如果作物喂入不均匀或是作物湿度较大,则对脱粒质量有较大影响。

纹杆滚筒有开式和闭式之分。开式滚筒纹杆之间为空腔,有较大的抓取高度,抓取能力强,作物可纵向或横向喂入脱粒;闭式滚筒的纹杆装在薄板圆筒上,转动时功率耗小,周围空气形成的涡流小,碎草也不易缠绕或进入滚筒腔内。纹杆滚筒一般适用于横向喂入脱粒和玉米脱粒。滚筒轴上装有若干个由钢板冲压成的多角辐盘,其凸起部分用于安装纹杆;较老式的结构采用圆形辐盘,其上铆有纹杆座和纹杆,如图 5-14 所示,后者用特制螺栓固定。

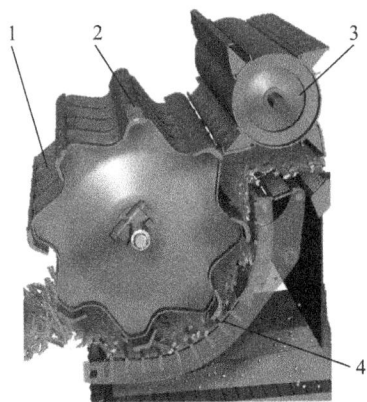

1—辐盘 2—纹杆 3—逐稿轮 4—格栅凹版
**图 5-13 纹杆式滚筒脱粒装置**

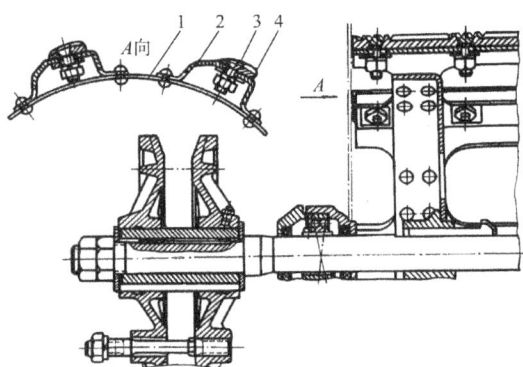

1—轴盘 2—纹杆座 3—成型螺钉 4—纹杆
**图 5-14 纹杆滚筒结构图**

新型纹杆有 A 型和 D 型两种,如图 5-15 所示。A 型纹杆通过纹杆座安装在辐盘上,纹杆座高,抓取能力强,鼓风作用大,消耗功率多,周围紊乱气流对分离谷粒及抛离碎草均不利。D 型纹杆为弯曲型钢断面,适用于多角辐盘,其尾部相当于纹杆座,起抓取作用。它用螺栓固定于辐盘上,结构简单。纹杆表面的斜纹用于增强抓取和搓擦能力,左右纹杆交替安装,可抵消脱粒时茎秆向一侧的轴向移动。

为了便于碎草分离,滚筒后方设有逐镐轮(如图 5-16 所示),用于减缓滚筒抛出茎秆的速度,防止滚筒缠绕茎秆,并使脱出物抛向其后方逐镐器键面的前部,从而提高分离效果。逐镐轮多为 4~6 片轮叶,轮叶向后倾 25°~35°,以利于抛扔茎秆和防止其回带。逐镐轮的直径为 250~400 mm,其旋转方向与滚筒相同,线速度为 6~17 m/s,一般为滚筒线速度的 1/3 左右。

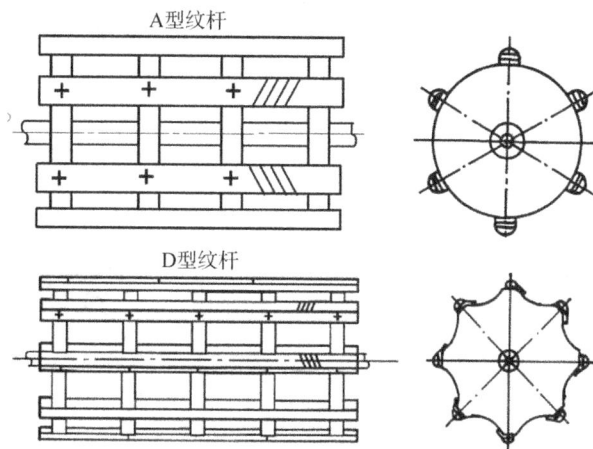

图 5-15 纹杆

凹板一般是整体栅格状的,由固定在两侧凹板架上的扁钢横格板条和穿在其孔内的钢丝组成。凹板圆弧所对的圆心角称为凹板包角。凹板的构造与包角大小对脱粒和分离有很大影响。横格板的上顶面高出钢丝,一般为直棱角,其高度为 5~15 mm,以阻滞谷物通过,并且使谷物受到冲击和搓擦而脱粒。横格板的上顶面一般还要比两侧板高出 4~5 mm,以补偿横格板棱角的磨损。凹板的结构一般是完全对称的,这样当横格板前棱角磨损后,可将凹板调转 180°使用。

脱粒速度与间隙是决定脱粒性能的主要因素。脱粒速度过大,会出现碎粒,过小又脱不净,所以是矛盾的。相同的作物在不同的时间,其脱粒的难易是不同的,如中午作物湿度低时就比早晨有露水时易脱粒。所以,脱粒速度和脱粒间隙要按实际情况调整。

谷层在间隙中通过时,其运动速度越来越快,谷层逐渐变薄。为了保持对谷层有一定的作用强度以及在入口处便于抓取谷物,间隙总是逐渐变小,入口与出口间隙之比一般为 4:1。收割干燥而完熟的谷物时,可加大间隙以提高喂入量,这样既保证脱净率,又提高生产率。此外,增大滚筒脱粒速度或增大喂入速度,均可使谷物在间隙中的移动速度增加,谷物离心力增大,并使谷层变薄以促进分离。脱粒间隙减小也可使谷粒移动速度提高,谷层变薄,这样有利于分离,但可能造成堵塞,破碎率也可能增加。

b. 钉齿式滚筒脱粒装置。钉齿式滚筒脱粒装置由钉齿滚筒和钉齿凹板组成,如图 5-17 所示。钉齿滚筒一般为开式,如图 5-18 所示。工作时,作物被钉齿滚筒抓取通过钉齿凹板和分离凹板,在钉齿的冲击、梳刷以及在齿侧面和钉齿顶部与凹板弧面的搓擦作用下进行脱粒。钉齿凹板为栅格状时,可能有 30%~75% 的谷粒被分离出来。这一脱粒装置的特点是:抓取谷物能力强,对不均匀喂入适应能力强,脱粒能力强,对潮湿作物以及水稻、大豆等作物的适应性较好。

钉齿滚筒的钉齿按螺旋线分布排列并固定在齿杆上。脱粒机上常用的钉齿有刀齿、楔齿,如图 5-19 所示。刀齿齿高 45~75 mm,宽 25~30 mm。刀齿的式样较多,板刀齿一般厚 6 mm;斜面刀齿根部较厚(10~20 mm),顶部较薄,4~10 mm。刀齿薄而长,抓取和梳刷脱粒作用强,对喂入不均匀的厚层作物适应性好,打击脱粒的能力比斜面刀齿弱。刀齿梳刷作用强,齿侧间隙又大,因此可以使脱壳率大大降低,这是刀齿脱水稻的一个优点。此外,由于其齿薄、侧隙大、齿重叠量小,功率消耗也比斜面刀齿低。楔齿基宽顶尖,纵断面几乎成正三角形,齿面向后弯曲,齿侧面斜度大,脱潮湿作物不易缠绕,脱粒间隙的调整范围大。钉齿工作面后倾角为 $10°\sim20°$,大多用于双滚筒脱粒装置的第一滚筒上,因为后倾角大,脱草好,功率耗用较低。

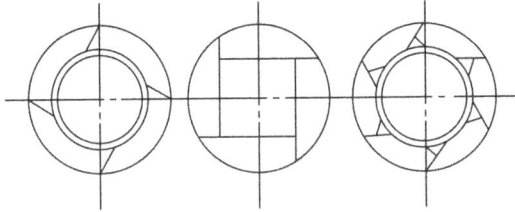

图 5-16　逐镐轮

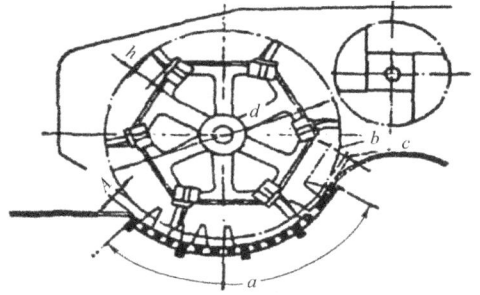

a—入口间隙　b—重合度　c—出口间隙
d—包角　h—齿高

图 5-17　钉齿滚筒脱粒装置

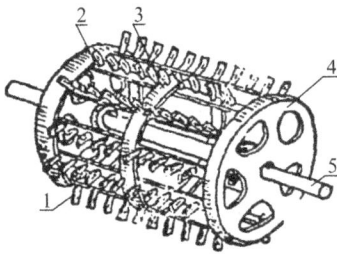

1—刀形钉齿　2—齿杆　3—中间固定圆环

图 5-18　钉齿滚筒

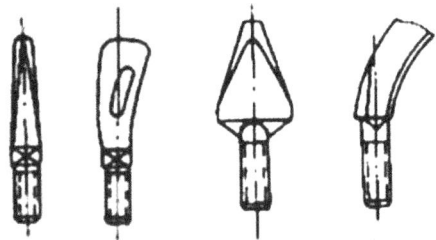

(a) 刀齿　　　　　(b) 楔齿

图 5-19　钉齿

　　钉齿凹板有组合式和整体式之分。组合式凹板包角大多为 $100°$。钉齿排数为 $4\sim6$ 排,脱难脱的粳稻时用 6 排,凹板上齿距为 2 倍齿迹距。头排或头二排齿较稀,齿距为 4 倍齿迹距。前后排齿交错排列,齿排间距为 2 倍齿轮廓宽度,为 $60\sim70$ mm。

　　滚筒钉齿与钉齿凹板的最大重合度一般为 $30\sim50$ mm,齿端和齿侧的最小间隙不小于 3 mm,脱粒间隙最大时,上下钉齿完全脱开,没有重合度。双滚筒式脱粒装置中的第一滚筒(钉齿)脱粒速度可比表列数值降低 $1/2\sim1/3$。钉齿滚筒功率耗用略高于纹杆式滚筒。脱小麦时单位喂入量平均功率耗用为 $3.675\sim4.4$ kW/(kg·s);脱短茎秆作物时,功率耗用与纹杆式滚筒相仿。凹板上每增多一排齿要增加 $5\%\sim15\%$ 功率耗用,但排数多,功率波动较小。齿侧间隙大的脱粒装置比齿侧间隙小的脱粒装置功率消耗小 $20\%\sim30\%$。钉齿式滚筒脱粒装置具有较强的脱粒性能,对不均匀喂入的适应性较好,功率波动小。但由于其对谷物的冲击力强,茎秆的破碎比较严重,使清选负荷加大。

c. 轴流式滚筒脱粒装置。轴流式脱粒装置由脱粒滚筒、筛状凹板和顶盖等组成,如图 5-20 所示,凹板和顶盖形成一个圆筒,把滚筒包围起来。脱粒时,作物从滚筒的喂入口垂直于滚筒轴而喂入,随着滚筒的旋转,在螺旋导向板的作用下,谷物在滚筒内做螺旋运动,但总的趋向是沿着滚筒轴向移向排出口。在滚筒的打击、滚筒与凹板的搓擦作用下,谷物被脱粒。脱下的谷粒从凹板分离出来,茎秆从滚筒的排出口沿圆周的切线方向排出。

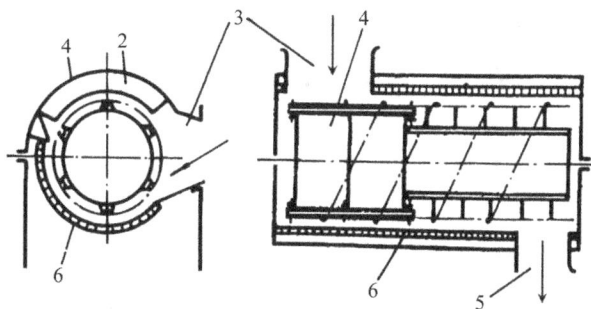

1—顶盖 2—螺旋导向板 3—喂入口 4—纹杆和杆齿组合滚筒 5—排出口 6—栅格筛状凹板

图 5-20 轴流式脱粒装置结构简图

这种脱粒装置的特点是:由于谷物在滚筒中做螺旋运动,脱粒时间比切流式滚筒的脱粒时间长十几倍,所以,在滚筒速度较低和脱粒间隙较大的条件下,能够脱粒干净,对谷粒易碎的作物有较好的适应性。这种脱粒装置凹板的分离面积大,脱出物的分离时间长,几乎全部谷粒都可以从凹板分离出来,所以可以省掉尺寸庞大的逐镐器,简化了机器结构。轴流式脱粒装置的通用性比较好,在我国已成功地用于小麦、水稻、玉米、大豆、高粱等作物的脱粒。但由于作物沿滚筒轴向的运动速度较低,脱粒时间长,生产率较切流滚筒要低一些,并且茎秆打得比较碎,从凹板分离出来的谷粒中含杂物较多,使得脱粒装置清选比较困难,消耗的功率也有所增加。

轴流式滚筒脱粒装置依不同配置分为纵向轴流式(图 5-21)和横向轴流式。纵向轴流式多用于联合收割机上,因为滚筒与机器前进方向平行,在总体配置上较好安排。为了使谷物能从轴的一端喂入,还可增设螺旋叶片,其对谷物产生强烈的拖带作用,可实现强制喂入,同时产生一股吸气流,有助于减少收割台上的灰尘,其缺点是叶片作用强度大,功率耗用多,磨损大。纵向轴流式滚筒脱粒装置在国外大型联合收割机上有应用。横向轴流式喂入比纵向轴流式容易且通畅,茎秆横向排出顺畅,抛扔亦较远,便于总体配置,其在中、小型联合收割机上采用较多。由于横向轴流上凹板分离出的脱出物在喂入的一侧要比排出端多得多,因此在凹板下设置了两个使脱出物横向均匀分布的螺旋推运器。横向轴流式脱粒装置的滚筒不必设置专门的喂入部件,其质量轻,亦无螺旋叶片造成的气流,空转功率耗用比纵向轴流式低 1/2 左右。

轴流式滚筒上的脱粒部件一般为纹杆式、杆齿式、板齿式或组合式。组合式有纹杆与杆齿组合式,也有纹杆与叶片组合式、滚筒(或钉齿)与叶片组合式。轴流滚筒的钉齿形式如图 5-22 所示。纹杆与杆齿(或板齿)组合式与纹杆式相比,不如纹杆式工作平稳,负荷也不均匀,工作质量也较差一些,平均功率耗用高出 10% 左右。而杆齿式滚筒的缺点是:

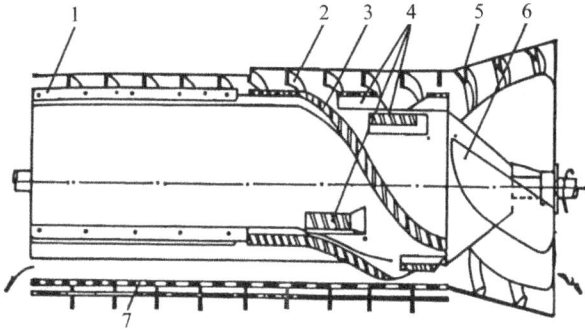

1—分离段叶片　2—脱粒段导板　3—螺旋线脱粒纹杆　4—附加脱粒纹杆　5—喂入导板

6—喂入螺旋叶片　7—分离段凹版(栅格)

**图 5-21　纵向轴流式脱粒装置**

工作负荷不均匀,平均功率耗用比纹杆式高;碎草打得较碎,排出的茎秆仅占全部的 1/2 左右,分离损失多;脱出物夹杂率高,如脱小麦夹杂率达 45% 左右,脱水稻为 36%~38%。在纹杆与杆齿组合的滚筒上常用普通纹杆滚筒并配置一段杆齿(或叶片)滚筒,前段的纹杆滚筒主要起脱粒作用,后段的杆齿(或叶片)起进一步脱粒和分离作用。为了减少功率消耗,在保证脱粒和分离的前提下应尽量缩短滚筒长度。

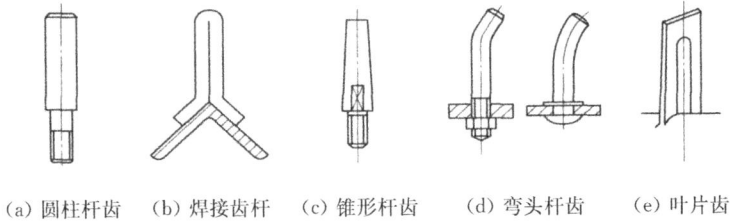

(a)圆柱杆齿　(b)焊接齿杆　(c)锥形杆齿　(d)弯头杆齿　(e)叶片齿

**图 5-22　轴流滚筒钉齿形式**

轴流式滚筒脱粒装置的筛状凹板的宽度随滚筒长度而定,其包角一般为 120°~240°,但以 150° 较多。凹板的常用形式有栅格式、冲孔式和编织筛式,而以栅格式分离效果最好,其结构、尺寸与纹杆滚筒脱粒装置的凹板相仿。冲孔筛和编织筛孔的尺寸多为 6~10 mm。图 5-21 中的凹板为组合式,前段以脱粒为主,兼顾分离,后段以分离作用为主。

轴流式滚筒脱粒装置的顶盖内设有导板,它控制谷物轴向推运的速度,从而达到控制脱粒和分离的作用。导板在顶盖上的螺旋升角为 20°~50°,若角度太大,导板会失去轴向导送作用,使谷物滞留,造成碎草过碎。导板高度一般为 50 mm。与滚筒的间隙多在 10~20 mm,间隙过大,则谷物轴向流动不畅,生产率下降;间隙过小,则碎草多而功率耗用大,也易引起堵塞。间隙也可沿轴向由大逐渐变小。如果不设导板而单凭杆齿的螺旋线排列的作用,谷物虽然也做轴向移动,但移动不稳定且缓慢,茎秆会被打得过碎,功率耗用增加。

由于轴流滚筒式脱粒装置对谷物的脱粒时间较长,滚筒转速和间隙的少许变化对脱粒质量的影响不大,因而对安装间隙和速度调节要求不很严格,这也是该装置的一个优点。

脱粒间隙主要根据作物种类及脱粒装置的谷物层厚度而定。在脱粒机上,稻麦的脱粒间隙为 20~30 mm,大豆、玉米和高粱等作物的脱粒间隙则为 60~70 mm。

d. 双滚筒式脱粒装置。目前联合收割机的双滚筒装置主要有两种不同的组合形式,一种是由两个切流滚筒组成的双滚筒脱粒装置,另一种是由一个切流脱粒滚筒和一个轴流分离滚筒组成的双滚筒脱粒装置。双滚筒脱粒装置的脱粒能力强,对潮湿难脱粒的作物脱净率高。由于双滚筒装置的滚筒凹板间隙较大,在功率相同的情况下,和单滚筒相比,喂入量可提高 30%~65%,通过凹板的谷粒分离率百分比也比单滚筒有较大幅度的提高。不足的是茎秆的破碎程度比单滚筒严重,这将给脱粒后的分离清选带来不利。在保证脱净的情况下,为减少作业中茎秆破碎,需尽可能地放大脱粒间隙。

两个切流滚筒配置的双滚筒脱粒装置是一种比较传统的双滚筒装置,由一个钉齿滚筒和一个纹杆滚筒组成,这种结构的双滚筒脱粒装置在收割机上已很少应用。由一个切流脱粒滚筒和一个轴流分离滚筒组成的双滚筒装置属于我国自行研制的一种新型的组合方式,新疆-2 型联合收割机就采用了这种结构。切流脱粒滚筒配置在前(第一滚筒),有板齿式脱粒滚筒和纹杆式脱粒滚筒两种;轴流分离滚筒在后(第二滚筒),有纹杆式分离滚筒和板齿式分离滚筒两种。

新疆-2 型联合收割机双滚筒脱粒装置如图 5-23 所示。该双滚筒脱粒装置主要由板齿滚筒、轴流滚筒、活动栅格凹板、固定栅格凹板、活动凹板调节机构等部件组成。板齿滚筒为第一滚筒,其凹板由两块活动凹板组合而成。每块凹板有两个工作面,其中一面装有两排板齿,另一面为光面,收割麦类作物用光面,收割水稻时用带齿面。凹板用螺栓固定在凹板框架上。轴流式纹杆滚筒为第二滚筒,与一般纹杆滚筒构造相同,其凹板由固定栅格凹板和活动栅格凹板组合而成,通过过渡板与板齿凹板相连接。栅格凹板的下面有第一分配搅龙(单头),第二分配搅龙(双头),搅龙将经栅格凹板分离出来的脱出物输送到阶

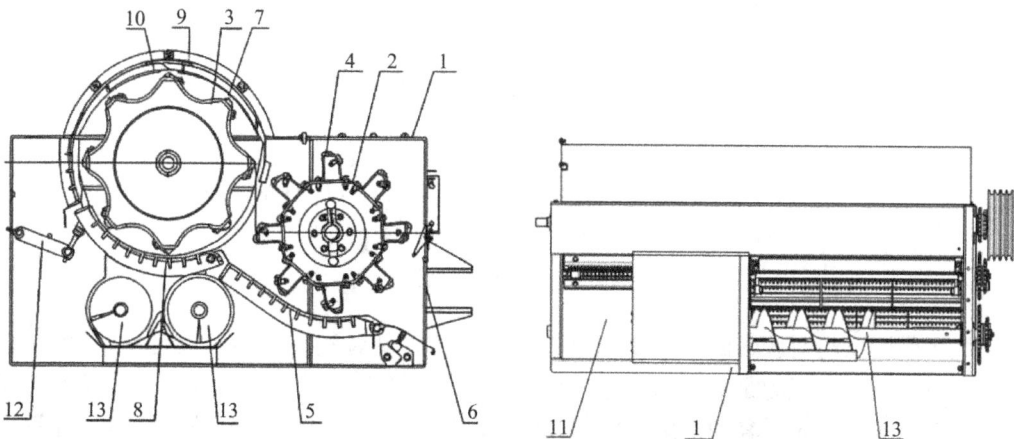

(a) 联合收割机的脱谷部分侧视图　　　　　(b) 联合收割机的脱谷部分后视图

1—机壳　2—第一滚筒　3—轴流滚筒　4—板齿　5—第一格栅凹板　6—喂入口　7—纹杆

8—活动格栅凹版　9—上盖板　10—螺旋形导草条　11—大杂出口　12—活动凹版调整机构　13—分配搅龙

图 5-23　新疆-2 型联合收割机的脱谷部分

梯板(抖动板)上。滚筒室上盖焊有螺旋导向板,进入滚筒的谷物在螺旋导向板的作用下沿轴向做螺旋运动,完成分离和补充脱粒的过程。

(2)主离合器

主离合器中的发动机动力输出带轮,通过联组胶带带动中间轴输入带轮,然后将动力分配给脱谷机和割台工作部件。主离合器结构如图5-24所示。其动力输出控制系统通过联组带张紧轮的张紧和松放传递和分离动力。该机构是一套由操纵杆、主离合器软轴、弹簧、张紧弹簧、转臂等零部件组成的杠杆系统,驾驶员通过主离合器操纵杆实现操控,即下压结合,上拉松放分离。

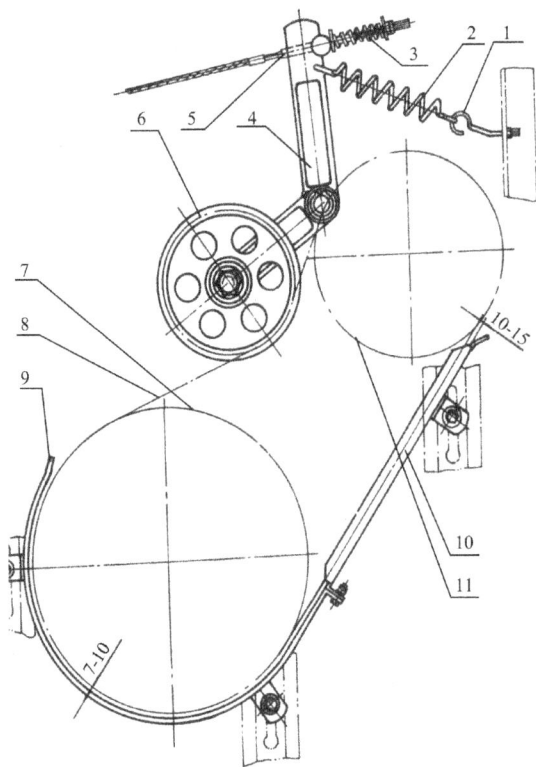

1—固定环　2—张紧弹簧　3—弹簧　4—转臂　5—调节螺杆　6—联组带张紧轮
7—中间轴输入带轮　8—联组胶带　9—托圈　10—托板　11—动力输出带轮

图5-24　主离合器

联组带张紧轮对胶带的压力是通过杠杆系统的弹簧调整的。当主离合器结合时,张紧轮对胶带的垂直压力是57 N,此时将弹簧的压缩长度调整为37 mm,并且使托圈与联组胶带间有7～10 mm径向间隙,托板与联组胶带间有10～15 mm间隙。一定的弹簧预紧力可用于克服结合和分离时传动反馈的冲击力,一定的间隙则是为了保证分离可靠。

新联组胶带经5 h磨合和投入正式作业一段时间后,因胶带变形伸长应重新调整张紧轮对胶带的垂直压力。对此,可以通过调节连接螺杆的螺纹连接长度,从而收缩拉线系统长度,使张紧轮对胶带压力恢复到57 N左右,校正弹簧压缩长度为37 mm左右。在调整完连接螺杆和弹簧压缩长度后,应校正胶带与托板、胶带与托圈的间隙,并拧紧所有螺母。

（3）分离装置

分离装置的作用首先是将长茎秆和细小脱出物分离开,其次是将分离出来的细小脱出物输送到清选装置,而将长茎秆排出机外。目前谷物联合收割机上常用的分离装置有键式逐镐器、平台式逐镐器和转轮式分离装置三种。

① 键式逐镐器。键式逐稿器由几个并排布置的狭长箱体组成,如图 5-25 所示,其上面有筛孔,可漏下细小脱出物。工作时箱体通过曲轴驱动,像钢琴上的键簧一样,因此叫键式逐镐器。由于它的结构比较简单,分离的质量较好,所以在联合收割机和复式脱粒机上得到了广泛应用。

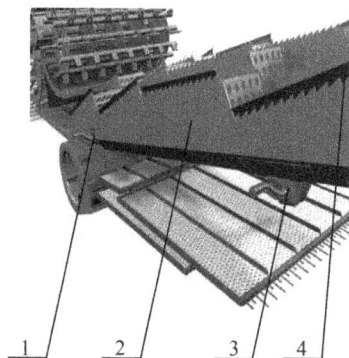

1,3—曲轴 2—键箱 4—键面

**图 5-25 双轴键式逐镐器**

a. 键式逐镐器构造。联合收割机上使用的键式逐镐器大多为双轴式,由一组键和两根曲轴组成。图 5-29 中的逐镐器是双轴四键四阶式,由两根曲轴和四个键箱组成,每个键面有四个阶梯。键箱通过上下两个木制的半轴承安装在两根曲轴上,带链轮的曲轴是主动的,用以传动逐镐器,另一曲轴是被动的,曲轴的两端支承在机器侧壁的轴承上。

b. 键式逐镐器工作原理。工作面上的脱出物在惯性力作用下克服了本身的重力被抛离工作面,在空中做抛物线运动,再着落于工作面,它与工作面一起运动,直至又被抛起。如此周而复始地做一起一落的抛起运动,使秆层处于较为松散的状态,谷粒也就有较多的机会从茎秆空隙中穿过,进而通过键面筛孔进行分离。实验证明,在这种逐镐器上秆层自由落体运动的时间越长就越松散,分离效果也越好。

c. 曲轴曲柄相位配置。如图 5-26 所示,为了增强抛扬作用,提高分离能力并使逐镐器回转平稳,在双轴四键式逐镐器上,第Ⅰ、Ⅱ和Ⅲ、Ⅳ两组相邻轴颈各配置在同一平面内,键的转动顺序为Ⅰ、Ⅲ、Ⅱ、Ⅳ(由左向右数),相邻的两个键Ⅰ与Ⅱ和Ⅲ与Ⅳ互成180°,而Ⅱ与Ⅳ互成90°。曲轴转动时,相邻的键上下摇动,进到键面上的茎秆被抖动抛松,茎秆中夹带的谷粒与断穗穿过茎秆层与键面筛孔漏下,茎秆沿键面被排出机外。

d. 键箱。键箱表面呈筛状,筛孔在不同机器上有不同的结构形式,如贝壳筛形、阶梯冲孔形等。为了防止地面不平引起的沿清选装置宽度方向的负荷不均匀,每个键箱都配有倾斜的底,起滑板作用,即通过键面上筛孔的细小脱出物落到各个键箱的底部,由底部

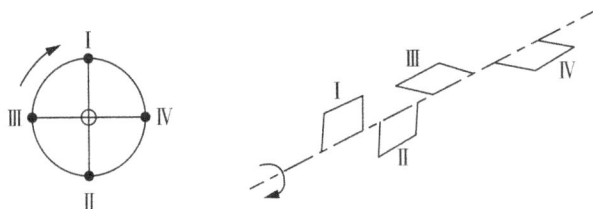

图 5-26  双轴四键式逐镐器健箱的配置

流向清选装置。为了使脱出物在键面上有足够的停留时间,保证分离干净,键面同样做成倾斜的。键箱通常做成阶梯形,这不但有使茎秆层疏松、增强分离能力的作用,而且可以降低机器后部的高度。为了防止在逐镐器运动中脱出物沿键面向前滑动,键箱的两个侧壁上部做成锯齿形,在阶梯的末端也装有斜推齿。

e. 挡帘。在键箱前部上方悬挂有前挡帘和后挡帘,用来防止谷粒越过逐镐器飞溅到机外,并阻拦逐镐轮抛出的茎秆,使其落在键面的前部,充分发挥键箱前段分离谷粒的作用。

前挡帘由上下两部分组成。上半部是铁板,下半部是胶布。上边铰接在脱谷机顶盖上,是可调的,使用过程中可根据不同的情况(茎秆的干湿与多少等)调节挡帘的前后位置和高低,以获得良好的分离效果。

现有的键式逐镐器一般具有 3~6 个键。其中五键和六键逐镐器适用于较长的作物茎秆的分离,而三键和四键逐镐器适用于较短的作物茎秆以及比较松碎的脱出物的分离。逐镐器的曲轴转速是一项重要的工作参数,它关系到脱出物抛起的程度和移动的速度,直接影响逐稿器的分离性能。曲轴半径多为 50 mm,曲轴转速为 190~220 r/min。在使用时应保证逐镐器曲轴所需的转速,以达到良好的分离效果。

② 平台式逐镐器。它由一块具有筛孔分离面的平台、摆杆和曲柄连杆机构组成。平台的前后端支承或悬吊在摆杆上,由曲柄连杆机构驱动来回摆动。平台上各点按摆动方向做近似直线的往复运动,秆层受到台面的抖动与抛扔,谷粒从秆层和筛孔漏下,茎秆被送出机外。平台式逐镐器结构简单,具有相当的分离能力,但分离能力较键式低,为键式的 70% 左右,适合在秆层较薄的条件下工作,多用于中小型脱粒机上。其分离面有平面和阶梯面两种,后者阶梯尺寸和落差高度较键式的略小,台面具有阶纹、齿条、齿板,用以增强分离推逐能力。

③ 转轮式分离装置。它由分离轮和分离凹板组成,其结构及分离工作原理类似普通滚筒式脱粒装置。该装置易使茎秆破碎,从而使清选系统负荷加大,甚至会造成清选损失,故用得较少。

④ 键式逐镐器辅助分离装置。随着联合收割机生产能力的不断提高,逐镐器的分离能力越来越难以满足要求。因此,人们为其增加了一些辅助分离装置,以提高逐镐器的分离性能。一种是拨杆机构,在键的上方装有前后两根曲轴,在曲轴上装有拨杆,当曲轴转动时,拨杆抖动茎秆,促使茎秆分离出来,起到使茎秆层蓬松的作用,以利于谷粒的分离。另一种是在键式逐镐器中部上方配置回转式横向抖动辅助分离机构。辅助分离机构由轴、摆环圆盘和指齿组成。当轴转动时,摆环摆动,指齿促使脱出物翻转或横向移动,使得

碎草层除了原有上、下、前、后的运动外,又增加了左右横向的运动,增强了从碎草层中将谷粒分离出来的能力。

图5-27所示为键式逐镐器键箱上配置的"鹿角"叉式辅助分离装置,该机构的固定轴位于逐镐器下方,固定在机壁上,摆杆一端的轴套与固定轴相配合,另一端通过球铰和"鹿角"叉的横杆相连接,"鹿角"叉的主轴与横杆焊在一起,主轴的固定套装在逐镐器箱体的底板上。键运转时,图中的A点做圆周运动,B点做圆弧运动,A点相对B点做往复运动,因此"鹿角"叉相对键面做横向往复摆动,能够拨动并抖松茎秆,增强分离效果。各键箱上的"鹿角"叉装在不同的阶梯上,相邻的两个"鹿角"叉前后错开装在相邻的阶梯上。

滚筒式分离机构在联合收割机上的应用主要有两种结构形式,一种是四叶片板齿分离滚筒,另一种是以新疆-2型联合收割机分离装置为代表的纹杆式分离滚筒。新疆-2型联合收割机分离装置属于利用离心力原理进行分离的类型。这种机型的第二滚筒为轴流滚筒,结构上虽与前者稍有不同,但作用和工作原理基本相同。实验证明,谷物脱粒基本上由第一滚筒完成(70%乃至80%以上),第二滚筒只用来对第一滚筒没有完全脱粒的一小部分谷物进行补充脱粒,其主要作用是把脱出物中的谷粒全部分离出来。

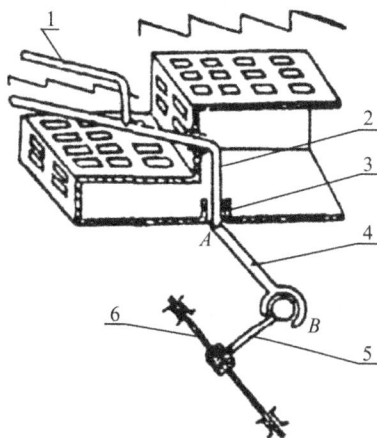

1—鹿角 2—主轴 3—固定套
4—横杆 5—摆杆 6—固定轴

**图5-27 "鹿角"叉式辅助分离装置**

(4) 清选装置

经脱粒装置脱下并由分离装置分出的细小脱出物中,还有许多颖壳和杂余。为了得到清洁的谷粒,在联合收割机上还设有清选装置。对清选装置的要求是:能从细小脱出物(包括谷粒、短茎秆、颖壳和混杂物)中清选出的谷粒应干净而不被损伤;分离出的混杂物中,夹带谷粒要少。

① 清选装置的工作原理及类型

a. 清选装置的工作原理。联合收割机多采用气流筛子式清选装置,它由宽型风扇和一个以上的筛子配合组成,利用气流的吹送和筛子的抖动将混杂在谷粒中的颖壳、碎茎秆等杂质排出机外。工作时位于凹板下面的抖动板将脱出物吹散,颖壳等轻小杂质被气流吹走,气流吹不走的谷粒、碎茎秆和未脱净的残穗落在筛面上。谷粒沿筛孔漏下,尺寸较大的碎茎秆被排出机外,未脱净的残穗在筛子的后段被筛落至杂余推运器。杂余推运器上堆积的残穗需进行第二次脱粒,其方法在不同的机器上有所不同,有的机器是将残穗再送至滚筒再次脱粒,有的机器则将残穗送至复脱器再次脱粒。

b. 清选装置的类型。根据不同的配置方式,气流筛子式清选装置又分为传统型和阶梯筛型两种,如图5-28所示。阶梯筛型的特点是:上下两筛子前后错开,呈阶梯状配置在筛架内。这种配置可使上筛前段直接受到风扇气流的作用,加强清选能力;上筛的末端与下筛所形成的阶梯,可使颖壳、碎茎秆等脱出物由上筛进入下筛时,再次受到气流的吹动而分离,从而提高清选装置的生产能力,减少清选损失。

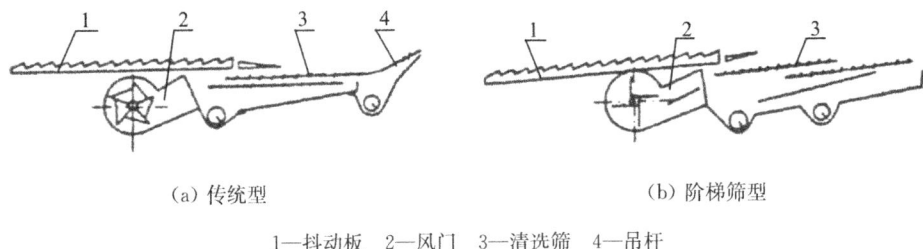

(a) 传统型　　　　　　　　　　　(b) 阶梯筛型

1—抖动板　2—风门　3—清选筛　4—吊杆

**图 5-28　气流筛子式清选装置**

② 清选装置的构造。气流筛子式清选装置主要由风扇、清选筛和抖动板等组成。曲柄连杆机构驱动清选筛和抖动板做往复运动。

a. 风扇。联合收割机上的风扇一般都是离心式低压风扇,有 4～6 个叶片,宽度较大,采用双面进风。为了改善沿风扇宽度气流的均匀性,风扇叶片内侧的两端各削去一角,使空气容易进入叶片中部,避免了叶片两端风速大、中部风速小的现象,使叶片全长气流均匀,从而使分离清选效果提高。为了便于制造,风扇的叶片都是平的,用铁皮制成。叶片的安装方向多为后倾,这样能使风扇对气流的导向性较好,摩擦损失小,效率高。风扇的外壳有蜗壳形和圆筒形两种,为了减少能量损失,提高效率,现在多采用蜗壳形离心风扇。工作时,风扇叶轮高速旋转,进入叶轮的空气和叶轮一起旋转,气流在离心力作用下通过出风口排出机外。此时叶片中心处气压较低,空气在内外压力差的作用下,通过进风口不断被吸入风扇内,风扇就这样连续地进行工作。联合收割机风扇出口管道内多设有导向板,导向板的前端铰接在风扇壳上,后端固定在风扇壳两侧定位板的缺口中。

b. 筛子。从凹板筛孔分离出来的细小脱出物在筛面上抖动,由于脱出物中各种成分的尺寸和形状不同,这样的操作就可以把脱出物分成能通过筛孔和不能通过筛孔的两部分。能通过筛孔的是谷粒,不能通过筛孔的是短茎秆和杂余等。筛子的另一个作用是支承和抖松细小脱出物,并将脱出物摊成薄层,以利于风扇的气流清选和提高清洁率。

联合收割机上应用的筛子有鱼鳞筛和冲孔筛,二者各有优缺点,需根据工作要求来选用。

鱼鳞筛如图 5-29 所示,常用的有两种:一种是由冲压而成的鱼鳞形条片组合而成(条片组合),筛孔尺寸是可调的,在使用中不需要更换筛子就能满足不同作物清选的需要,但制造较复杂;另一种是在一张铁皮上冲出鱼鳞状孔(整片冲压式),筛孔尺寸不能改变,这种筛子制造简单,但工作的适应性较差,通常叫做贝壳筛或鱼眼筛。鱼鳞筛分离谷物的精度较差,其最大优点是不易堵塞。

冲孔筛是在薄铁板上冲制孔眼而成,如图 5-30 所示。常用的孔眼形状有圆孔和长方孔两种。这种筛子孔眼尺寸一致,谷粒分离精确,筛片坚固耐用、不易变形,但有效面积小,效率较低。

联合收割机上一般都有两层筛子,上筛多为可调的鱼鳞筛(调节范围为 0°～45°),下筛多为可调鱼鳞筛或冲孔筛。上筛的后面连着尾筛,尾筛有贝壳筛和百叶窗筛两种,现代联合收割机上多用贝壳筛。

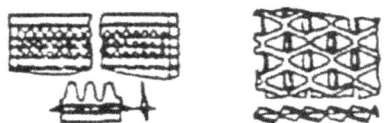

(a) 条片组合　　　(b) 整片冲压式

图 5-29　鱼鳞筛

(a) 长方孔筛　　　(b) 圆孔筛

图 5-30　冲孔筛

鱼鳞筛的筛孔可以调节,通用性比较强,使用较方便,因此,在联合收割机的清选装置中得到了广泛应用。筛框为型钢焊接结构,筛框中设有两个纵向中间板,用以增加筛框的纵向刚度,并防止机器在坡地工作时,脱出物偏聚在一侧。鱼鳞筛片焊在筛片轴上,筛片轴插放在中间板的缺口和筛框的孔中,中间板的缺口处铆有挡板轴(每 4 根筛片轴有一块挡板),防止筛片轴脱出。筛片轴的曲拐处插在调整板的缺口中,调整板通过前调节连杆(或后调节连杆)与调节手柄连在一起,调节手柄铰装在筛框上。调节手柄与筛框间设有橡胶摩擦片,以便螺栓及螺母夹紧调节手柄后,手柄可以扳动而又保持一定的摩擦力,使筛片保持所调的开度不变。螺母由开口销锁住,以防松动。

一般上筛为主筛,用于把谷粒和轻杂物分开;下筛为副筛,对谷粒进行清选。工作中,上筛的开度应尽可能大一些,以不跑粮为原则;下筛的开度一般比上筛小,以保证清洁的谷粒进入粮箱。

c. 抖动板。抖动板由薄铁板冲压而成,为阶梯形。它与筛架固定成一体或铰接在一起。抖动板的功用是将滚筒凹板和逐镐器分离出来的谷粒混合物逐级后移至清选筛箱。抖动板多呈倾斜安装。

d. 筛架的布置和驱动方式。清选筛的筛架通常有单筛架和双筛架两种,筛架和抖动板都是用曲柄连杆机构驱动的。单筛架是将上下筛安装在一个筛架上,抖动板的前端与支杆铰接,后端与驱动支臂的上端铰接,筛架的前端与驱动支臂的下端铰接,后端与吊杆铰接。曲柄回转时通过连杆使驱动臂上下摆动,带动抖动板和筛架做相对运动,有利于惯性平衡,减少机器的振动。双筛架是将上下筛分别安装在各自的筛架上,曲柄回转时,抖动板、上筛架和下筛架做相对运动,有利于惯性平衡,减少振动。

e. 复脱器。复脱器由杂余搅龙、叶轮、搓板、抛射筒、皮带轮、齿垫式安全离合器等组成。复脱器的功能是把杂余筛筛落的未脱尽残穗,经杂余搅龙推至复脱器复脱后,抛回清选筛再清选。

③ 清选装置的安装。往筛箱上安装上下筛时,必须使压铁压牢,螺栓紧固。注意调整垫片数量必须适当,其安装原则是:在使压铁垂直面贴紧筛子后端时,压铁与压铁座亦正好贴紧或有微小间隙,否则就会产生压不紧筛子、固紧螺栓产生较大弯曲变形等现象。

筛箱前部与左右摇臂铰接,后部与左右摇杆铰接,形成往复运动态势。在安装筛箱时,前部铰接处外球面轴承、外球面轴承座、前后轴承套方向不能装错,摇臂轴螺母必须拧紧,锁片必须锁牢。后部铰接处胶套及其轴承座在与摇杆配合时,只有在筛箱处于前后振动中间位置时才可将其紧固螺栓拧紧,确保胶套在往复运动中正反扭转弹性变形量小而均衡。

**3.传动系统**

联合收割机的传动系统的作用是将发动机的动力传递给收割机各工作部件使其进行工作,传递给行走装置使机器行走。联合收割机传动系统路线图如图 5-31、5-32 所示。

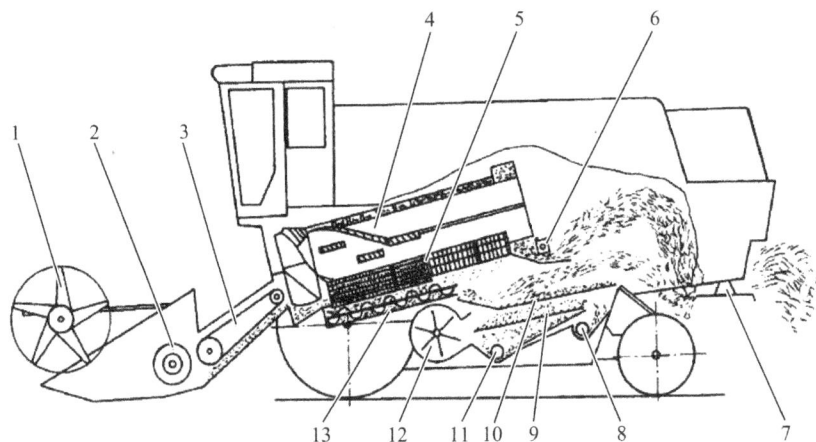

图 5-31

1—拨禾轮　2—割台螺旋推运器　3—输送链耙　4—轴流滚筒　5—凹板筛　6—逐槁轮
7—分撒器　8—杂余螺旋　9—下筛　10—上筛　11—谷粒螺旋　12—风扇　13—输送螺旋

**图 5-31　联合收割机左侧传动路线图**

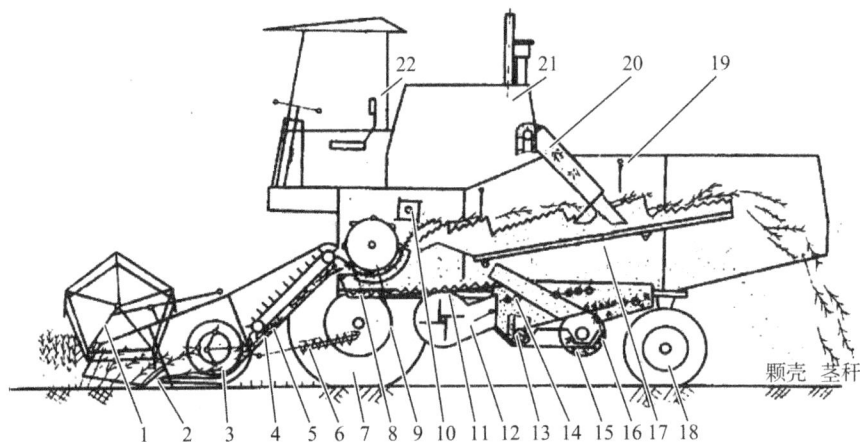

图 5-32

1—拨禾轮　2—切割器　3—割台螺旋推运器和伸缩扒指　4—输送链耙　5—倾斜输送器(过桥)
6—割台升降油缸　7—驱动轮　8—凹板　9—滚筒　10—逐槁轮　11—阶状输送器(抖动板)
12—风扇　13—谷粒螺旋和谷粒升运器　14—上筛　15—杂余螺旋和复脱器　16—下筛
17—逐槁器　18—转向轮　19—挡帘　20—卸粮管　21—发动机　22—驾驶室

颖壳　茎秆

**图 5-32　联合收割机传动右侧传动路线图**

联合收割机工作部件和辅助部件较多,且相距较远,各工作部件的转速和所需功率相差较大,因此联合收割机具有以下特点:

（1）机具工作部件大多数是做旋转运动，少数做往复运动，因此，要求速度较高、质量较大的旋转部件有较好的静平衡和动平衡性能。往复运动部件也要注意平衡，以保证机器运动平稳，减少不必要的振动。

（2）传动路线较长，传动回路较多，故多采用中间传动轴。联合收割机的动力经中间传动轴分成几个回路，分别传动各工作部件。

（3）无级变速器构成独立的回路。如行走无级变速器、滚筒无级变速器、拨禾轮无级变速器等。

（4）易堵塞和超载的部件装有安全离合器，以防止过载和机件损坏。

（5）常工作的部件上装有离合器，以便及时接合与分离。

（6）传动系统采用皮带、链条传动，而且多布置在机器的两侧，传动简单可靠，安装、调整方便，不受中心距的限制。

4. 底盘及行走装置

底盘部分由行走变速轮、驱动轮桥、变速箱、制动系统和转向轮桥等组成。在行走无级变速轮和变速箱的配合下，联合收割机可获得 1.55～20.51 km/h 的前进速度和 3.62～8.03 km/h 的倒退速度。在转向轮桥和液压转向器的配合下，联合收割机可实现 4.39 m 的最小左转弯半径和 4.18 m 的最小右转弯半径。

（1）行走无级变速轮

行走无级变速轮位于机器的左侧，包括动盘焊铆合、定盘、转臂、栓轴、调节螺杆等零部件，如图 5-33 所示。

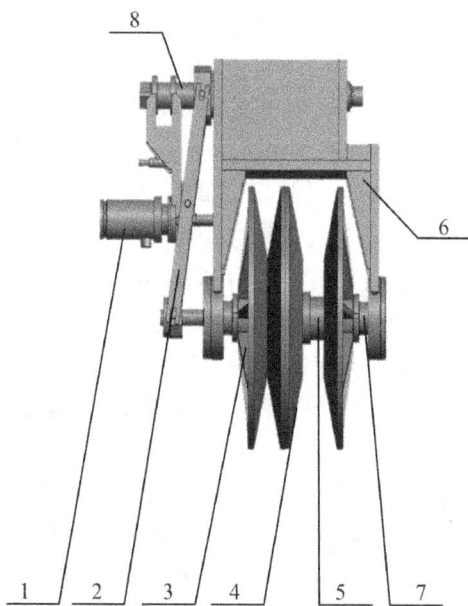

1—变速油缸 2—转臂 3—定盘 4—动盘焊铆合 5—定盘 6—栓轴 7—支座 8—导柱

图 5-33 行走无级变速轮

行走无级变速轮的工作原理是通过改变两级皮带传动比实现无级变速。无级变速轮固定在调节架焊合和转臂焊合上,转臂与转臂座铰接,转臂左侧与变速油缸铰接。当驾驶员操纵无级变速油缸手柄时,变速油缸伸缩,使转臂转动,从而使动盘被某级无级变速带挤压横向滑动,同时另一级带放松,动盘左右带槽工作直径改变,达到变速目的。当驾驶员下压无级变速油缸手柄时,油缸活塞杆收缩为增速;反之为减速。使用维护变速轮时,应注意以下几点:

① 操纵变速油缸手柄必须轻轻点动,使油缸活塞杆缓慢伸缩,变速平稳过渡。严禁猛动操纵杆,以免拉断变速箱输入轴,拉坏动力输出轴带轮,或引起无级变速带翻滚跑带。

② 两根无级变速带张紧度应调整适度,用 125 N 的压力压任意一根带的中部,胶带的挠度为 16～24 mm。调整时先通过操纵手柄将动盘置于中间位置,然后松开栓轴和螺母,调整调节螺杆,使调节架焊合上下移动带动栓轴沿转臂长孔上下移动,直到达到调整要求,之后将栓轴固定。在调整过程中应用手不断转动无级变速轮,使胶带位于轮槽工作直径部位中,严禁调紧超限度。

③ 工作一段时间后两根胶带绝对伸长量可能不一样,两根带的张紧度要求可能得不到满足,对此应调整单根带张紧度。将无级变速轮动盘置于中间位置,再将无级变速油缸活塞杆吊耳螺母拧进或拧出达到调整单根带目的,但调整量最多不大于 15 mm。

④ 在拆装无级变速轮时,应注意定盘和动盘轮毂原装位置记号"0",严禁调位,否则将破坏带轮的平衡,引起较大振动。

（2）驱动轮桥

驱动轮桥由带离合器和差速器的变速箱、边减速器等组成,如图 5-34 所示。新疆-2 型联合收割机离合器为干式单片常压式摩擦离合器(膜片弹簧式),如图 5-35 所示。

离合器膜片弹簧分离指和分离轴承之间自由间隙为 1.5～3 mm,随着离合器摩擦片和其他相关零件的磨损,离合器压盘向外移,当外移量超过一定量时,膜片弹簧压力降低,离合器扭矩容量降低,当摩擦片磨损到 6.3 mm 时,正常作业时可能会打滑,应该更换摩擦片。一般离合器在拆装后或工作一段时间后应调整自由间隙(分离不彻底换挡时有响声)。可通过调整离合器拉杆(离合器和脚踏板之间细长拉杆)中间调节套螺纹的长度,使自由间隙达到正常值,同时保证离合器脚踏板自由行程在 20～30 mm 范围。

离合器分离轴承和分离指之间自由间隙的检查方法为:打开检视窗口,用塞尺严格测量。维修后或更换新离合器总成时,应保证图 5-35 中 34.5 mm 的装配尺寸。为了克服离合器分离后输入轴的转动惯性,以便顺利换挡,在变速箱输入轴端设有小制动器。小制动器的结构如图 5-36 所示。

小制动器和行走离合器之间通过小制动横推杆连接,以实现二者同步联动分离制动过程。在调整离合器间隙的同时,必须检查小制动器间隙,即当离合器结合时,小制动轮与制动蹄的径向间隙为 1～2 mm。如果间隙不符合要求,可调整小制动横推杆螺母,以改变横推杆工作长度,使间隔正常。调整缓冲弹簧的压缩长度可改变制动蹄对小制动轮的压力,可通过调整螺母达此目的。

调整好的离合器在工作中应能分离彻底,无尖叫声,换挡无齿轮撞击声,结合平稳。

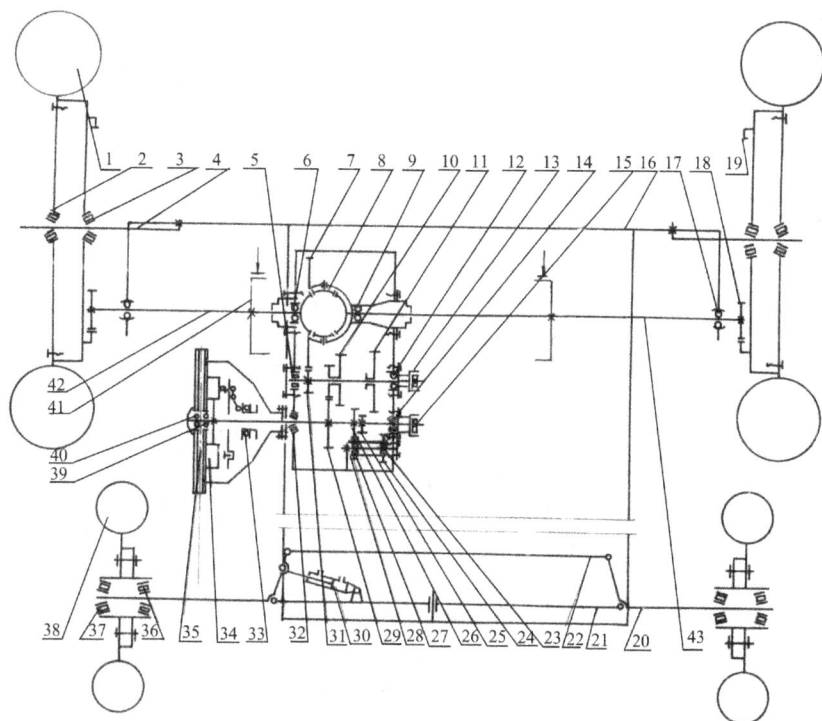

1—驱动轮　2—滚动轴承　3—滚动轴承　4—大轮轴　5—滚动轴　6—滚动轴承　7—差速器大齿轮
8—差速器(130 汽车)　9—滚动轴承　10—Ⅱ、Ⅲ挡双联滑动齿轮　11—Ⅰ挡滑动齿轮　12—滚动轴承
13—手制动器　14—滚动轴承　15—小制动器　16—前桥管梁　17—紧定套外球面轴承　18—边减小齿轮
19—边减内齿圈　20—转向节焊合　21—转向桥梁焊合　22—转向拉杆　23,27—滚针轴承
24,28—倒挡双联齿轮　25—Ⅰ挡主动轴齿　26—Ⅱ挡主动齿轮　29—Ⅲ挡主动齿轮　30—转向油缸
31—中间轴齿　32—滚动轴承　33—分离轴承　34—离合器总成　35—输入带轮　36—滚动轴承
37—滚动轴承　38—导向轮　39,40—滚动轴承　41—制动器(左、右)　42—左半轴　43—右半轴

**图 5-34　底盘传动机构图**

（3）变速箱

变速箱位于离合器之后,将变速齿轮和差速器合二为一。变速箱设有三个前进挡和一个倒退挡,滑动齿轮在变速杆和推拉软轴作用下完成变速。差速器由四个直齿圆锥行星齿轮组成。

变速箱壳体内齿轮油应定期更换,油面不应低于或超过检视孔位置,油位低会影响飞溅润滑,油位超高油容易窜入离合器引起打滑。变速箱工作时油温应不超过 70℃。在换挡时往往由于换挡不到位而脱挡,此时应调整换挡推拉软轴,调整方法是停车空挡状态下,拧转驾驶台下面换挡槽后的调整螺母,以保证空挡 38 mm 和 41 mm 两个尺寸,并试挂各挡。

（4）制动系统

利用机械-静液压联合作用原理,通过制动总泵和分泵的增力,作用于夹盘式制动器,达到制动目的,离合-制动系统总成和抽动总成的示意图如图 5-37、5-38 所示。

① 组成。制动系统主要由制动踏板、制动泵总成、制动分泵、制动器油箱、调节螺栓

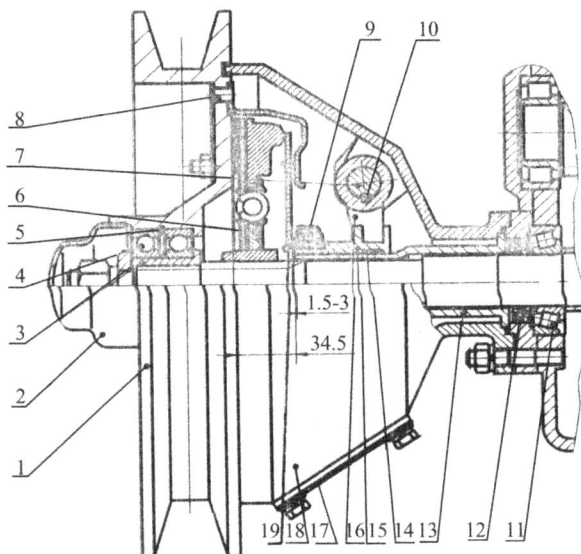

1—输入带轮　2—端盖　3—轴套　4—滚动轴承　5—挡圈　6—离合器总成　7—分离拨叉轴焊合
8—弹性圆柱销　9—分离轴承　10—键　11—滚动轴承　12—油封　13—分离轴承导套　14—毛毡
15—分离轴承座　16—分离拨叉焊合　17—检视孔盖　18—离合器壳　19—分离指

图 5-35　行走离合器及输入带轮

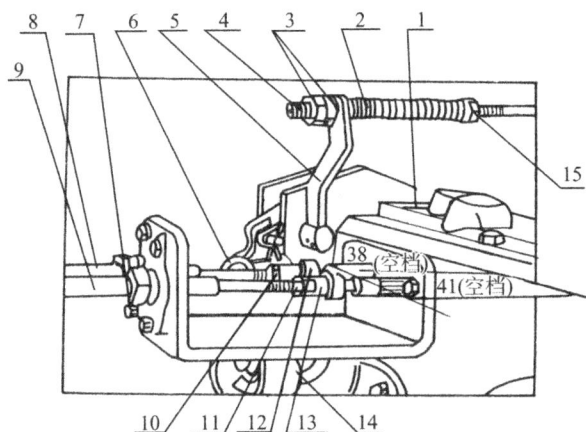

1—变速箱总成　2—制动器缓冲弹簧　3、7、10、11、15—螺母　4—小制动横推杆　5—小制动臂
6—制动蹄　8—换挡软轴(Ⅰ挡;倒挡)　9—换挡软轴(Ⅱ挡;Ⅲ挡)　12—球头座　13—球头　14—小制动轮

图 5-36　小制动器和换挡装置

和制动油管总成等组成。左右制动器总成相同。

② 使用调整方法如下:

a. 检查所有系统螺栓是否拧紧,油管卡箍是否卡紧。

b. 检查制动器油箱中油量是否达到80%容积。如未达到应补充JG-3合成制动液。

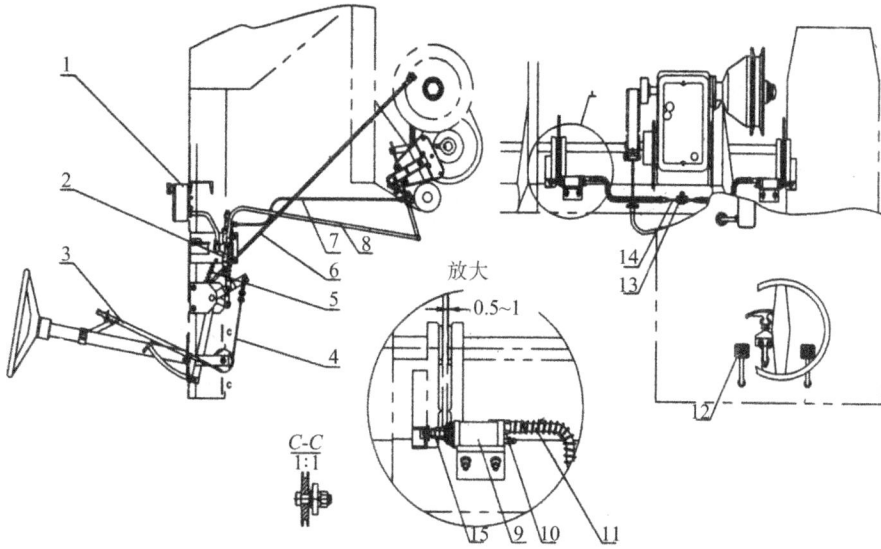

1—制动器油箱　2—制动泵总成　3—手制动操纵手柄组合　4—手制动钢丝绳压合　5—离合器踏板回位弹簧
6—离合器拉杆总成　7—制动油管总成(1)　8—手制动拉线软轴　9—离合器分泵　10—离合器分泵进油螺栓垫
11—制动软管总成　12—制动踏板臂焊合　13—后制动油管三通　14—制动油管总成(2)　15—离合器分泵调节螺栓

图 5-37　离合-制动系统总成

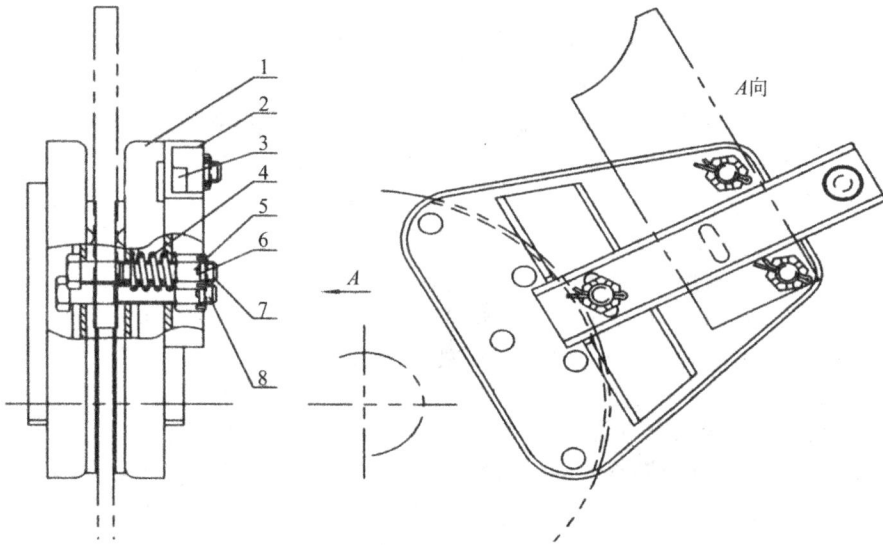

1—夹盘铆焊合　2—推杆　3—推力滑块　4—弹簧　5—螺母　6—销

图 5-38　制动总成

c. 若管路有气,制动无力,应打开放气螺栓,用脚反复踏制动踏板,排出油气,直到感到费力为止(无油气泡),装好放气螺栓。

d. 调整制动分泵调节螺栓,使制动夹盘的自由间隙保持在 0.5～1 mm。

本系统还设有手制动装置,用于驻停车。手制动装置采用带式制动器,工作时,驻坡或停车摘挡后用力上提制动操纵手柄,然后锁住齿条,此时被拉紧的手制动拉线软轴使刹车带抱住变速箱中间轴右伸出端制动鼓,达到制动滑转的目的。刹车带和制动鼓在非工作时间应保持一定自由间隙,此间隙一般为1～2 mm。

(5) 转向轮桥

转向轮桥用销轴铰接在脱谷机体后管梁上,用以支承收割机后部重量。它主要是由两个转向轮组成,两个转向轮通过转向梯形连接起来,而转向梯形由转向拉杆、转向桥梁焊合等组成。转向梯形受转向油缸作用完成行走转向。油缸由转向盘、液压转向器控制。

转向轮固定在转向节总成上,转向节总成由转向节焊合、轮毂等组成,如图5-39所示。为了提高转向轮直线行驶稳定性,便于安全操纵和减轻轮胎磨损,应使转向轮外倾角为2°,前束值为8～10 mm。

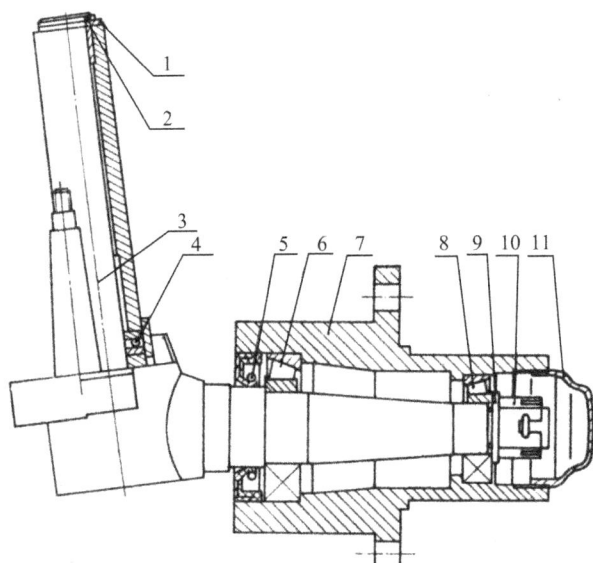

1—垫圈　2—挡圈　3—转向节焊合　4—轴承　5—油封　6—轴承
7—轮毂　8—轴承　9—调整垫　10—螺母　11—轮毂盖　12—挡圈

图5-39　转向节总成

转向轮桥使用调整方法如下:

① 转向轴上两个锥形轴承的轴向间隙为0.1～0.15 mm,可通过拧动螺母进行调整,即将螺母拧紧再后退1/15～1/10圈,并用开口销固定。

② 转向拉杆两端的球必须用螺母紧固,并用开口销锁住。

③ 定期检查前束,必要时进行调整,即在通过两轮轴心的水平面上检查轮胎两个位置收敛值,先检查一个位置的前束,再将转向轮前转180°,检查另一个位置的前束。应确保前束值在8～10 mm,否则应调整转向横拉杆长度。

5. 液压系统

液压系统由转向和操纵两个子系统组成,如图5-40所示。转向系统用于控制转向轮的转向;操纵系统用于控制收割台、拨禾轮的升降及行走无级变速。两个子系统共用一个液压油箱总成和液压油泵,此外液压系统还有单路稳定分流阀、全液压转向器、转向油缸、多路换向阀、割台升降油缸、拨禾轮升降油缸及行走无级变速油缸等元件。

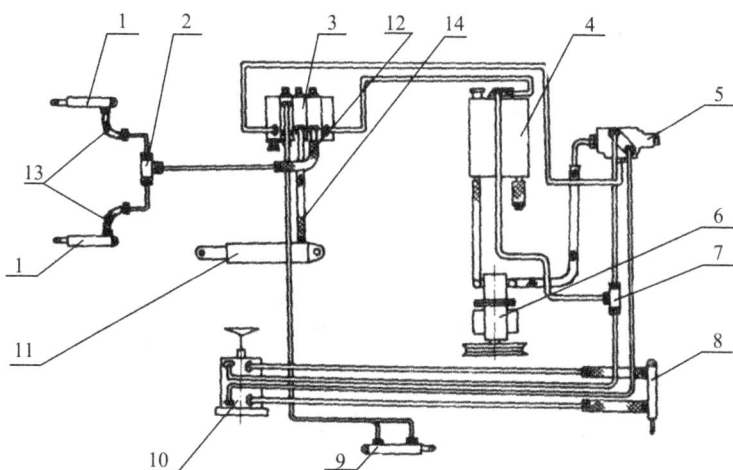

1—拨禾轮升降油缸  2、7—三通  3—多路换向阀  4—液压油箱总成  5—单路稳定分流阀
6—液压油泵  8—无级变速油缸  9—转向油缸  10—全液压转向器
11—割台升降油缸  12、13、14—高压软管

**图 5-40  液压系统**

（1）齿轮油泵

齿轮油泵安装在发动机底座上,由发动机动力输出轴带轮直接驱动。泵和泵座间的止口配合为动配合,泵轴和泵座带轮轴间为花键套连接,装配时必须贴紧,装配时严禁用硬物敲击泵体。

在正常传动下,油泵漏油(内泄或外泄)或供油量不足常常是由于油泵齿轮和轴承的严重磨损或卸压片上的橡胶密封圈损坏,或者泵盖和泵体间密封失效(密封圈老化或连接螺栓松动),这可能会引起齿轮泵长期吸油不足或吸不上油。造成以上结果的主要原因有:液压油清洁度低;油箱滤网没有按时清洗,滤网堵塞;低温启动后不经小油门低速空负荷运转预热,液压油还未增温到 $30\sim60$ ℃时,进入大油门全负荷工作;系统堵塞时,多路阀中的溢流阀卡死不卸压。更换卸压片外橡胶密封圈时,应保证 $0.2\sim0.6$ mm 的预压量。导向钢丝应以装配后齿轮正转(带动轴套转动)时,两轴套的结合平面贴紧为准,否则将导致严重内泄。

（2）液压油箱

液压油箱位于发动机后侧,齿轮油泵之上。它主要由油箱体、回油滤清器、安全阀、油箱空滤器等组成,具有贮油、滤清和散热功能。滤清器置于回油口,能将系统回来的油进行过滤,将直径大于 $30\ \mu m$ 的机械杂质从油中滤出。该滤清器滤芯由多片滤网叠成或网状扇折,并带有安全阀。当滤网被污垢堵塞,压力超过 $1.5\ MPa$ 时,安全阀自动开启泄油,以保证系统安全。此外在加油口设有油箱空滤器,以保证加油时能对液压油进行初滤;应使油箱与大气相通,过滤外界进入的脏空气,同时也避免油箱液压油外溅。空滤器盖下设有油尺,并带有上下限刻度,用于检查油面高度。

使用时应注意如下事项:

① 确保液压油型号、清洁度和液面高度符合规定要求。

② 工作时油箱内的油应无气泡,否则应检查与其连接的管路接口是否有问题,并排除。

③ 定期清洗回油滤清器和油箱空滤器滤芯,清洗时不准随意调整回油滤清器内安全阀弹簧预紧度,必要时在液压试验台上进行调整。

④ 新机器工作30 h后应更换液压油,以后每年更换1次液压油。

(3)单路稳定分流阀

该阀串联在齿轮油泵和全液压转向器之间,确保在齿轮油泵供油量发生变化时向全液压转向器输入恒定流量,从而使整机行走时转向不产生"飘""滞"现象。

不得随意调整安全阀弹簧压力,不得任意更换节流片及阀芯弹簧,需要维修时可送有关修理厂,修好后在液压试验台上调试压力和流量。

(4)全液压转向器

全液压转向器(图5-41)置于驾驶台下,与转向盘总成的转向柱相连。该转向器主要由随动转阀和一对摆线针轮啮合副组成,其4个油口分别与单路稳定分流阀、转向油缸左右腔油口和油箱回油口相连。其工作原理是:阀芯、阀套随转阀在阀体中转动,起控制油流方向的作用;转子和定子构成摆线针轮啮合副,在动力转向时,起计量液压马达的作用,以保证流进转向油缸的流量与转向盘转角的大小成正比,在发动机熄火后,又可在人力转向时起手油泵的作用;联动轴起传递扭矩作用。

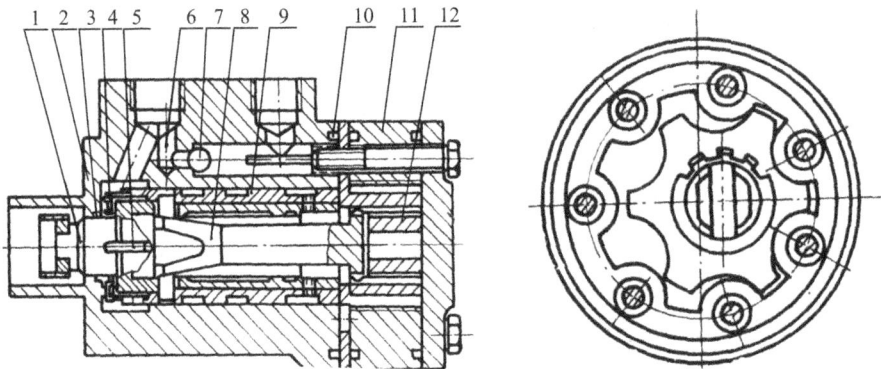

1—阀芯  2—阀体  3—油封  4—滑环  5—弹簧片  6—拨销
7—单向阀  8—联动轴  9—阀套  10—油封  11—定子  12—转子

图 5-41  全液压转向器结构图

中间位置(即转向盘不转动时)单路稳定分流阀来油经阀芯内腔,由另一路径通向单路稳定分流阀途中经三通折转回油箱。动力转向时,油泵来油经随动阀进入摆线针轮啮合副,推动转子随转向盘转动,并将定量油压入油缸左腔或右腔,推动导向轮实现动力转向,油缸另一腔的油则流回油箱。

发动机熄火后靠人力操纵方向盘,通过阀芯拨销联动驱动转子,将转向油缸一腔的油压入另一腔,推动导向轮实现人力转向,油缸两腔的容积差可通过回油口由油箱补给。

安装转向器时应注意:

① 所有内装零部件均不得碰伤或留有残存油垢和油漆,必须清洗干净。

② 橡胶密封件必须符合质量要求,不得有飞边、毛刺、挤压等缺陷。可用碱性不大的肥皂水清洗,严禁用汽油和煤油清洗。

③ 单向阀处的螺母旋入阀体时应低于阀平面。

④ 安装座孔应与转向柱同心,并且轴向应有间隙,以免阀芯顶死。安装后应检查方向盘回位是否灵活。

⑤ 注意转子与联动轴端面均有冲点标记,装配时应两点相对,如果错装会使方向盘自转,引起事故。

⑥ 阀的管路接口处分别有"左""右""进""回"字样,有的阀用"A""B""P""O"字样取代。在安装管路时,"左""右"接口应分别与通向转向油缸的"左""右"腔管路相接,"回"油口与转向油缸的回油管相接。

⑦ 安装阀时,应向油口加注 50～100 mL 液压油,左右试转阀芯,无异常后再装机。

全液压转向器常见故障:转向沉重的主要原因是油量供应不足或转向系统油路中混有空气,或者是单路稳定分流阀安全阀弹簧所能承受的载荷低于工作压力;转向失灵的主要原因是弹簧片、拨销、联动轴折断或变形,或转子与联动轴位置错装。

当发现转向沉重或失灵时,应仔细查找原因,切不可用力硬扳方向盘,更不要轻易拆开,以防转向器零件损坏。

(5) 多路换向阀

多路换向阀由进油阀(包括溢流阀和单向阀)、三组手动式换向阀、回油阀等组成。换向阀采用弹簧复位,在操纵系统中集中控制各执行机构,即无级变速双作用油缸、割台单作用油缸和两个拨禾轮单作用油缸。该阀的进油阀有一个进油口"P",与系统单路稳定分流阀剩余液流出口管路相接。进油阀内的溢流阀用于调节系统工作压力,单向阀用于防止液压油倒流。当各手动换向阀均处于中间位置时,溢流阀的卸荷口通过各换向阀卸荷流道与回油阀连通,溢流阀处于卸荷状态,系统的油经溢流阀主阀芯、各换向阀回油道和回油阀,经出口"0"经外管路流回油箱。当任一组换向阀换向时,溢流阀的卸荷口被切断,溢流阀处于工作状态,系统的压力油经单向阀和换向阀至执行机构。当系统工作压力超过溢流阀工作压力时,溢流阀芯抬起,液压油溢流回油箱,防止系统过载。

该阀每组都设有两个工作油口(A-1,B-1;A-2,B-2;A-3,B-3),管路连接方式是:"A-1"和"B-1"油口分别与无级变速油缸上腔和下腔接口相连;"A-2"油口与割台油缸口相连,"B-2"油口封闭;"A-3"油口与通向拨禾轮油缸的油管三通相连,"B-3"油口封闭。滑阀移动通过手柄操纵,以改变油流方向,实现各执行油缸的定向运动。第一组阀对无级变速双作用油缸执行往返双作用;第二、三组阀对割台和拨禾轮油缸只起提升作用,回程靠割台和拨禾轮自重泄油从原路返回"A"口。该阀复位靠弹簧,定位靠钢球,且只有中间位置才有定位功能,其余提升和压降均需手动控制。当需要调整系统工作压力时,应先使其中一组阀换向,截断溢流阀卸荷口,使其处于工作状态,然后旋转溢流阀调节螺母,改变弹簧工作压力,待调到所需压力后,用螺母锁紧,以防松动。

(6)油缸

采用3种、5个油缸,即转向和无级变速油缸分别为YS40-E和YS40-F,割台升降油缸(大型机子采用两个)与两个拨禾轮升降油缸同为YD-50。为防止割台和拨禾轮因自重下降太快,在割台油缸接口装有回油缓降接头,在拨禾轮油缸接口装有回油节流片。为防止无级变速时油缸活塞杆伸缩太快,在多路换向阀相应接口装有节流接头。

使用液压系统时须注意:检查油面时,应使所有油缸活塞全部缩回,油面低于油尺下刻线时,应将油补充到油尺两刻度线之间。液压系统的工作油温范围一般为30～60℃,理想温度范围为60～80℃,但最高不应超过90℃。液压系统漏入空气后,工作时系统会产生噪声,油缸会不稳定,应及时排气。一般在机器运转过程中通过扳动各换向阀手柄和转动方向盘,各阀和管路中的空气都能自动排除。油缸中的空气难以排除,可将油缸柱塞或活塞全部伸出,再将油缸的油管接头螺母拧松,让活塞自动缩回,含有空气的泡沫油会随之窜出,直到排尽为止,然后将各油缸接头螺母拧紧,继续扳动换向阀手柄和转动方向盘排气。最后将油箱的液压油补充到规定液面高度。液压油的清洁度必须符合规定。

6. 电气系统

(1)电气系统的组成

电气系统实行单线制,负极搭铁,与机体构成回路。电路中额定电压均为12 V,采用综合电器开关和组合仪表。电气系统由四大部分组成:电源与启动部分、信号部分、仪表部分、照明部分。

(2)使用与保养

① 在启动前应检查蓄电池是否牢固,充电是否充足,电路是否正常。气温在5℃以上时可直接启动;气温在5℃以下时,可将启动开关旋转到"预热"位置,预热30～40 s后再进行启动。启动机连续工作时间不宜超过10 s,如一次启动不成功,应待2 min后再进行启动,如连续三次启动不成功应检查原因。

② 发动机在额定工况运转时,电流表指针应指向"＋"位置,以示充电,否则应检查原因予以排除。启动后水温应逐渐上升,正常使用时,工作温度应介于60～98℃,温度超过警戒线时,应立即停车,进行检查并排除故障。

③ 蓄电池应经常保持在充满电的状态,长期不用时要定期充电,以防亏电。蓄电池液面应高于极板10 mm,蓄电池导线应连接牢固。

④ 发动机停车后,应关闭钥匙开关,以防止蓄电池向激磁线圈放电;如要长期停车,应关闭总电源开关。

(3)多功能报警器

微电脑多功能报警器已在谷物联合收割机上得到应用,它不仅安装维修方便,而且提高了谷物联合收割机的自动化水平。该装置的应用,能把传统的事后报警变为事前报警,有效避免故障的发生,提高机器的工作可靠性和作业效益,是联合收割机发展的方向。

① 工作原理。利用磁电信号转换机构在线测量轴流滚筒、复脱搅龙、顶搅龙转速并通过液晶显示屏显示在机手面前,使驾驶员随时可以了解工作状况。当收割机的脱谷室、

复脱器、升运器过载时必然会造成轴流滚筒、复脱搅龙、顶搅龙转速下降,这时报警器内的中央处理器就会针对转速下降的部位发出声、光报警信号,提醒驾驶员采取措施避免严重堵塞或工作部件损坏,争取作业时间,保证收获作业正常进行。

② 主要功能。收割机进行收割作业时,如果脱谷室喂入量过大,其轴流滚筒转速必然下降,当转速降到预定值以下时,报警器内部的中央处理器针对轴流滚筒的转速有自动识别能力,此时报警器发出声、光两种报警信号,机手应采取措施,停车或减慢车速以避免堵塞。

当复脱器内杂余过多时,转速也必然下降。当转速低于预定值时,报警器发出声、光两种报警信号,提醒驾驶员停车检查,清理堵塞部分,必要时调节清选系统。

当升运器将要发生堵塞或谷粒升运系统出现故障时,顶搅龙转速低于预定值,报警器发出声、光两种报警信号,提醒机手应停车检查以排除故障,避免发生严重后果。

此外,根据轴流滚筒空车大油门或正常时的转速变化可以监控发动机的转速、功率是否正常以及传动皮带的松紧度是否合适。

③ 主要类型。豪华型报警器在接通电源 3 s 后,轴流滚筒和复脱器转速显示屏显示为 0;接通主离合器后,随着工作装置的启动,轴流滚筒和复脱器转速显示屏显示出各自的实际转速。当手油门处于大油门位置时,报警器的报警程序开始启动,此时轴流滚筒、复脱器和顶搅龙的指示灯开始变亮且为绿色,右上方的蜂鸣器处于静音状态。正常收获作业时,轴流滚筒、复脱器、顶搅龙中任一个转速低于预定值时其指示灯变为红色,蜂鸣器报警。收割机手听到报警声音时,应立即停止前进。在大油门下继续接通主离合器,观察三个报警器指示灯哪个变红,掌握故障发生部位,如 8~10 s 报警仍没解除,轴流滚筒或复脱器转速下降到较低,说明该部位已经出现故障,应停机检查并排除故障。如果三个报警灯均亮且为红色,应首先考虑轴流滚筒是否发生堵塞。收割结束后手油门处于中小油门时,报警器程序关闭,三个指示灯灭。

普通型报警器没有转速显示功能,轴流滚筒的两种工作转速不能被自动识别,而是依靠报警器上的开关控制。开关扳到上方时,轴流滚筒处于高转速状态;将开关扳到下方时,轴流滚筒处于较低转速状态。普通型报警器其余功能与豪华型报警器相同。

④ 安装调试及注意事项。报警器磁钢装在轴承锁紧装置上,拆卸时应注意磁钢有正反面,如果磁钢装反,则报警器会一直报警,转速显示为 0。磁钢距探头距离为 3~5 mm,距离过大时转速显示不稳定,时有时无;过小时易碰坏传感器。

若油门加到最大位置时显示的转速数值较正常值小,则应检查油门拉线是否调到位、手油门是否推到底、张紧轮调整是否合适或传动带是否张紧。

报警器属电子产品,操纵手油门时应动作缓慢,以免电流突变使冲击过大,从而造成损坏。

7. 操纵系统

驾驶室是驾驶员工作的地方,越来越受到人们的重视。人们不断应用各种新技术、新材料以改善现代联合收割机的工作环境和条件,如应用人机工程学原理和电子技术,提高其可操作性和舒适性。驾驶室座位周围设有联合收割机操纵机构和各种仪表装置。

（1）方向机总成

方向机总成（图 5-42）用于转向，它与单路稳定分流阀、全液压转向器、转向油缸等组成转向系统，左右转弯时转向盘最大可以转动 270°，但不允许在停车状态下操纵转向盘。

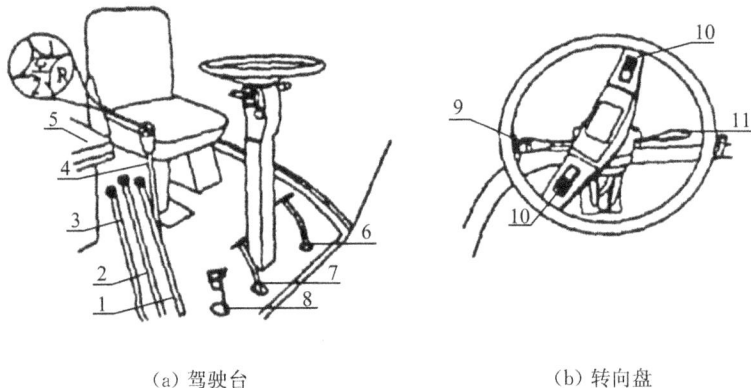

（a）驾驶台　　　　　　　　　　　（b）转向盘

1—拨禾轮升降操纵手柄　2—割台升降操纵手柄　3—无级变速油缸操纵手柄　4—变速操纵杆　5—副驾驶座
6—行走离合器踏板　7—制动器踏板　8—油门踏板　9—组合开关（左）　10—喇叭按钮　11—雨刷开关

**图 5-42　方向机总成**

（2）主离合器操纵手柄

主离合器操纵手柄用来控制机组除粮箱卸粮以外的所有工作部件的运转和停止。

操纵主离合器的原则是快离慢接。接合时，必须在割前无负荷、中小油门转速下缓慢前推操纵杆，动作延续时间为 1～3 s；分离动力时，则应迅速拉回操纵杆。

（3）卸粮离合器操纵手柄

用于控制粮箱的卸粮和停卸。具体操作为：下压到底，接合动力，卸粮；上提到自由位置，分离动力，停卸。

在粮箱装满停车时，应适当加油和前推操纵杆同步缓慢进行，不允许在粮食未卸完情况下中断再二次卸粮，以避免卸粮负荷激增烧坏卸粮皮带。

（4）行走离合器踏板

行走离合器踏板用于分离变速箱离合器（常压式）。踩下该踏板，变速箱离合器分离，变速箱输入轴的动力被切断。行走离合器踏板应有 20～30 mm 自由行程，确保分离轴承与分离指间有 2～3 mm 自由间隙。行走离合器的操纵也应遵守快离慢接原则，离合器分离时间不应太长，更不允许常把脚放在离合器踏板上，使离合器呈半接合状态。

（5）制动器踏板和手制动操纵手柄

制动器踏板用来制动行驶中的收割机。制动器踏板应保证有 10～15 mm 自由行程。在行进中制动时踩下制动踏板，尾灯下部刹车灯亮。驻车制动采用手制动装置，此时应将手制动操纵手柄提起并锁住，完成停车制动。在起步前必须解除手制动。

（6）拨禾轮升降操纵手柄

拨禾轮升降操纵手柄用来按作物茎秆高低，使拨禾轮上升和下降。手柄后拉，拨禾轮上升；中立，手柄自动回位，拨禾轮位置锁定；前推，拨禾轮下降。

（7）割台升降操纵手柄

割台升降操纵手柄用来在作业和机器转移过程中操纵割台上升和下降。手柄后拉，割台上升；中立，手柄自动回位，割台固定；前推，割台下降。

（8）无级变速油缸操纵手柄

无级变速油缸操纵手柄用来实现各挡位无级变速。操纵手柄换挡须缓慢连续多次完成，严禁猛推猛拉，引起脱带和冲击。手柄后拉，油缸活塞杆伸出，机器前进速度趋慢；中立，手柄自动回位，机器前进速度保持不变；前推，油缸活塞收回，机器前进速度趋快。

（9）油门踏板和手油门

油门踏板、手油门用来控制发动机供油量大小，以实现对发动机输出功率和转速的控制。

运输状态时，踏板下踩，增加供油量，发动机输出功率增加；松开踏板，发动机在怠速状态工作。踩踏板时用力要轻。在正常收割作业时，应采用手油门实现发动机定量供油，以达到额定转速，保证收割机正常工作。手油门前推，油量加大；后拉，油量减小；后拉到底，油量最小，发动机在怠速状态工作。

（10）变速操纵杆

变速操纵杆用于操纵变速箱不同变速齿轮副啮合，从而实现联合收割机行驶有级变速。新疆-2型联合收割机设有三个前进挡和一个倒退挡。

（11）熄火油门手柄

熄火油门手柄用于控制发动机断油熄火。当发动机水温低于50℃时，可以熄火。要使发动机停止工作，先将油门踏板放松到自由状态，使发动机在怠速下工作，前推熄火油门手柄，发动机停止工作，然后复位，以备下次启动。

（12）喇叭按钮

喇叭按钮在转向盘总成上部，有两个对称的喇叭符号标志。接通电路系统后，按下喇叭按钮，喇叭就会鸣响。

（13）转向开关

转向开关与组合开关（左）所示位置相同，与组合开关（左）中转向开关功能和操纵方法相同。

（14）组合开关总成

该总成集联合收割机启动、照明和信号灯控制开关为一体，置于转向盘之下，对电器启动、照明、信号执行元件进行集中控制。

① 启动开关。启动开关具有5个转换位置，如图5-43所示。

"S"：当钥匙从"·"辅助位置拧到"S"位置时，按下安全按钮（黑色）方能拔出钥匙。

"·"（辅助位置）：将钥匙拧到此位置，电路系统元件用电接通。

"D"（点火位置）：将钥匙拧到此位置，电磁输油泵接通。

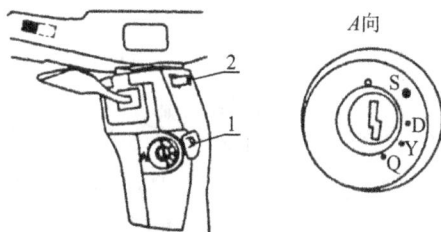

1—安全按钮　2—红色拉出按钮

**图5-43　启动开关**

"Y"(预热位型):将钥匙拧到此位置,接通进气管内预热塞,进行启动前发动机进气道空气预热。

"Q"(启动位置):将钥匙拧到此位置,启动电动机接通,带动发动机启动。只要松手,钥匙就会回到"D"位。

严禁在发动机启动后仍不松手将钥匙回位,这样会损坏启动电动机。

② 组合开关(左)。置于转向盘的左下侧,它包括前后示宽灯(前小灯和下尾灯)开关、前大灯开关、前后转向信号灯(前小灯和上尾灯)开关、前大灯变光开关、危险报警闪光灯。

a. 示宽灯开关 将组合开关(左)向后扭转到第Ⅰ挡,则前面两侧示宽小灯长明,同时后面两侧组合尾灯下尾灯长明,示宽灯起机组示宽照明作用,供夜间作业转移之用。

b. 前大灯开关 将组合开关(左)向后继续扭转到第Ⅱ挡,则两侧前大灯和前后左右示宽灯均长明,便于夜间作业和转移。

c. 转向信号灯开关 将组合开关(左)向转向方向扭转,所转方向内侧小灯和同侧组合尾灯上尾灯就会闪耀,同时仪表板转向指示灯闪耀,示意转向,转向完毕后,应将开关拨回到中立位置。

d. 前大灯变光开关 将组合开关(左)向上扭转,大灯光束即由远光变为近光;往下扭转手柄,则反之。这样反复几次,使近光和远光交替进行,用于夜晚和雾天公路行驶会车。

e. 危险报警闪光灯 按下按钮,危急警告信号亮。

(15)仪表板

仪表板位于驾驶台的前上方,装有组合仪表,如图5-44所示。

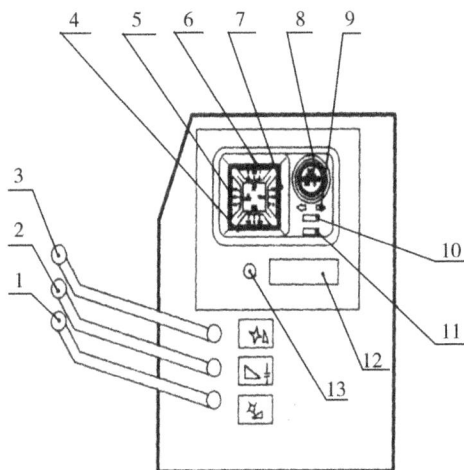

1—拨禾轮升降手柄 2—割台升降手柄 3—无级变速油缸手柄 4—电流表 5—水温表
6—油位表 7—油压表 8—计时器 9—转向指示灯 10—油压过低报警指示灯
11—空滤报警指示灯 12—保险丝盒 13—单挡开关

图5-44 仪表板

① 水温表。显示发动机冷却水出水温度,正常工作时温度为60~98℃。

② 机油压力表。显示发动机主油道机油压力。额定工况时为0.3~0.5 MPa;怠速

时不低于 0.05 MPa。

③ 电流表。指针指向"＋"时,表示蓄电池呈充电状态;指针指向"－"时,表示蓄电池呈放电状态。正常情况指针指向"0"。用于监视蓄电池容量盈亏状态。

④ 转向指示灯。供驾驶员转向监视。右灯亮为右转向,左灯亮为左转向。

⑤ 保险丝盒。起到对电系统中各执行电器元件的保护作用,内装各支路保险丝,每丝可承受 10 A 电流,电流超过该值保险丝即熔断。每个电器有不同的丝数,它们承载过载电流的能力不同。

⑥ 计时器。用于记录发动机工作时间(h)。

⑦ 油压报警指示灯。发动机主油道机油压力过低时油压报警指标灯闪发出警报,此时应停车检查。

⑧ 空气滤清器报警指示灯。发动机空气滤清器的主滤芯被灰尘堵塞后(真空压力值超过 600 mmHg)空气滤清器报警指示灯闪,发出警报。此时要立即停车保养空滤器。

⑨ 三联开关。用于控制前工作灯、后工作灯、风扇。

(16) 发动机启动开关及熄火手柄的正确使用

在发动机启动前,要遵守相关安全规则条款规定,检查发动机的机油、水和燃油液面,闭合电系总闸。其步骤如下:

① 将钥匙插入启动开关,并拧转到"·"位置,此时电源接通,仪表箱内仪表灯亮,仪表板清楚显示指针所指刻度值。

② 将钥匙拧转到"D"位置,电磁输油泵通电运转。

③ 油门踏板踩到中油门位置。

④ 拧转启动开动到"0",发动机开始运转后应立即松开启动钥匙,让其自动回到"D"位。每次启动持续时间不得超过 10 s。启动失败后必须停歇 2 min 再启动,三次不能启动应停机检查故障。

⑤ 应使发动机在启动后的最初 5 min 保持中速运转,然后将油门踏板踩到额定位置。在发动机运转过程中要经常检查电流表、机油压力表等指示值是否符合规定。

⑥ 在发动机熄火前应首先将油门脚踏板放松至自由位置,使发动机在怠速位置运转 2~3 min,然后将熄火油门手柄前推到底。严禁熄火前"轰油门"。

⑦ 发动机熄火后应先将钥匙退回"S"位,由此截断电磁泵电源,停止供油。禁止在发动机熄火后使电磁泵长时间空转。长期停车需拔出钥匙和切断电源。

◢ 工作过程

一、工作课时

要求本单元的理论和实训课时分别为 8 课时和 40 课时。

二、工作过程

1. 联合收割机主要技术状态的检查

(1) 自走式谷物联合收割机机手必须经培训合格后方能上机操作,并应能按说明书的要求实施作业和维护。

(2) 启动发动机前必须检查变速杆、主离合器操纵杆、卸粮离合器操纵杆是否在空挡位置。发出启动警告信号后才能启动。

(3) 检查主要部位间隙,调整转速。

(4) 检查各仪表工作是否正常。

(5) 检查各部件安装是否正确。

(6) 检查各焊接件的焊接处有无裂缝。如发现问题,应及时补焊或更换。

(7) 检查紧固件的紧固情况。若有松动,应及时紧固。

(8) 检查各处链条和传动带的紧度是否合适。

(9) 检查拨禾轮、切割器、脱粒滚筒和凹板的技术状态是否良好。

(10) 检查逐镐轮、逐镐器、筛子和风扇有无变形,工作是否可靠。鱼鳞筛的筛孔,风扇的风量、风向应能灵活调节。圆孔筛、长孔筛等筛孔大小事先应根据作物情况选配好。

(11) 应严格检查全部传动机构,传动机构不能有松动、杂声、碰擦等现象,各部分轴承间隙应合适,润滑良好。

(12) 各部分调节机构应能进行灵活有效的调整。

(13) 完成各项检查后,用手转动主动皮带轮,带动传动机构运转,观察有无碰擦、卡滞现象。

(14) 检查谷物联合收割机上是否按要求配备灭火器。

2. 试运转

新购置的联合收割机或大修后的联合收割机,在作业前必须进行试运转,以保证良好的技术状态和延长寿命。试运转前必须正确安装、调整和润滑各部件;试运转过程中每隔半小时必须停机认真检查,必要时临时停车检查和排除故障。联合收割机试运转按以下程序进行:

(1) 发动机空运转 一般发动机应在检查无故障后才能启动,启动后应以中速(1 200～1 800 r/min)进行空车暖机,要尽量避免冷机在怠速情况下长时间运转。在试运转过程中,要注意水温、油压是否能达到规定的正常范围。同时还要注意发动机水箱旋风除尘装置是否转动正常,密封是否正常。在发动机空运转时,须将收割机放置于较水平的地方,不要停在斜坡地上。发动机空运转时间为 15～20 h。

(2) 行走试运转 在发动机试运转后,可以进行各挡的行走试运转,行走试运转时间为 25 h,该过程中应注意以下事项:

① 起步前挂挡时应将离合器踏板踏到底,以免打齿。

② 起步时用 I 挡或 II 挡起步,不允许用 III 挡起步。不允许突然加油门,不允许突然抬起离合器踏板,更不允许将脚长时间放在离合器或制动踏板上。

③ 检查变速箱和左右边减传动有无过热、异响以及变速箱漏油现象,并检查润滑油面。

④ 检查转向和制动系统的可靠性。

⑤ 检查两根行走带是否张紧。

⑥ 检查四轮轮胎气压。

（3）主机试运转　行走试运转完成后，进行主机试运转，主机试运转时间 20 h。在试运转过程中应注意以下事项：

① 主机试运转前打开右侧外围护板，用手转动中间轴右侧带轮检查有无卡滞现象，正常情况下，在主离合器分离状况下，一人可以使带轮转动自如。将升运器底盖及复脱器侧盖打开。

② 运转前，检查所有螺栓是否拧紧。

③ 在空挡位置上就地进行主机试运转。先将主离合操纵手柄慢慢地压下，同时观察各部件的运转情况，观察是否有异常响声、异常振动、异常气味等不正常现象；若一切正常，则将油门从怠速缓慢加油至中油门，若没有问题则在中油门下保持 5 min，然后加大到最大油门；同时在机子周围的检查人员，一定要远离一段时间，以防机体内有遗留物高速飞出击伤人员。一般大油门原地运转时间为 10 min。

④ 缓慢升降割台、拨禾轮以及无级变速油缸，仔细检查液压系统工作是否准确可靠。

⑤ 主机运转过程中仔细观察仪表是否指示正常，各信号装置是否可靠工作。

⑥ 主机运转正常后将已打开的盖关好，开始时主机运转与行走同步进行，但行走速度应从Ⅰ挡慢到Ⅰ挡快，Ⅱ挡到Ⅱ挡快，并且要选择路况较好的路面进行，决不允许用Ⅲ挡试车。一般大油门试车要在 60 min 以上。

⑦ 停机检查各种紧固件有无松动，轴承是否发热，皮带及链条松紧度是否合格。

⑧ 检查主离合器、卸粮离合器是否可靠。

（4）负荷试运转　负荷试运转也就是试割过程，一般应选择地势较平坦、杂草少、作物成熟度一致且基本无倒伏的作业区进行。开始试割时一定要用最低行驶速度（Ⅰ挡慢）进行作业。一般第一次试割距离要在 30～50 m，停机检查损失情况（割台损失、清选损失、排草口处的夹带损失及脱净率、破碎率及籽粒清洁度）。

3. 收割准备

按农业作业技术要求，在收割前平整地块中的渠埂，清除田间障碍物，不能清除的要插上标记。若麦田四周埂较高，应人工在四周割出 20 cm 宽的空带，或在田间用自走式联合收割机割出边道，边道宽度视机型而定，以便收割机正常作业。

4. 收割部件的使用和调整

（1）收割台

收割台用以切割并将割下的作物输送到脱谷部分。该部分主要由拨禾轮、切割器、喂入搅龙、过桥链耙、倾斜输送器（过桥）、摆环箱等组成。

收割台的倾斜输送器上端铰接在板齿滚筒室两侧壁前端支座上，左下端被割台升降油缸支撑。控制收割台升降，以适应割茬高度和地隙要求（作业时必须打开油缸安全卡）。

① 拨禾轮。收获时拨禾轮扶持或扶起（倒伏）作物，并拨向切割器，支承切割，并同时将割下的作物继续拨向收割台喂入搅龙，以推运作物。

拨禾轮的高低和前后位置、转速以及弹齿倾角应根据田间作物情况随时调整，以提高作业质量和减少割台损失。

a. 拨禾轮弹齿倾角的调整

拨禾轮弹齿倾角的调整如图 5-45 所示。调节时松开螺母，抽出紧固螺栓；然后转动调整板,使调整板相对拨禾轮轴偏转,同时带动拨禾板和弹齿偏转,待偏转到所需角度为止;最后将调整板和升降架固定板对应螺栓孔对准,用螺栓固定。

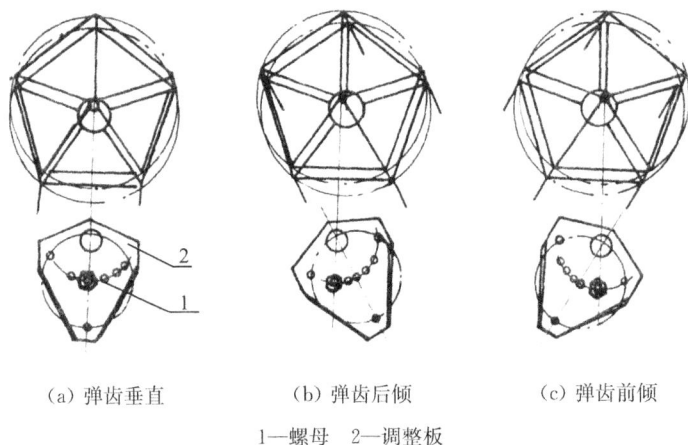

(a) 弹齿垂直          (b) 弹齿后倾          (c) 弹齿前倾

1—螺母  2—调整板

**图 5-45  拨禾轮弹齿倾角的调整**

b. 拨禾轮前后位置的调整

拨禾轮的调节机构如图 5-46 所示。拨禾轮前后位置靠移动拨禾轮轴承座在升降架支臂上的位置来调节。调节时应先逆时针方向扭转张紧轮架,取下 V 型带,再取下支臂上的固定插销,然后移动拨禾轮。移动时应左右同步进行,要注意保持两边相对应固定孔位,并插入插销。拨禾轮水平位置调节完成后,应装好传动带,并重新调整弹簧对挂接链条的拉力,使 V 型带张紧适度。

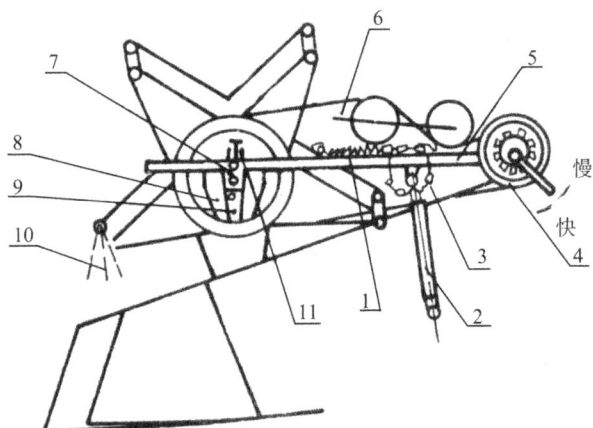

1—弹簧  2—拨禾轮升降油缸  3—链条  4—变速轮  5—支臂  6—张紧轮架  7—轴承座
8—偏心调节板  9—定位螺钉  10—弹齿  11—插销

**图 5-46  拨禾轮的调节机构**

c. 拨禾轮高低位置和转速的调整

拨禾轮的高低位置和转速分别通过操纵驾驶台拨禾轮液压升降手柄和拨禾轮变速轮调

速手柄实现,其高度不小于 20 mm,如图 5-47 所示。

必须在拨禾轮运转过程中转动变速轮调速手柄才能进行拨禾轮转速调整。变速轮调速手柄顺时针转动时,拨禾轮转速加快;逆时针转动时,转速减慢。

d. 田间作业时拨禾轮的调整。

对于一般直立生长作物,应进行以下调整:

弹齿转角——垂直。

前后位置——一般将拨禾轮轴调到距护刃器前梁垂线 250～300 mm 距离处。

高低位置——应尽可能高些,一般以弹齿轴在作物高度的 2/3 处为宜。

对于倒伏作物,应进行以下调整:

弹齿转角——向后偏转。

前后位置——顺倒伏方向收割时尽可能前,逆倒伏方向收割时则应靠近护刃器位置。

高低位置——放至最低。

转速——拨禾轮圆周速度比前进速度略高。

对于高秆大密度作物,应进行以下调整:

弹齿转角——略向前偏转。

前后位置——前调。

高低位置——尽可能高些,一般以弹齿轴在作物高度 2/3 处为宜。

转速——拨禾轮圆周速度比前进速度略低。

对于稀矮作物,应进行以下调整:

弹齿转角——向前偏转。

前后位置——尽可能后移,接近喂入搅龙。

高低位置——尽可能下降,接近护刃器。

转速——拨禾轮圆周速度比前进速度略高。

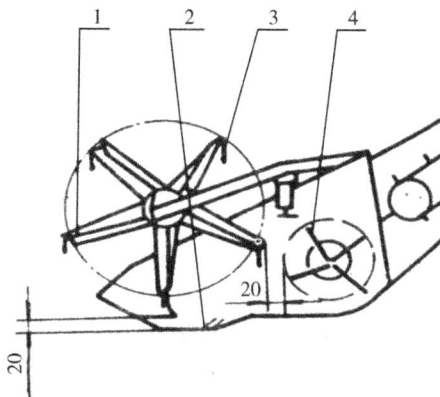

1—拨禾轮　2—护刃器
3—弹齿　4—螺旋推运器

图 5-47　拨禾轮最低位置

② 切割器。切割器的装配技术状态对割台的工作质量有很大的影响,应经常检查并进行调整。所有护刃器的工作面应在同一平面,可以用一节管子套在护刃器尖端进行校正,也可以用榔头轻轻敲打校正。

动刀片处于两端极限位置时,刀片对称线与护刃器对称线应重合,偏差不大于 5 mm,调整方法为移动刀头和弹片之间的位置,使摆环箱的摆臂也处于相应的极限位置。动刀片和护刃器的工作面应贴合,其前端间隙不允许超过 0.5 mm,后端间隙不允许超过 1.5 mm。动刀片和护刃器工作面之间间隙范围允许在 0.1～0.5 mm。调整方法是加减调整垫,或用榔头轻轻敲打压刃器,调整后动刀应左右滑动自如。

③ 喂入搅龙。收割台喂入搅龙调整内容如下:

螺旋搅龙叶片与割台底板之间的间隙,对于一般作物调整为 15～20 mm;对于稀矮作物调整为 10～15 mm；对于高大稠密作物（包括固定作业）调整为 20～30 mm。

具体调整方法为：首先松开喂入搅龙传动链张紧轮，然后将割台两侧臂上的螺母松开，再将右侧的伸缩齿调节手柄螺母松开。拧转调节螺母使喂入搅龙升起或降落，按需要调整搅龙叶片和底板之间的间隙。最后必须完成下列工作：检查喂入搅龙和收割台底板母线平行度，使沿割台全长间隙分布一致；检查伸缩齿（又名拨指）伸缩情况，测量间隙是否合适（一般为 10～15 mm）；检查并调整喂入搅龙链条的张紧度；拧紧两侧壁上的所有螺母。

伸缩齿与割台底板之间的间隙要求及调整方法如下：

对一般作物应调整为 10～15 mm；对稀矮作物可调整为不低于 6 mm；对于高粗秆稠密作物应使伸缩齿前方伸出量加大，以利于抓取作物，避免缠挂作物。

具体调整方法为：松开螺母，通过转动伸缩齿调节手柄改变伸缩齿与底板间隙，手柄往上转，间隙减小，手柄往下转，间隙变大。调整完成后，必须将螺母拧紧，防止其脱落打坏机体。

④ 倾斜输送器。作物是靠倾斜输送器的链耙送入滚筒室的，链耙张紧度和间隙调整质量会直接影响作物的输送和工作部件使用寿命，必须进行合理调整。

链耙耙齿与过桥底板之间的间隙为 10 mm，调整时先松开螺母，然后再拧转螺母，以达到张紧度要求。

调整后的链耙张紧度必须适当，没有必要也不允许张得过紧。链耙的张紧度以能用手将链耙中部垂直向上提 20～35 mm 为宜。调整后的链耙必须保证左右高低一致，两根链条张紧度一致，同时要检查被动轴是否浮动自如。链耙调节完成后，一定要拧紧调节螺栓。

（2）脱谷部分

脱谷部分主要由板齿滚筒、板齿凹板、轴流滚筒、活动栅格凹板、固定栅格凹板、活动栅格凹板调节机构、第一分配搅龙、第二分配搅龙等部件组成，该部分用于完成收割台输送来的作物的脱粒、分离和抛送。决定脱粒分离质量的主要因素是滚筒类型、滚筒转速、板齿凹板正反面配置和活动栅格凹板出口间隙，即使是同一种作物，由于成熟程度不一、气候和品种差异及不同收获条件的要求，所需滚筒转速、板齿凹板配置和活动栅格凹板出口间隙也是不一样的。收获各类作物时滚筒转速、凹板配置和凹板间隙等参数的值见表 5-1。

表 5-1　各种作物脱粒对应参数表

| 作物 | 轴流滚筒 | | | 板齿滚筒 | | |
|---|---|---|---|---|---|---|
| | 转速 /(r·min⁻¹) | 链轮齿数 | 活动栅条凹板出口间隙/mm | 转速 /(r·min⁻¹) | 链轮齿数 | 凹板齿排数 |
| 小麦 | 900 | 18 或 22 | 5 或 10 | 522 或 639 | 31 | 光面 |
| 小麦燕麦 | 900 | 18 或 22 | 5 或 10 | 522 或 639 | 31 | 光面 |
| 水稻 | 900 | 18 或 22 | 15 或 20 | 522、639 或 736、900 | 31 或 22 | 二排或四排 |
| 大豆 | 727 | 18 或 22 | 15 或 20 | 427 或 523 | 31 | 光面 |

| 作物 | 轴流滚筒 | | | 板齿滚筒 | | |
|---|---|---|---|---|---|---|
| | 转速 /(r·min$^{-1}$) | 链轮齿数 | 活动栅条凹板出口间隙/mm | 转速 /(r·min$^{-1}$) | 链轮齿数 | 凹板齿排数 |
| 油菜 | 727 | 18 或 22 | 15 或 20 | 427 或 523 | 31 | 光面 |
| 谷子 | 900 | 18 或 22 | 15 或 20 | 522 或 639 | 31 | 光面 |
| 油葵 | 727 | 18 或 22 | 15 或 20 | 427 或 523 | 31 | 光面 |
| 高粱 | 727 | 18 或 22 | 15 或 20 | 427 或 523 | 31 | 光面 |
| 草籽 | 900 | 18 22 | 15 或 20 | 522 或 639 | 31 | 光面 |

注:1. 表中所列参数仅供参考,使用时应按具体情况相应调整;

2. 收水稻最好配杆齿轴流滚筒和弓齿滚筒,凹板用光面,可以显著改善分离和破壳率。

① 滚筒转速的调整。板齿滚筒和轴流滚筒之间采用链传动,可以对两滚筒不同链轮进行配置,实现四种不同的板齿滚筒速度,对特殊作物还可将中间轴带轮和轴流滚筒带轮交换,再增加四种速度,以满足不同作物的分离要求。链轮组配方法见图5-48。

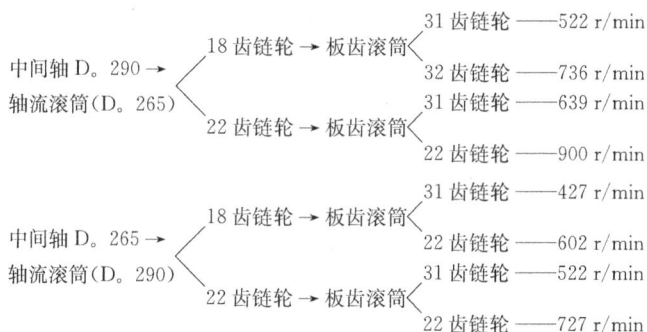

图 5-48 链轮组配方法

组配好链轮后,应配以相应链节链条。

按规定,出厂时中间轴带轮配 D。290,轴流滚筒配带轮 D。265 和 22 齿链轮,板齿滚筒配齿链轮传动,轴流式转速为 900 r/min,板齿式转速为 639 r/min。

② 板齿滚筒与板齿凹板的调整。板齿凹板分两面,一面带齿,一面为光面。活动凹板共有两块,每块凹板的带齿面有两排齿,分别嵌镶在凹板固定框中并用螺栓固定。收水稻时可使用带齿面两排齿或四排齿,视难脱程度而定,在确保能达到规定质量指标的情况下尽量采用较少齿排,以降低能耗和破碎率(采用弓齿滚筒时,采用光面)。收水稻以外的其他作物时,一般用光面作工作面。

出厂时将光面作为工作面进行安装。如果收水稻采用板齿滚筒需要翻面使用时,首先应打开喂入口上封闭板,然后拧掉板齿凹板固定框左右各一个固定螺栓,并将板齿凹板总成向后下方转动放下。拧掉每块板齿凹板上左右两个固定螺栓,然后再将其翻转,按原拆卸过程的逆过程安装。在安装齿面凹板时应注意以下两个问题:

a. 板齿应向后倾斜(使其对物料流动有良好的导向作用,从而降低阻力)。

b. 安装完毕后应转动板齿滚筒,从喂入口观察是否存在因侧隙过小而碰齿的现象,以及因进硬物导致齿变形等,如有,可用撬棒校正,确保板齿滚筒转动自如,之后装好喂入口上封闭板。

③ 轴流滚筒栅格凹板出口间隙的调整。轴流滚筒活动栅格凹板出口间隙是指该滚筒纹杆段纹杆齿面与栅格凹板出口处的径向间隙,该间隙分四档,分别为 5、10、15、20 mm,四个间隙分别通过栅格凹板调节机构手柄固定板上的四个螺孔调节。调节时松开调节手柄固定螺栓,然后将该手柄长孔对准所需间隙对应螺孔,并紧固螺栓。往前转是调小间隙,往后转是调大间隙。调整完后滚筒应转动自如,并且必须紧固螺栓,以防发生事故。凹板左右间隙应保持一致,其偏差不得大于 1.5 mm,必要时可通过调节左右调节螺杆调整。其余凹板(如过渡凹板和固定栅格凹板)均为固定式,不可调。在作业后保养时应注意定期检查各凹板有无损坏,以及轴流滚筒室前后壁之间死区(三角区)有无颖糠堵塞,必要时进行清理,以保证有足够的分离面积。清理时可打开检视窗孔盖,用铁钩清除杂物。

在确保高脱净率和草中较少籽粒夹带前提下,应优先采用较低的板齿滚筒转速、板齿凹板的光面、较大的栅格凹板间隙工作。进行间隙检查时须推开观察孔盖。在作业中,应尽量预防滚筒和凹板间物料堵塞,对此,除正确调整上述部位和参数外,应特别注意要控制喂入量不要超额,并要基本均匀。如发动机转速有明显下降(或声音沉重、冒黑烟),应立即停进,必要时分离主离合器,熄火检查。打开各检视窗孔盖,用铁钩清理,必要时通过人工转动滚筒配合检查。严禁盲目接合主离合器猛冲,以免烧坏传动胶带和损坏机件。几秒钟的短期超负荷是允许的,但必须及时降低喂入量,常常采用降低行走速度或临时停进的方法。

两个分配搅龙主要用于滚筒分离物料的收集、分布和抛送,然后均匀输送到清选室。

(3) 主离合器的调整

通过操纵主离合器操纵杆,实现下压结合,上拉松放分离。

联组带张紧轮对胶带的压力是通过杠杆系统的弹簧调整的,当主离合器结合时,张紧轮对胶带的垂直压力是 57 N,此时调整弹簧的压缩后钢丝之间的间隙为 0.5~1 mm;并且托圈应与联组带间有 7~10 mm 径向间隙,托板与联组带间有 10~15 mm 间隙。一定的弹簧预紧力用于克服结合和分离时传动反馈的冲击力。一定的间隙可保证分离时联组带能与带轮槽驱动面脱开。

新联组带经 5 h 磨合和投入正式作业一段时间后,胶带会变形伸长,此时应重新调整张紧轮对胶带的垂直压力。可以通过调节连接螺杆的螺纹连接长度从而收缩拉线系统长度,使张紧轮对胶带压力恢复到 57 N 左右,校正弹簧压缩后钢丝之间间隙为 0.5~1 mm。在调整完连接螺杆和弹簧压缩长度后,应校正胶带与托板、胶带与托圈之间的间隙,并拧紧所有螺母。

(4) 清选部分的调整

① 筛箱的调整

a. 筛片开度调整原则

筛片开度调整应与风扇调整匹配,优势互补,有机结合,达到籽粒损失少、粮箱籽粒含杂率低的目的。

b. 调整的基本方法

由于收割机采用双风道强化预清选,筛面负荷已显著降低,籽粒从筛面迅速落下,运走问题已成为主要问题,原则上应全开筛片。

上筛:在粮箱籽粒含杂率不高于 2% 的前提下,上筛应全开。

下筛:下筛也应全开。特殊情况下因作物杂草过多,容易造成复脱器堵塞(复脱器安全棘轮啮合打滑发响),应适当使杂余筛开度小些。鱼鳞筛片开度是指筛片尖端至相邻筛片之间的垂直距离。不同田间作业条件下只有通过试割观察调整,并遵循以上基本原则,才能达到满意的清选质量。转动调节手柄时无须松开紧固螺母。

在作业期间上下鱼鳞筛必须进行班次清理,清除筛片间麦芒以及茎秸杂物(主要分布在涡流死区),必要时每班清理多次,以保证足够的筛分面积和气流通道。在清理时用钩子勾刮或将筛子抽出以方便清除,注意不要碰伤筛片。

② 风扇的调整。作业时,原则上规定收获 200 kg/亩以上普通含水量小麦或 150 kg/亩以上干旱小麦采用小直径带轮,其余小麦和水稻用采用大直径带轮。风量调节盖用于在一定转速条件下调节风量大小,将调节盖往下转,进气弧开度增大,风量变大;反之风量变小。在作业中转速高低和风量调节盖开闭程度应视筛面物料堆积状况和在尾罩裙处是否有籽粒吹出而论。出厂时风扇转速是按高速调整,风量调节盖置于关闭,进风弧开度为 40 mm。作业时不允许调节风压调节盖。作业中如果发现筛面负荷右偏,可将复脱器抛扔挡帘卷起一些,让物料向左边分散一些。

(5)升运器的调整

使用中应注意升运器壳上下盖是否密封,拉扣是否锁紧,防止漏粮,尤其应检查升运器刮板输送链条传动的张紧度。

开运器的调整方法如下:松开张紧螺栓、螺母,调节该螺栓,上提张紧板,使刮板链条张紧;反之刮板链条放松。在调节张紧螺栓时应两侧同步调整,并要注意保持链轮轴处于水平位置,不得偏斜,更不能水平窜动。链条的张紧度应适宜,常用检查方法是在升运器壳底部开口处用手转动刮板输送链条,能够较轻松地绕链轮转动即为适度;或以试车空转时听不清刮板输送链条对升运器壳体的颤动敲击声为宜。

(6)复脱器的调整

在收割作业中,如因杂草或潮湿茎秸过多带入复脱器,使发动机转速下降,或清选带打滑,都有可能引起复脱器堵塞。当叶轮工作阻力扭矩超过出厂设置(一般为 50~80 N·m)时,齿垫间产生滑转发出响声,皮带轮绕轴空转,起安全保护作用。当作业中驾驶员听到齿垫滑转的异常声音时,应及时停车检查,清理系统堵塞,排除故障。一定要注意将抛射筒堵塞清理干净后才能让机器工作。

在收割作业中如发现粮箱籽粒破碎或破壳严重(国家标准规定不超过 2%),有可能是因为复脱能力过强,此时应适当减少搓板,一般取掉两个搓板(靠前边)或全部取掉,特别是收获干旱作物或水稻时。如果复脱器复脱杂余能力不足,可在搓板下加垫片以减少工作间隙。

(7)半自卸粮箱的调整

卸粮前,应将卸粮槽部件转到工作位置。卸粮由驾驶员通过卸粮离合器操纵杆实现,下压接合,上提分离。卸粮带被卸粮张紧轮压紧时,就开始卸粮,其张紧压力是通过杠杆系统的弹簧调整的。当卸粮离合器结合时,张紧轮对胶带的垂直压力是 57 N,然后将弹簧压紧后钢丝间间隙为 0.5~1 mm,并且卸粮中间轴输入带轮护圈与胶带应有 7~10 mm 径向间隙。一定的弹簧预紧力用于克服结合和分离时传动反馈的冲击力作用。一定的间隙用于保证分离时胶带能与带轮槽驱动面脱开。

新胶带工作一段时间后会伸长,此时应重新调整卸粮张紧轮对胶带的压力,调整方法请参看主离合器张紧轮对联组带压力的调整方法。

使用半自卸粮箱卸粮时应注意以下问题:

① 收割工作开始前,应检查粮箱内是否存在障碍物,有则应彻底清理。

② 停车卸粮只许一次连续完成,否则将引起系统各搅龙筒充塞籽粒,造成二次卸粮时负荷激增,损坏传动件。如因故障中断卸粮,必须将斜搅龙筒和过渡搅龙筒充塞的籽粒排除干净再卸。严禁在堵塞情况下强行结合卸粮离合器卸粮(如采用卸粮槽卸粮,此条暂不适用)。

③ 卸粮完毕时应将卸粮槽收回运输位置固定。

### 三、操作及安全注意事项

1. 自走式轴流谷物联合收割机机手必须经培训合格方能上机操作,并须按说明书要求实施作业和维护。

2. 注意经常检查机上配备的灭火器性能是否良好,及时清理干净作业后的糠尘油污。夜间作业时当电气系统发生故障时要用防火灯。

3. 禁止在作业地内加油或在运转时加油(燃油必须经 96 h 以上沉淀,且加油时需采用过滤装置,保持加油器具清洁),以及在机上或作业区内吸烟。各种油料必须符合规定要求。

4. 禁止在电气系统中使用不合格电线,接线要可靠,线外须有护管,接头处应有护套。保险丝容量应符合规定,不允许做打火试验。蓄电瓶应保持清洁,电瓶线卡应接牢靠,接触面良好。电瓶上禁止放金属异物。机器运转时不要摘下电瓶线。电焊维修时必须断开电源总闸。注意预防电焊火灾。不允许更改各种电线的规格。

5. 安全罩未罩上时,不允许启动联合收割机。收割机启动后,不允许掀开或取下安全罩。

6. 工作人员禁止穿肥大或没有扣好的工作服操作机器。

7. 驾驶员必须确实看清联合收割机周围无人靠近时,才能在发出启动信号后启动机器。

8. 只有在收割台安全卡可靠支承后,才能在割台下面工作。发动机未熄火时不允许排除故障。

9. 联合收割机在田间作业时,发动机油门必须保持在额定工作位置,注意观察仪表和信号装置是否正常,不准其他人员搭乘和攀缘机器。作业时严禁靠近割台、喂入搅龙、拨禾轮、排草口。

10. 粮箱充满后运输工具行驶速度不得超过 8 km/h,不允许在高低不平和有坡度公路上行驶,严禁急刹车。

11. 联合收割机作业中因超负荷发生堵塞时必须同时断开行走离合器、主离合器和卸粮离合器,必要时立即关闭发动机。工作部件缠草和出现故障时,必须及时停车清理排除。

12. 作业时当复脱器安全离合器发出滑转响声时必须迅速停车,清除干净系统杂余堵塞,然后继续作业。

13. 联合收割机在作业时,横纵坡坡度均不应大于 $8°$,运输时横坡坡度不应大于 $8°$,纵坡坡度不应大于 $25°$,不允许在坡地高速行驶,上下坡时不允许换挡。坡地停车时应使用手刹车固定,四轮应掩上随车专用斜木或可靠石块。要经常检查刹车、转向和信号系统的可靠性。作业时倒车不允许转弯,这样会使导向轮胎刮地滑行。

14. 不要在高压线下停车,作业时不与高压线平行行驶。在雷雨天气作业,应远离高压线 25 m 以上。

15. 当联合收割机因出现故障需要牵引时,最好采用不短于 3 m 长度的刚性牵引杆,并将牵引杆挂接在前桥的牵引钩上。不允许倒挂后桥挂接点。后桥挂接点只作牵引小拖挂车用。因故障牵引联合收割机时,不允许挂挡,牵引速度不超过 10 km/h,不要急转弯。在发动机出现故障不能启动时,不允许拉车或溜坡启动。

16. 卸粮时禁止用铁锹、木棒或直接用手脚在粮箱里助推籽粒,禁止在机器运转状态下爬入粮箱助推籽粒。在田间或远距离转移时一定要收回卸粮槽或卸粮斜搅龙。

17. 机组远距离转移时须将割台油缸安全卡卡在支承位置。在公路上行驶时应遵守交通规则。

18. 联合收割机停车时必须将割台放落地面,所有操纵装置回到空挡位置和中间位置后才能熄火。坡地停车时应将手刹车固定。离开驾驶台时应将启动开关钥匙拔下,并将总闸断开。

19. 支起联合收割机时,在前桥应将支点放在机架与前管梁连接处支承板水平面上,在后桥应将支点放在铰接点下方,并堰好未支起轮胎,将其可靠支起。拆卸驱动轮时应先拆与轮毂固定的 8 只 M16 螺母。卸下总成后,如需再拆内外轮毂固定螺栓,必须先放完气后再拆,以免轮毂飞出伤人。

20. 必须严格遵守有关操纵和车上安全的规定。

四、自走式轴流谷物联合收割机的技术维护

正确的技术维护是预防联合收割机故障,确保优质高效、安全工作的重要条件,因此必须及时、认真仔细地按相关规定执行维护操作。

1. 班次保养

(1) 发动机的班次保养,应按使用说明书进行。

(2) 彻底清理联合收割机各部位的缠草,以及颖糠、麦芒、碎茎秆等堵塞物,主要部位:拨禾轮、喂入搅龙、凹板前后的脱谷室三角区、上下筛间及抖动板、发动机座附近等,特别要清理变速箱输入轮积泥(影响平衡)。

(3) 发动机空滤器、水箱及除尘罩要经常清理。

（4）检查和杜绝漏补现象。

（5）检查所有部位的螺栓状况。

（6）检查护刃器及动刀片的磨损情况及切割间隙(0.2～0.5 mm)。

（7）检查过桥输送链的张紧度和轴承。

（8）检查各种传动带的张紧度、各种传动链的张紧度。

（9）检查液压油面高度,以及发动机油面高度。

（10）检查制动系统的可靠性。

2. 润滑

（1）严格按照说明书要求的时间周期、油脂型号、部位进行润滑。

（2）加注润滑油所用器具要洁净。润滑前应擦净油嘴、加油口、润滑部位的油污和尘土。

（3）要经常检查轴套、轴承等摩擦部位的工作温度,如发现油封漏油,工作温度过高,应随时修复和润滑。

（4）链轮、链条的润滑要在停车状态下进行,润滑时应除去链条上的油泥,抹刷均匀。

（5）行走离合器分离轴承和轴套必须拆卸后进行润滑,一般每年进行一次。

（6）联合收割机试运转结束,或经较长时间运行后,应将齿轮油、发动机油底壳机油更换或过滤后再用。一般每周应检查一次,发现漏油、油位不足时立即添加。

（7）拨禾轮等部位的木轴瓦应在使用前放在 120～130℃ 的机油中浸煮 2 h,然后抹上黄油安装好。

（8）加注黄油时一定要加足。加注不进去时,可转动润滑部位后再加,直至加满。

（9）应结合保养工作将可拆卸的轴承、轴套、滑块等用机油清洗干净,装配后加注润滑油。

（10）所有含油轴承应在每季作业结束后卸下,在热机油中浸泡 2 h 补油。

### 质量检测

1. 适时收获

根据农业技术要求和当地气候环境条件,适时收割,及时完成小麦收获。

2. 地头边角作物的检查

在收割机进地前,查看麦田四周边角处是否有杂草、树枝杂物及凸角,以及是否有田埂较高等情况,如有必要,可在麦田右角由人工按机器长宽尺寸割出空地,以便收割机进地作业。若田埂不高,收割机可直接进入,则不必割出空地。为使机器免受损坏,允许机器在地边角处留出 1～2 行作物,由人工收割。

3. 割茬检查

自收割机收割作业的第 3 行算起,随机抽 5 点(应避免在同一行),每点左右各 10 丛,共计 100 丛,用尺子测量割茬的高度,取平均值。

4. 籽粒损失率检查

从收割机实际作业的第 3 行开始,每块麦田随机取 5 点(四周各 1 点,中间 1 点,应避免地头转弯处),每点取 1 m² 检查收割机的全部损失量(应扣除作物自然落粒损失),然后折算成亩损失量,取作物亩产的百分率即为收割机作业籽粒损失率。

5. 籽粒清洁率检查

每麦田随机抽 5 袋(箱),每袋随机取样 0.5 kg,合计取样 2.5 kg,检查样品的籽粒清洁率,将其作为整台收割机作业时的籽粒清洁率。

6. 籽粒破损率检查

在检查样品籽粒清洁率的同时,检查样品中破损籽粒的含量,将其作为收割机作业的破损率。

7. 其他检查

收割干净,不漏割,尽量减少收割时的损失;卸粮时不漏撒麦子;运粮车封闭严密,运输过程中不漏撒麦子;麦草抛撒均匀或集堆大小合理;倒伏麦子要逆向收割。

◉ 故障诊断与排除

新疆-2.0型(4LD-2型)自走式轴流谷物联合收割机常见故障、故障产生原因及排除方法见表 5-2~5-5。

表 5-2 新疆-2.0 型(4LD-2 型)自走式轴流谷物联合收割机收割台常见故障、故障产生原因及排除方法

| 故障 | 产生原因 | 排除方法 |
|---|---|---|
| 割刀堵塞 | 遇到石块、木棍、钢丝等硬物 | 立即停车排除硬物 |
|  | 动、定刀片切割间隙过大引起切割夹草 | 调整刀片间隙 |
|  | 刀片或护刃器损坏 | 更换刀片和修磨护刀刃,或更换护刃器 |
|  | 作物茎秆低,引起割茬低而使刀梁上壅土 | 提高割茬和清理积土 |
| 收割台前堆积作物 | 割台搅龙与割台底间隙过大 | 按要求调整间隙 |
|  | 前茎秆短,拨禾轮太高或太偏 | 下降或后移拨禾轮,尽可能降低割茬 |
|  | 拨禾轮转速太低 | 提高拨禾轮转速 |
|  | 作物短而稀 | 提高机器前进速度 |
| 作物在割台搅龙上架空,喂入不畅 | 机器前进速度偏高 | 降低机器前进速度 |
|  | 拨指伸出位置不对 | 向前上方调整前伸缩位置 |
|  | 拨禾轮离喂入搅龙太远 | 后移拨禾轮 |
| 拨禾轮打落籽粒太多 | 拨禾轮转速太高,打击次数多 | 降低拨禾轮转速 |
|  | 拨禾轮位置偏前,打击强度高 | 后移拨禾轮位置 |
|  | 拨禾轮位置偏高,打击穗头 | 降低拨禾轮高度 |
| 拨禾轮翻草 | 拨禾轮位置太低 | 提高拨禾轮高度 |
|  | 拨禾板弹齿后倾偏大 | 按要求调整拨禾板弹齿角度 |
|  | 拨禾轮位置偏后 | 前移拨禾轮位置 |
| 拨禾轮轴缠草 | 作物长势蓬乱 | 停车并及时排除缠草 |
|  | 作物茎秆过高、过湿 | 适当升高拨禾轮位置 |

| 故障 | 产生原因 | 排除方法 |
|---|---|---|
| 被割作物向前倾倒 | 机器前进速度偏高 | 降低机器前进速度 |
| | 拨禾轮转速太低 | 提高拨禾轮转速 |
| | 切割器上壅土 | 清理切割器壅土 |
| | 动刀切割速度太低 | 调整摆环箱传动带张紧度 |

表5-3 新疆-2.0型(4LD-2型)自走式轴流谷物联合收割机脱谷部分常见故障、故障产生原因及排除方法

| 故障 | 产生原因 | 排除方法 |
|---|---|---|
| 滚筒堵塞 | 板齿滚筒转速偏低或滚筒带、联组带张紧度偏小 | 关闭发动机,将活动凹板放到最低位置,打开滚筒室周围各检视孔盖和前封闭板,转动滚筒带,将堵塞物清除干净 |
| | 喂入量偏大 | 降低机器前进速度或提高割茬 |
| | 作物潮湿 | 适当延后收割或降低喂入量 |
| | 作物倒伏方向紊乱 | 降低喂入量 |
| | 作业时发动机油门不到额定位置 | 收紧钢丝绳,将油门调到位 |
| 滚筒脱粒不净程度偏高 | 板齿滚筒转速偏低 | 提高滚筒转速 |
| | 活动凹板间隙偏大 | 减少活动凹板出口间隙 |
| | 作物过于潮湿 | 适当通风、晾晒后再脱粒 |
| | 喂入量偏大或不均匀 | 降低机器前进速度 |
| | 纹杆磨损或凹板栅条变形 | 更换或修复纹杆或凹板栅条 |
| 谷粒破碎太多 | 板齿滚筒转速高,或板齿凹板参与脱粒 | 降低滚筒转速 |
| | 板齿凹板间隙偏小 | 适当增大活动凹板出口间隙 |
| | 作物过熟,或霜后收获 | 适当提早收割 |
| | 籽粒进入杂余搅龙太多 | 适当关闭风扇进风量,增大筛前段开度 |
| | 复脱器搓擦作用太强 | 适当减少复脱器搓板数 |
| 谷粒脱不尽而破碎多 | 活动凹板扭曲变形,两端间隙不一致 | 校正活动凹板 |
| | 板齿滚筒转速偏高,活动板齿未降下 | 降低滚筒工作转速,将活动板齿降下 |
| | 滚筒转速较低 | 适当提高滚筒转速 |
| | 活动凹板间隙偏大,滚筒转速偏高 | 适当缩小间隙和降低转速 |
| | 活动凹板间隙偏小,滚筒转速偏低 | 适当增大间隙和提高转速 |
| 滚筒转速失稳或有异常声音 | 脱谷室物流不畅 | 适当增大活动凹板间隙,提高滚筒转速,校正排草板 |
| | 滚筒室有异物 | 排除滚筒室异物 |
| | 螺栓松动或脱落,或纹杆损坏 | 拧紧螺栓,更换纹杆 |
| | 滚筒不平衡或变形 | 重新将滚筒调平衡,修复变形或更换滚筒 |
| | 滚筒轴向窜动与侧壁摩擦 | 调整并紧固牢靠 |
| | 轴承损坏 | 更换轴承 |
| | 分离板断裂 | 更换分离板 |

表 5-4 新疆-2.0 型(4LD-2 型)自走式轴流谷物联合收割机脱谷分离和清选部分常见故障、
故障产生原因及排除方法

| 故障 | 产生原因 | 排除方法 |
|---|---|---|
| 排草中夹带籽粒偏多 | 发动机未达到额定转速,或联组带、脱谷带未张紧 | 检查油门是否到位,或张紧组带、脱谷带 |
| | 滚筒转速过低或栅格凹板前后"死区"堵塞,分离面积缩减 | 提高滚筒转速,清理栅格凹板前后"死区" |
| | 喂入量偏大 | 降低机器前进速度 |
| 排糠中籽粒偏多 | 筛片开度偏小 | 适当增大筛片开度 |
| | 风量偏大,导致籽粒被吹出 | 调小风机转速,必要时将备用的一对调风板投入使用 |
| | 喂入量偏大 | 降低机器前进速度或提高割茬 |
| | 茎秆含水量太低,茎秸易碎 | 提早收割 |
| | 滚筒转速太高,清选负荷加大 | 降低滚筒转速 |
| | 风量偏小,糠中籽粒吹不散 | 适当增大风机转速 |
| 粮中含杂率偏高 | 上筛前段筛片开度偏大 | 适当降低该段筛片开度 |
| | 风量偏小 | 适当增大调风板开度或提高风机转速 |
| 杂余中颖糠偏多 | 风量偏小 | 适当增大风机转速 |
| | 下筛后段筛片开度偏小 | 适当增大下筛后段筛片开度或提高风机转速 |
| 粮中穗头偏高 | 上筛前段开度偏小 | 适当增大筛片开度 |
| | 风量偏小 | 适当增大调风板开度或提高风机转速 |
| | 滚筒转速偏低 | 提高滚筒转速 |
| | 复脱器未装搓板 | 在复脱器内装上搓板,增大杂余筛片开度 |
| 复脱器堵塞 | 清选胶带张紧度偏小 | 提高清选胶带张紧度 |
| | 作物潮湿或品种口紧,进入复脱器的杂余量大 | 提高板齿滚筒转数,提高风机转速,增加复脱器搓板 |
| | 安全离合器弹簧预紧扭矩不足 | 停止工作,排除堵塞,检查安全离合器预紧扭矩是否符合规定 |
| | 复脱器叶片变形 | 拆下整形 |
| 筛子表面混合物料多 | 发动机未达到额定转速 | 检查油门是否到位 |
| | 风量太小 | 张紧风机皮带,调高风量 |
| | 筛面物料太多 | 在夹带损失范围内,尽量增大滚筒凹板间隙 |

表 5-5 新疆-2.0 型(4LD-2 型)自走式轴流谷物联合收割机行走系统常见故障、
故障产生原因及排除方法

| 故障 | 产生原因 | 排除方法 |
|---|---|---|
| 行走离合器打滑 | 分离杠杆不在同一平面 | 调整分离杠杆螺母 |
| | 分离轴承无法回位,摩擦片进油 | 将摩擦片拆下清洗 |
| | 摩擦片磨损偏大,弹簧压力降低或摩擦片铆钉松脱 | 修理或更换摩擦片 |

| 故障 | 产生原因 | 排除方法 |
|---|---|---|
| 行走离合器<br>分离不清 | 分离杠杆与分离轴承之间自由间隙偏大，主被动盘不能彻底分离 | 调整分离杠杆与分离轴承之间自由间隙 |
| | 分离杠杆与分离轴承之间自由间隙不等，主被动盘不能彻底分离 | 调整三个分离杠杆与分离轴承之间自由间隙 |
| | 分离轴承损坏 | 更换分离轴承 |
| 挂挡困难或<br>掉挡 | 离合器分离不彻底 | 及时调整离合器 |
| | 小制动器制动间隙偏大 | 及时调整小制动器间隙 |
| | 工作齿轮啮合不到位 | 调整滑动轴挂挡位置（调整换挡推拉软轴调整螺母） |
| | 换挡轴锁定机构不能定位 | 调整锁定机构弹簧预紧力 |
| 变速箱<br>工作时<br>有响声 | 齿轮严重磨损 | 更换齿轮副 |
| | 轴承损坏 | 更换轴承 |
| | 润滑油不足或型号不对 | 检查油面或润滑油型号 |
| 变速范围<br>达不到 | 变速油缸工作行程达不到 | 系统内泄，送工厂检查修理 |
| | 工作时变速油缸不能定位 | 系统内泄，送工厂检查修理 |
| | 动盘滑动副缺油卡死 | 及时润滑 |
| | 行走带拉长打滑 | 调整无级变速轮张紧架 |
| 最终传动<br>齿轮室<br>有异声 | 边减半轴窜动 | 检查边减半轴固定轴承 |
| | 轴承未注油或进泥损坏 | 更换轴承，清洗边减齿轮 |
| | 轴承座螺栓和紧定套未锁紧 | 拧紧螺栓和紧定套 |

# 工作任务二 玉米机械收获

## 情境描述

操作 4YZB-4 型自走式玉米联合收获机,收获 650 亩玉米作物。

## 作业质量要求

1. 掌握农时,及时收获,做到收割干净,不漏割,尽量减少收割时的损失,其中籽粒损失率、果穗损失率、果穗含杂率、茎秆切碎质量和茎秆破碎合格率应满足玉米联合收获机实验大纲的要求。

2. 在使用 4YZB-4 型自走式玉米联合收获机收获玉米之前,要对机车进行使用前的检查、磨合试运转及试割后的检查。

3. 田间准备:平整渠、埂,人工采收地头 18~20 m 范围内的玉米。

4. 粉碎后的玉米秸秆抛洒均匀一致。

5. 挂、摘运输拖车时严格按技术要求操作。

## 学习目标

掌握 4YZB-4 型自走式玉米联合收获机的构造、工作原理,熟悉其性能和技术规格。

## 技能目标

正确操作 4YZB-4 型自走式玉米联合收获机收获玉米,达到作业质量要求;掌握工作过程;能够熟练操作收获机;正确地进行技术状态检查;合理地调整、使用和维护保养收获机;掌握安全操作规程。

## 所需设备、工具和材料

1. 新疆机械研究院股份有限公司制造的牧神牌 4YZB-4 型自走式玉米联合收获机。
2. 拖拉机、拖斗。
3. 调整安装用工具。
4. 抓钩、耙子。

## 相关知识

农作物收获是农业生产中的重要环节,玉米机械化收获一直是一个薄弱的环节。最近几年玉米机械化收获得到了普遍的重视,研究者们已研制开发了多种机械,玉米机械化收获技术已逐渐走向成熟,使用面积不断扩大。在新疆,以牧神牌 4YZB-4 型自走式玉米联合收获机的使用居多。该机是新疆机械研究院股份有限公司制造的。它采用卧式摘穗板式摘穗机构,搅龙横向输送,刮板升运器纵向输送,通过液压升降果穗箱,并采用槽形排列的剥皮辊。

一、4YZB-4 型自走式玉米联合收获机的构造和工作过程

4YZB-4 型自走式玉米联合收获机的整体构造如图 5-49 所示,其主要由摘穗台、前升运器、后升运器、果穗箱、秸秆处理装置、发动机、驾驶室、底盘、液压系统和电气系统等组成。

摘穗台位于收获机的正前方,用于摘穗、输送玉米穗到前升运器;果穗升运器位于整机右侧呈纵向配置,用于将玉米穗从搅龙送往果穗箱,果穗箱位于升运器出口,用于将升运器送来的玉米穗收集起来;秸秆处理装置用于将摘穗后的玉米秸秆直接粉碎还田;收获机的动力配备为柴油发动机,用来驱动玉米收获机行走和工作部件,柴油机的前端输出行走部分的动力,后端输出工作部件动力;底盘为自走式专用底盘,包括前桥和后桥,由主机架连接,具有独立的整体机架,支承整机全部负载并完成行走任务;驾驶室中的驾驶台包括仪表和操作系统,用于监视收获机作业和操纵收获机转移;液压系统由转向和操纵两个子系统组成,转向系统用于控制转向轮转向,操作系统用于控制割台、果穗箱、秸秆粉碎装置升降及控制行走无级变速;电气系统用于实现驾驶员对收获机的多种远控功能及一些辅助功能,如照明、自动监视功能等。

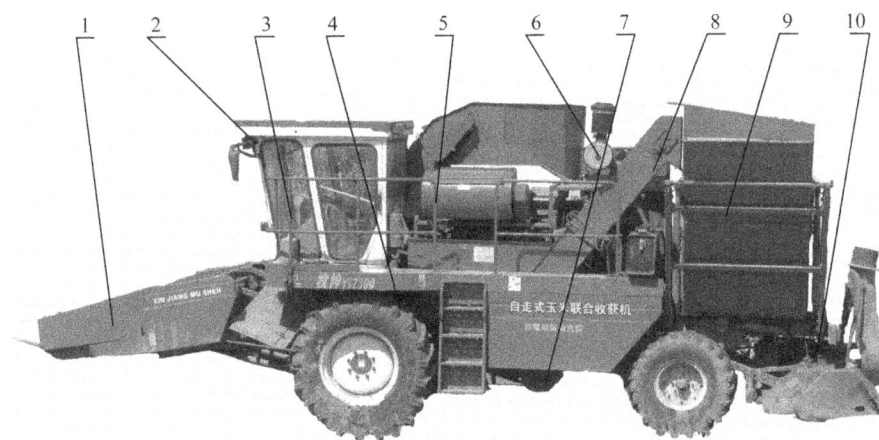

1—摘穗台 2—电气系统 3—驾驶室 4—液压系统 5—前升运器 6—发动机 7—底盘
8—后升运器 9—果穗箱 10—秸秆处理装置

图 5-49 4YZB-4 型自走式玉米联合收获机

收获玉米时,收获机在玉米行间行驶。带穗的玉米茎秆被茎秆扶持器导入割台茎秆导槽,随后再被喂入链爪进入摘穗装置;摘穗装置中一对反向旋转的拉茎辊把玉米茎秆拉过摘穗板的工作间隙,果穗由于直径过大不能通过摘穗间隙被摘下,而是由喂入链拨送到搅龙输送器;再由搅龙输送器推送到割台右侧的升运器,由升运器提升后经过除杂落入果

穗箱。摘穗后的茎秆经过粉碎装置直接粉碎还田。

二、4YZB-4型自走式玉米联合收获机的主要部件的结构及调整

1. 摘穗台

（1）结构

摘穗台有两种形式，即对行割台和不对行割台。对行割台适用于种植行距比较规范的地区，摘穗单元的行距为55 cm和65 cm；不对行割台主要适用于种植行距不规范的地区。两种割台的摘穗原理以及基本摘穗单元结构相同。

摘穗台用于摘穗、输送玉米穗进入升运器。摘穗台由摘穗部件、拨禾链、护罩、中分禾罩等组成，如图5-50所示。摘穗台置于玉米收获机前部，通过液压操纵割台油缸使其升降。

（2）摘穗板间隙调整

摘穗板间隙的调整，是通过摘穗板上的长圆孔实现的。首先要将其固定螺栓松开再左右对称移动摘穗板到所需间隙，然后紧固螺栓。果穗从茎秆摘脱主要是因为摘穗板间隙小于果穗直径，因此摘穗板间隙的确定是先取所收获的籽粒饱满的小果穗，将其对半折断，测量折断处的直径，摘穗板后部间隙应比此直径小3～6 mm，而摘穗板前部间隙应比后部间隙小3 mm。此间隙过小会使摘下的果穗中混杂有许多茎叶和断茎秆或造成堵塞；工作间隙太大则会使果穗损伤和籽粒损失增大。改变拉茎辊间隙时，也需要改变摘穗板之间的间隙，因此，应该先调整好拉茎辊间隙，再调整摘穗板之间的间隙。

2. 前升运器

（1）结构

前升运器用于把未剥苞叶的果穗及断茎秆送到剥皮装置中去。

前升运器由升运器主轴、前升运器下壳体、装有刮板的升运链、铰接在壳体上的活动盖板、前升运器上壳体、升运器被动轴、拉草轮、倒料板等组成。

（2）前升运链的调整

为了使升运器正常工作，必须使每条链条的链轮和导轨的轴线处于同一平面内。升运器两链条的张紧度应该一致。正常的张紧度应该为用手在中部提升链条时，它离地板高度为60～80 mm。升运器链条松紧是通过调整升运器被动轴两端调节板的调整螺栓实现的。

3. 后升运器

（1）结构

后升运器用于把剥过皮的玉米和收集来的籽粒输送到果穗箱中去。

1—摘穗部件　2—拨禾链
3—中分禾罩　4，5—护罩

图5-50　摘穗台

209

后升运器主要由主动轴、升运链、下隔板、后升运器壳体、导轨、被动轴及升运链调节装置和传动装置等部件组成。

（2）后升运链的调整

为了使升运器正常工作，必须使每条链条的链轮和导轨的轴线处于同一平面内。升运器两链条的张紧度应该一致。正常的张紧度应该为用手在中部提升链条时，它离地板高度为20～30 mm。升运器链条的松紧程度是通过调整升运器被动轴两端调节座上的调节螺杆实现的。

1—定刀　2—搅龙　3—壳体焊合
4—定刀齿　5—刀轴　6—仿形辊

**图5-51　秸秆处理装置**

4. 秸秆处理装置

（1）结构

4YZB-4型收获机的秸秆处理装置如图5-51所示。它结合了秸秆粉碎还田机和青饲收获机的关键技术，因此兼有两种功能，既能当秸秆还田机使用，又能收获青黄饲料。它主要由壳体焊合、定刀齿、刀轴、仿形辊、搅龙、挡草板等构成。粉碎轴上的锤爪按螺旋线方式排列，制造时已经做过动平衡。在锤爪磨损需要更换时，新换的锤爪必须称重选配，每个锤爪之间的误差不得大于5 g，以防止出现不平衡现象。锤爪与定刀片之间的间隙为3～4 mm，距地面的最小距离为30 mm。

（2）秸秆处理装置的调整

可以根据所需割茬的高度，对锤爪距地面的距离进行调整，其调整范围是30～110 mm。调整方法是：将随动轮轴与壳体相连的螺栓卸下，变换随动轮轴与壳体的连接位置即可。由于换向齿轮是开放式传动，所以每个班次都必须对该齿轮进行擦拭及加润滑油。

5. 驾驶室

玉米收获机的驾驶室位于整个收获机的前上方。驾驶室由底座、驾驶台等组成，其固定在收获机的机架上。驾驶室内有收获机的大部分操纵机构，如方向盘、离合器踏板、动踏板、变速箱操纵手柄、液压系统操纵手柄、柴油机油门控制手柄等。驾驶员座位置于驾驶室中间位置，行走离合器踏板在驾驶员左脚前方，制动踏板在驾驶员右脚前方，操控手柄均在驾驶员的右侧，右侧前方为变速箱操纵手柄，右侧为液压系统操控手柄和油门控制手柄。操作人员从收割机的左侧进入驾驶室。驾驶室的外部结构如图5-52所示。驾驶室的操纵手柄箱如图5-53所示。

6. 行走底盘

行走底盘由驱动桥、变速箱、转向桥、机架、驱动轮组合、动力输出组合等零部件组成。其功能是支持工作部件完成田间作业。整机行走和动力输出装置如图5-54所示。

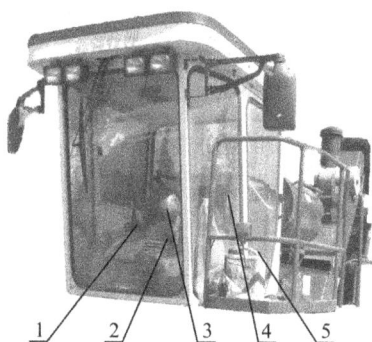

1—操纵手柄箱　2—踏板　3—方向盘
4—驾驶员座位　5—主离合器操纵手柄

图 5-52　驾驶室

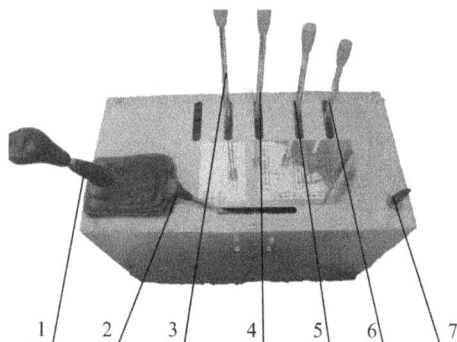

1—变速杆　2—手油门手柄　3—割台升降手柄
4—行走无级变速控制手柄　5—切碎器升降手柄
6—粮仓升降手柄

图 5-53　操纵手柄箱

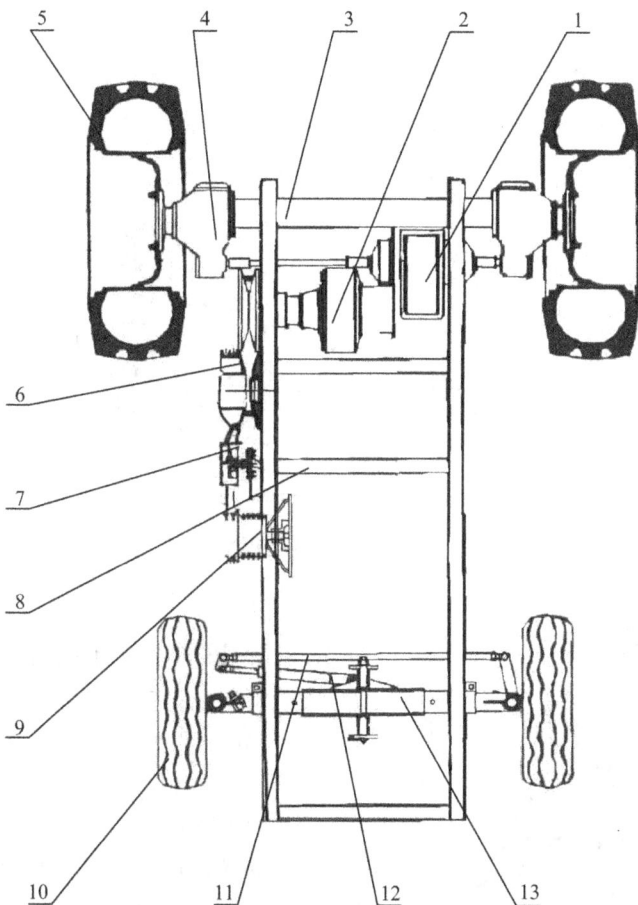

1—变速箱　2—离合器　3—驱动桥　4—边减速器　5—驱动轮组合　6—无级变速器总成　7—行走张紧轮
8—机架　9—动力输出组合　10—转向轮　11—转向拉杆　12—转向油缸　13—转向桥

图 5-54　整机行走和动力输出装置

211

（1）驱动桥

驱动桥由变速箱总成(含差速器)、边减速器、手刹车机构、脚刹车机构、离合器、无级变速增扭机构组成,可实现行走速度在 1.2～20.5 km/h 范围内调整。

（2）变速箱

变速箱又名中央传动箱,置于离合器之后,它是将变速齿轮和差速器合二为一的装置,如图 5-55 所示。变速箱设有四个前进挡和一个后退挡,滑动齿轮在变速杆和推拉软轴作用下完成变速。变速箱壳体内的机油应定期更换,油面不应超过或低于检视螺孔位置,油位低会影响飞溅润滑,油位超高油容易窜入离合器,引起打滑。变速箱正常工作时油温不应超过 70℃。

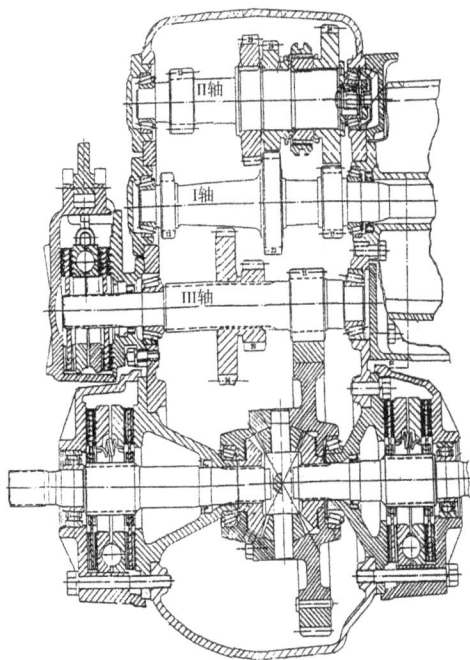

图 5-55　变速箱

图 5-56　离合器

（3）离合器

该收获机采用的是常压干式离合器,如图 5-56 所示。主要技术参数是:六个分离爪距分离轴承之间的距离为 3～4 mm,六个分离爪距主盘摩擦平面的距离为(34.5±0.25)mm,中间盘调整间隙为 1.25 mm,铜基摩擦片厚度为 3.5 mm。

离合器的操纵是通过液压系统实现的,当脚踩离合器踏板时,刹车油经主油泵增压进入离合器分离油缸,推动离合器杠杆,使离合器拨叉带动分离轴承做平动。压下分离爪,离合器压力盘与摩擦片脱落,即可切断动力。

（4）无级变速器

无级变速器的内侧是可动盘,其在液压油的作用下可轴向移动。当行走无级变速手柄向前移动时,液压油通过液压泵和柱塞上的油孔进入行走无级变速油缸,推动缸套,使动盘向右移动。这样就增加了主动轮的直径,使被动轮转速增加,从而提高行走速度。行走无级变速手柄向回移动时,液压油回流,动盘在皮带的作用下向左移动,皮带直径变小,从而使行走速度降低。无级变速箱示意图如图 5-57 所示。

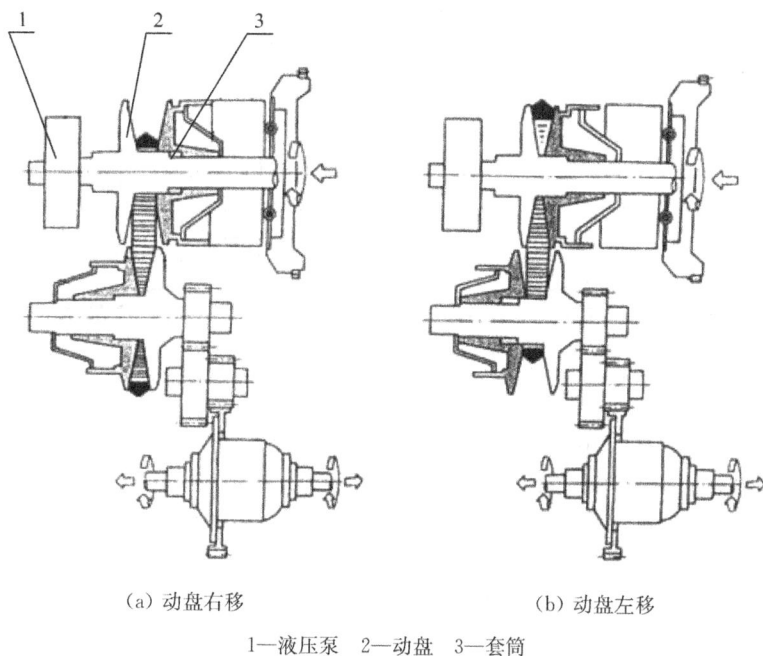

（a）动盘右移　　　　　　　　　　　（b）动盘左移

1—液压泵　2—动盘　3—套筒

**图 5-57　无级变速器**

**7. 液压系统**

4YZB-4 型玉米联合收获机的液压系统由转向和操纵两个系统组成。液压元件是精密零件,使用过程中应精心维护。

（1）转向和操纵液压系统

如图 5-58 所示,转向液压系统由全液压转向器、单路稳定分流阀、转向油缸和液压油管(图中软管)等组成,用于控制导向轮的转向。操纵液压系统由多路换向阀、割台升降油缸、卸粮油缸、切碎油缸、无级变速器、集流块、液压油散热器和液压油管等组成,用于控制摘穗台、秸秆粉碎器、果穗箱的升降和无级变速器。两个系统共用一个液压油箱总成和液压泵,同时还与各液压元件的管路系统等连接。

转向操纵液压系统为开式液压系统,采用高压力、小排量,系统各部件体积较小,动作迅速。液压油箱、多路换向阀、齿轮油泵三者间的距离很小,布置合理,从而使管路大大缩短,能量损失减小,这样节能效果较好。转向系统采用摆线转阀式全液压转向机,操纵油泵时灵活省力,方向盘转向动力矩只需 0.3~1 kg·m。

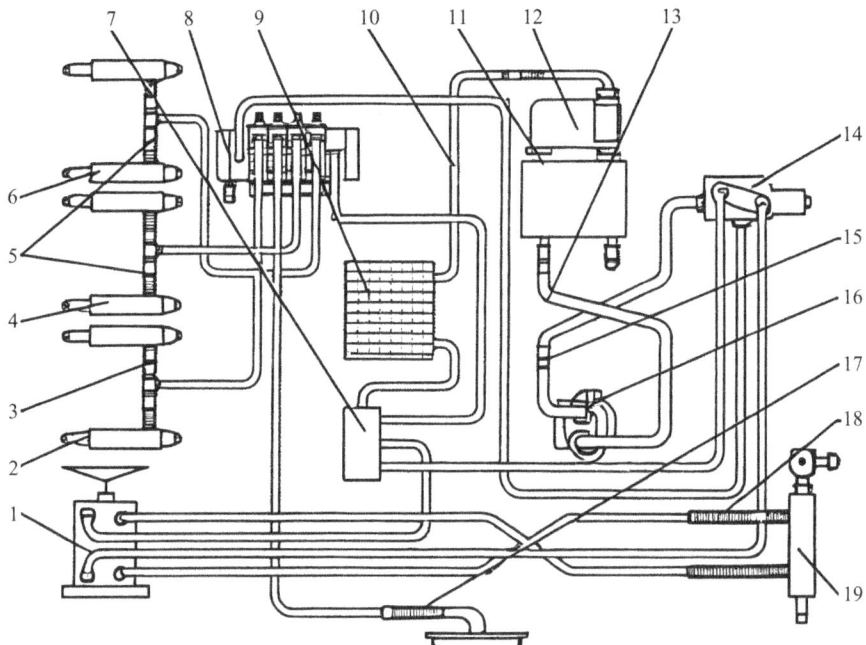

1—全液压转向器　2—割台升降油缸　3—胶管接头　4—切碎油缸　5—胶管接头　6—卸粮油缸　7—集流块
8—多路换向阀　9—液压油散热器　10—总回油软管总成　11—液压油箱总成　12—旋转式管路过滤器
13—齿轮油泵进油软管总成　14—单路稳定分流阀　15—胶管接头　16—齿轮油泵　17—行走变速高压软管总成
18—高压软管总成　19—转向油缸

图 5-58　液压系统平面布置图

（2）液压油箱

液压油箱具有贮油、滤清和散热功能。液压系统的滤清器置于回油口，能将系统回来的油进行过滤，保证 20 μm 以上的机械杂质从油中滤出。此外，在加油口设有油箱空滤器，保证加油时对液压油进行初滤并使油箱与大气相通，以过滤外界进入的脏空气，同时避免箱内液压油外溅。注意油箱空滤器盖必须拧紧。油箱左侧设有油位计和温度计，作业时液压油油位最好在上限。

使用液压油箱时应注意以下几个问题：

① 按规定给机器更换液压油，应确保液压油型号（46 号抗磨液压油）、清洁度和液面高度（工作时不低于油箱上平面 80 mm）符合规定要求。

② 工作中，特别是更换油后的油箱中应无气泡，否则应检查其管路连接处是否密封，直到排除气泡。在维护过程中不要将滤网板损坏，滤网板作用是清理油液中气泡，确保闭式系统工作油质量及系统稳定。

③ 定期清洗回油滤清器和油箱空滤器滤芯，清洗时不准随意调整回油滤清器的安全阀弹簧预紧度。试运转后必须清洁或更换回油滤清器。吸油滤清器不需清洗，只在每年换油时更换。

④ 新机器工作 30 h（或试车）后更换液压油，以后每年更换一次。

（3）使用液压系统时应注意的问题

① 所用的油要保质保量保清洁。液压油在系统中起传递动力作用,同时也起润滑、散热、密封作用。检查油面时,应使所有油缸缩回,液压油面在视窗上限。

② 液压系统的工作油温范围一般为 30～80℃,理想的油温范围为 60～80℃,最高不超过 90℃。

③ 液压系统的压力随负载的变化而变化,即负载增加,系统压力在额定压力范围内随之增大。压力增大,系统温度也会变高,各工作部件受力也增加,泵的负荷加大,所以应尽量避免不必要的负载增大,避免无用功。例如在操纵液压控制手柄提升割台时,手不要一直按住手柄不放,尤其在油缸要升到顶点时,要一点点地扳手柄,即扳一下松开一下。要尽量避免在油缸柱塞伸到顶点时,还继续按住操纵手柄不放,以避免负荷加大。安全阀是不应该经常开启的,它只是起安全保护作用。

④ 新机器工作 30～40 h 后,应更换油箱里的液压油,以后每年更换一次。换油时应将油箱放油螺塞拧出,趁热放尽旧油,并将油箱底部清洗干净。

### 三、主要的技术参数

4YZB-4 型自走式玉米联合收获机的主要技术参数见表 5-6。

表 5-6 4YZB-4 型自走式玉米联合收获机的技术参数

| 序号 | 项目 | 类别 | 技术参数 |
|---|---|---|---|
| 1 | 机型 | | 自走式 |
| 2 | 生产率 | | 0.4～1.17 ha/h |
| 3 | 行距适应范围 | 不对行摘穗台<br>4 行(550 mm 行距)摘穗台<br>4 行(650 mm 行距)摘穗台 | 不对行(割幅 2.45 m)<br>对行(400～600 mm)<br>对行(600～750 mm) |
| 4 | 苞叶拨净率 | | ≥85% |
| 5 | 籽粒损失率 | | ≤2% |
| 6 | 果穗损失率 | | ≤3% |
| 7 | 茎秆切碎长度 | | ≤20 cm |
| 8 | 发动机 | 型号<br>额定转速<br>额定功率 | YC6108ZT(B9804)玉林机器<br>2 200 r/min<br>110 kW/h(12 小时功率) |
| 9 | 行驶速度<br>(各挡位均可实现无级变速) | Ⅰ挡<br>Ⅱ挡<br>Ⅲ挡<br>Ⅳ挡<br>倒挡 | 0.96～2.3 km/h<br>1.8～5.1 km/h<br>3.6～9.6 km/h<br>7.4～19.7 km/h<br>2.1～5.2 km/h |
| 10 | 整机外形尺寸(长×宽×高)/m | 工作位置(不对行回收)<br>工作位置(对行回收)<br>运输位置(不对行回收)<br>运输位置(对行回收) | 9.05×3.05×3.43<br>9.3×3.25×3.43<br>9.05×3.05×3.25<br>8.5×3.05×3.25 |

续表

| 序号 | 项目 | 类别 | 技术参数 |
|------|------|------|----------|
| 11 | 底盘 | 轴距<br>前轮距<br>后轮距 | 3 050 mm<br>1 920(2 375)mm<br>1 850(2 480)mm |
| 12 | | 蓄电池型号 | 6-Q(A)-135(2 个) |
| 13 | | 整机质量 | 7.8 t |
| 14 | | 地隙 | 420 mm |
| 15 | 果穗箱 | 形式<br>容积<br>卸粮高度 | 液压倾翻式<br>5 m³<br>2 380 mm(最大) |
| 16 | 油料规格 | 发动机燃油(油箱容积 280 L)<br>发动机油底壳用油<br>液压油箱(36 L)(2 个)<br>行走变速箱<br>边减速器<br>摘穗台齿轮箱<br>中间齿轮箱 | 4℃以上:0 号轻柴油;<br>4℃以下:−20 号轻柴油<br>GB 11122—89 L-ECD 15W/40<br>GB 1118.1—94 HM-46 液压油<br>85W-90<br>85W-90<br>18 号双曲线油<br>18 号双曲线油 |

## 工作过程

一、工作课时

要求本单元的理论和实训课时分别为 12 课时和 60 课时。

二、工作过程

1. 收获机的磨合试运转

(1) 新购置的 4YZB-4 型自走式玉米联合收获机及大修后的玉米收获机,在作业前必须进行试运转。试运转中每隔 0.5 h 必须停机认真检查,必要时临时停车检查和排除故障。磨合的基本要求如下:

① 发动机空运转时间不准超过 5 min。

② 带机组运转 10 h。

③ 行走运转 10 h。

④ 带负荷试运转(试割)20 h。

带负荷试运转就是收获机第一次田间试工作。带负荷试运转地块一般应选择在地势较平坦、杂草少,作物成熟度较一致、基本无倒伏,具有代表性的作业区进行。当机油压力达到足够强度,无论喂入量多少,发动机均应在额定转速(2 200 r/min)下工作,否则会造成联合收获机达不到使用性能要求,以及发生抛料筒堵塞等情况。

2. 田间清理

(1) 机械采收前 10~20 d(根据土壤类型和期间气候情况)停止灌水,地块土壤湿度不宜过大,以便机采。

(2)机械采收前 3~6 d 对田间进行实地调查。

① 首先查看通往准备采收地块的道路、桥梁,宽度不小于 4 m,机器通过高度不小于 4.5 m。

② 采收起割地头应留不少于 13 m 机采运输转弯带,地块两头机采运输转弯带要平整。

③ 如果是膜下滴灌玉米,则在停水后应将地块中的支管、辅管及滴灌设备收回,出水桩要做好醒目标记,以防碰坏出水桩或损坏收获机,回收时间以不影响正常机械采收为宜。

④ 对地角机械难以采收但又必须通过的地段进行人工采收,并需将玉米运出采收区域。

⑤ 确定进出地块的路线,确保采收、运行区域畅通无阻,保障采收作业安全。

(3)配备 2~3 名人员进行机采辅助除杂。

3. 试割与检查

收割机作业前必须进行试割,其目的是对新机器或调整后的机器的技术状态进行全面的检查,并根据结果进行再调整。将机器在待收割作物前停下,发动机保持低速运转,割台降至预计的割茬高度;逐渐将油门加至最大,低挡位平稳行进,平稳行进,开始收割;收割 10~20 m 后,停止收割,但发动机仍保持大油门运转 10~20 s,待已割作物全部通过脱粒清选系统后,再减小油门,降低转速,使各工作部件停止运动;然后关机检查作业质量。主要检查清洁度、籽粒破碎率、排草口的脱净率、排杂口籽粒清选损失率、包叶脱净率、割茬高度等。各项指标均应符合要求,否则必须重新调整。同时检查机器是否存在故障,各重要部件的坚固情况、各润滑部位的温度是否正常,各传动部分的张紧度是否正常。

按上述步骤进行调整后再进行试割,直到符合要求为止。在试割过程中,要注意观察各部位的工作情况,特别是割刀切割是否正常,割台上的作物喂入是否均匀、流畅,各传动系统工作是否平稳,机器工作声音是否正常,以及有无异味等。

4. 收割

发动机处在中速工作状态下,降低摘穗台至适当的作业高度并对准作物,然后降低切碎器至仿形轮着地,再结合主离合,最后将手油门推到最大处开始行走收割。

收割时应看大方向,走直线;作业中在碰到大的沟渠时,应将摘穗台和切碎器提起,以免损坏设备;作业时可用无级变速手柄控制车速,而不能减小油门,以免前后升运器或抛料筒堵塞。

5. 卸粮

卸粮时应先停车,空转一段时间将机器内的物料清空,再切断主离合器;将抛料筒转到后方,再操作卸粮手柄卸粮。

6. 收尾工作

在结束收割时,要让收获机多运转一会儿再分离主离合器,以便使物料完全抛出机外;操控液压手柄后,必须将其放回中立位置,以防液压油升温;方向盘不能在极限位置停留时间过长,停车前要回到原位。

7. 玉米收获机维护与保养

对 4YZB-4 型自走式玉米联合收获机进行认真仔细的维护保养和正确及时的润滑,

以减轻机器的磨损,增加可靠性,并延长其使用寿命。

维护与保养的内容如下:

(1)班次保养

① 发动机的班次保养应按发动机的使用说明书进行。

② 彻底检查和清理联合收获机各部件的杂草及断茎秆,解决茎叶堆积和缠草问题。

③ 检查发动机空气滤清器。

④ 检查发动机散热器格子积尘情况,视堵塞程度进行吹扫,必要时增加班内清理次数。

⑤ 检查各紧固件状况,包括各传动轴轴承座紧定螺栓,偏心套,发动机动力输出部分固定螺栓,齿轮箱、切碎器等部件的紧定螺栓,转向拉杆球铰开口销、驱动轮、导向轮固定螺栓等。

⑥ 检查轮胎充气压力。

⑦ 检查液压系统油箱油位,检查各接头有无漏油现象。

⑧ 检查制动油箱液面高度,检查制动系统、离合系统的可靠性,以及行走半轴花键套锁销情况。

⑨ 检查传动链张紧度,当用力拉动其中部时,链条应有 20~30 mm 挠度。

⑩ 检查 V 型传动带的张紧度,传动带过松过紧都会缩短其使用寿命。驱动带的张紧度应以在传动带中间施加 89~125 N 的力后变形 8~12 mm 为宜。

(2)定期保养

① 搞好班次保养,检查和拧紧各部位紧固螺栓、螺母。

② 及时清除黏附在机壳内的杂草、土块。

③ 经常检查粉碎器锤爪磨损情况,在磨损较大需调整时,必须将同重量的锤爪调换使用。

④ 存放时应将粉碎器垫起,停放在干燥处,不得以地轮为支承点。

⑤ 经常检查油的密封状态,发现漏油时要缩短润滑间隔时间。

⑥ 注油时要擦净油嘴头,对开式传动齿轮应常浇机油润滑。收获机的相关润滑情况见表 5-7。

表 5-7　4YZB-4 型自走式玉米联合收获机的润滑

| 润滑周期 | 机构名称 | 润滑点数 | 润滑油种类 |
| --- | --- | --- | --- |
| 每工作<br>8~10 h | 摘辊前轴承 | 4 | 润滑油 |
| | 升运器传动链滚轮 | 1 | 润滑油 |
| | 粉碎器主动带轮轴承 | 1 | 润滑油 |
| | 粉碎器张紧轮轴承 | 1 | 润滑油 |
| | 粉碎器主轴左右轴承 | 1 | 润滑油 |
| 每工作<br>50~60 h | 拨禾器被动轴承 | 2 | 润滑油 |
| | 拨禾链张紧轮轴承 | 4 | 润滑油 |
| | 中间轴左右轴承 | 1 | 润滑油 |
| | 升运器轮轴承 | 1 | 润滑油 |
| | 摘穗齿轮箱传动链张紧轮轴承 | 2 | 润滑油 |

| 润滑周期 | 机构名称 | 润滑点数 | 润滑油种类 |
|---|---|---|---|
| 每工作<br>一个季节 | 主传动齿轮箱 | 1 | 齿轮油 |
| | 摘穗齿箱 | 2 | 齿轮油 |
| | 拨禾器锥齿轮箱 | 4 | 润滑脂 |
| | 拨禾链 | 4 条 | 机油 |
| | 升运器链条 | 1 条 | 机油 |

### 三、操作及安全注意事项

**1. 操作注意事项**

（1）驾驶时严格遵守《中华人民共和国道路交通安全法》。

（2）驾驶员必须经过专业训练，经有关部门考核合格，发给驾驶证后，方可独立驾驶车辆。实习驾驶员除持有实习驾驶证外，应有正式司机随车驾驶，严禁无证驾驶。

（3）开车前严禁饮酒，行车、加油时不准吸烟、饮食和闲谈，驾驶室不准超额坐人。

（4）行车前必须检查刹车、方向机、喇叭、照明、信号灯等主要装置是否齐全完好，严禁带病出车。

（5）玉米收获机在起步和出入工厂、车间大门，以及倒车、调头、拐弯、过十字路口时，应鸣号、减速、靠右行；通过交叉路口时，应"一慢、二看、三通过"；交会车时，要做到礼让"三先"（先让、先慢、先停）。

（6）在车间、库房及露天施工工地行驶时，要密切注意周围环境和人员动向，并应鸣号、低速慢行，随时做好停车准备。

（7）停车时要选择适当地点，不准乱停乱放。停车后应将钥匙取下，拉紧手刹车制动器。

（8）货车载人时，严禁超过规定人数。汽车开动时，应待人员上下稳定再关门起步。严禁抢上跳下。脚踏板、保险杠严禁站人。

（9）用起重设备装卸车时，驾驶员必须离开驾驶室，不准在此时检查、修理车辆。

（10）工作之前应清理好现场，检查好工具及起重设备，使其具备安全可靠的工作条件。

**2. 安全注意事项**

（1）非采收机组人员不得随意上机车进行作业（包括拉运玉米机车）。

（2）机车行走运转前，必须发出行走运转信号。

（3）机组工作人员必须穿紧身工作服。在机械运转时，不得进行故障排除。若必须排除故障，必须有两名机组工作人员在现场，非机组人员不得随意靠近运转的机车，不得在机车上爬上爬下。

（4）在作业区域内任何人不得躺卧休息。

（5）采收作业时，严禁在采收机和运输车辆周围活动。

（6）玉米收获机在空运转或工作时，严禁进行各种故障排除工作。

（7）夜间工作必须有足够的照明设施。

（8）任何人不许在作业区内吸烟，夜间不许用明火照明，随车必须配备灭火设施。

（9）拉运收获玉米的机车不许乘人，驾驶员应注意行车安全。

（10）严防机车漏油或加油时有撒油现象发生。

（11）在作业区域内的任何人必须服从机组安全人员对违反安全的行为的劝阻。

（12）清洗发动机时，必须拆下马达线，以防跳火引起火灾。

（13）轮胎充气时，必须加牢钢板或链条保险，防止锁圈因轮胎压力增加崩出伤人。

（14）汽油中含有铅，不得用口吸取汽油，防止铅中毒。水箱防冻液是一种有剧毒的化学物品，绝对禁止用嘴吸取，操作后须洗净双手。

（15）为了防止收获机废气中毒，试验和磨合发动机时应尽量在室外进行。必须在室内进行时，一定要保持通风良好。

（16）要有两人以上同时工作，其中要有一人指挥，配合协作，统一行动。

（17）倒车时，指挥人员应站在车身一侧，并与车身保持一定的距离，不准在车箱后指挥。

#### ▼ 质量检测

**1. 籽粒损失率测定**

在测定区内，拣起全部落地籽粒（包括茎秆中夹带籽粒）和长度小于 5 cm 的碎果穗，脱净后称重，损失率应符合作业质量要求。

$$籽粒损失率＝落地籽粒重量/测定区内籽粒总重量×100\％ \qquad (5-2)$$

式中测定区内籽粒总重量包括落地籽粒重量、从果穗升运器接触到的果穗籽粒重量、果穗夹带籽粒重量、漏摘和落地果穗籽粒重量。

**2. 果穗损失率测定**

在测定区（包括清理区）内，收集漏摘和落地的果穗（包括 5 cm 以上的果穗段），脱净后称重，按下式计算果穗损失率，损失率应符合作业质量要求。

$$果穗损失率＝漏摘和落地果穗籽粒重量/测定区内籽粒总重量×100\％ \qquad (5-3)$$

**3. 果穗含杂率测定**

在测定区内，接取果穗升运器排除的排出物，分别称出接取的排出物重量（包括泥土、沙石、茎叶和杂草等），按下式计算果穗含杂率，含杂率应符合作业质量要求。

$$果穗含杂率＝杂物重量/接取排出物总重量×100\％ \qquad (5-4)$$

**4. 籽粒破碎率测定**

在测定区内，从果穗升运器排出口接取不少于 2 000 g 的样品，脱粒清净后，拣出被机器损伤、有明显裂纹及破皮的籽粒，分别称出破损籽粒重量和样品籽粒总重量，按下式计算籽粒破碎率，破碎率应符合作业质量要求。

$$籽粒破碎率＝破损籽粒总量/样品籽粒总重量×100\％ \qquad (5-5)$$

**5. 茎秆切碎质量检查**

在测定区内等间隔取 5 点，每点随机取 1 m²，拣起所有茎秆称重，再挑出长度大于

10 cm 的茎秆,称其重量。按下式计算茎秆切碎合格率,合格率应符合作业质量要求。

$$茎秆切碎合格率=(测区内测点茎秆总重量-测区内不合格茎秆总重量)/$$
$$测定区内测点茎秆总重量×100\% \tag{5-6}$$

6. 根茬破碎合格率测定

等间距取 5 点,每点随机取 1 m² 的面积,测定地表和灭茬深度范围内所有根茬,再拣出长度不大于 50 cm 的合格根茬,分别称重,按下式计算根茬破碎合格率,合格率应符合作业质量要求。

$$根茬破碎合格率=合格根茬的重量/根茬总重量×100\% \tag{5-7}$$

7. 包叶脱净率的测定

按照质量要求,对包叶脱净率进行测定。

### ◆ 故障诊断与排除

4YZB-4 型自走式玉米联合收获机的常见故障、故障产生原因及排除方法,见表 5-8～5-11。

**表 5-8　4YZB-4 型自走式玉米联合收获机常见故障、故障产生原因及排除方法**

| 故障 | 产生原因 | 排除方法 |
|---|---|---|
| 摘穗台堵塞 | 田间杂草异常多 | 降低行驶速度 |
| | 切草刀间隙大 | 调整切草刀间隙 |
| | 前进速度不适当 | 改变工作挡位 |
| | 拨禾链不转 | 避免触地;更换机件;清除杂草、调整拨禾链紧度 |
| 机器剧烈振动 | 传动轴弯曲 | 校正传动轴 |
| | 切碎器主轴不平衡 | 及时更换锤爪 |
| | 紧固螺栓松动 | 紧固螺栓 |
| 拨禾链不转 | 拨禾器触地 | 杜绝触地 |
| | 拨禾器滚链 | 更换机件 |
| | 被杂草卡住 | 清除杂草 |
| | 拨禾链太松,挂住拖链板 | 调整拨禾链张紧度 |
| 切碎器主轴温升过高 | 缺油或油失效 | 注油 |
| | 轴承损坏 | 更换轴承 |
| 升运器链条不转 | 链条脱落及两轴、轮损坏 | 调整、更换机件 |
| | 升运器内有杂物 | 清除杂物 |
| 秸秆粉碎质量不好 | 行距不符合要求 | 改进行驶操作 |
| | 传动带过松打滑 | 调紧传动带 |
| | 前进速度太快及地面不平 | 放慢速度 |
| 变速箱有杂音 | 齿轮或轴承损坏 | 更换机件 |
| | 缺油 | 加油 |

表 5-9　4YZB-4 型自走式玉米联合收获机行走系统常见故障、故障产生原因及排除方法

| 故障 | 产生原因 | 排除方法 |
|---|---|---|
| 行走离合器打滑 | 分离杠杆不在同一平面 | 调整分离杠杆螺母 |
| | 分离轴承加油过多,摩擦片进油 | 将摩擦片拆下清洗 |
| | 摩擦片磨损偏大,弹簧压力降低 | 修理或更换摩擦片 |
| 行走离合器分离不清 | 分离杠杆与分离轴承之间间隙偏大,主被动盘不能彻底分离 | 调整分离杠杆与分离轴承之间间隙 |
| | 分离杠杆与分离轴承之间间隙不等,主被动盘不能彻底分离 | 检查 3 个分离杠杆与分离轴承之间间隙并进行调整 |
| 挂挡困难或掉挡 | 离合器分离不彻底 | 及时调整离合器 |
| | 小制动器制动间隙偏大 | 及时调整小制动器间隙 |
| | 齿轮啮合不到位 | 调整滑动轴挂挡位置 |
| | 换挡轴锁定机构不能定位 | 调整锁定机构弹簧预紧力 |
| 变速工作时有响声 | 齿轮严重磨损 | 更换齿轮副 |
| | 轴承损坏 | 更换轴承 |
| | 润滑油不足或型号不对 | 加足或更换润滑油 |
| 变速范围达不到 | 变速油缸工作行程达不到 | 系统内泄,送工厂检查修理 |
| | 变速油缸工作时不能定位 | 系统内泄,送工厂检查修理 |
| | 动盘滑动副缺油卡死 | 及时润滑 |
| | 行走带拉长打滑 | 调整无级变速轮张紧架 |
| 最终传动齿轮室有异声 | 边减半轴窜动 | 检查边减半轴固定轴承 |
| | 轴承未注油或进泥损坏 | 更换轴承,清洗边减半轴 |
| | 轴承座螺栓和紧定套未锁紧 | 拧紧螺栓和紧定套 |

表 5-10　4YZB-4 型自走式玉米联合收获机液压系统常见故障、故障产生原因及排除方法

| 故障 | 产生原因 | 排除方法 |
|---|---|---|
| 操作系统所有油缸在接通多路阀时均不能工作 | 油箱油位低,油泵出油口不能出油(油管长时间升温) | 检查油箱油面,补足液压油,检查泵密封性 |
| | 溢流阀工作压力低(尽管升温,但油缸不工作),换向阀拉杆行程不到位,阀内油道不畅通 | 按要求调整溢流阀弹簧工作压力,调整到位 |
| 割台、秸秆切碎机安置和果穗箱升降迟缓,无级变速油缸进退迟缓 | 溢流阀工作压力偏低 | 按要求调整溢流阀弹簧工作压力 |
| | 油路有空气 | 排气 |
| | 滤清器被污物堵住 | 清洗 |
| | 齿轮泵内泄 | 检查泵内卸压片密封圈和泵盖密封圈 |
| 割台、秸秆切碎装置和果穗箱升降速度不平稳,无级变速油缸进退速度不平稳 | 油路中有空气 | 排气 |
| | 溢流阀弹簧工作不稳定 | 更换溢流阀弹簧 |

续表

| 故障 | 产生原因 | 排除方法 |
|---|---|---|
| 换向阀居中位时,割台、秸秆切碎装置、果穗箱和无级变速油缸自动退缩 | 油缸活塞密封圈失效 | 更换密封圈 |
| | 阀体与滑阀因磨损间隙增大 | 更换滑阀 |
| | 滑阀位置没有对中 | 使滑阀位置对中 |
| | 单向阀(锥阀)密封带磨损或有污物 | 更换单向阀或清除污物 |
| 液压箱内有大量气泡,液压油呈乳化状态 | 液压油里混入了空气和水 | 拧紧吸油管(进入油泵)环箍,检查泵盖螺栓或密封圈,必要时更换密封圈或更换新液压油 |
| 方向盘居中位时,机器跑偏、转向失灵 | 转向器拨销变形或损坏 | 检查、修理或更换新的转向器 |
| | 转向器弹簧片失效 | |
| | 联动轴开口变形 | |
| 转向沉重 | 油泵供油不足 | 检查油泵和油面高度 |
| | 转向系统油路混有空气 | 排除空气 |
| | 单稳阀的安全弹簧压力低于工作压力 | 调整溢流阀工作压力 |
| 换向阀不能自动回到中位或在中位时不能定位 | 复位弹簧变形 | 更换 |
| | 定位弹簧变形 | 更换 |
| | 定位套磨损阀体与滑阀卡死 | 清洁阀或系统 |
| | 阀体操作机构不灵 | 调整阀体操作机构 |
| | 连接螺栓拧得不紧,使阀体产生形变 | 重新按规定拧紧螺栓 |

**表 5-11　4YZB-4 型自走式玉米联合收获机电气系统常见故障、故障产生原因及排除方法**

| 故障 | 产生原因 | 排除方法 |
|---|---|---|
| 接通电源后启动机不转 | 蓄电池存电不足,导线接触不良 | 充电或更换蓄电池,清除脏污,紧固导线 |
| | 电刷接触不良或过度磨损,弹簧过软 | 研磨电刷改善接触面或更换弹簧 |
| | 电框线圈或磁场线圈断路 | 修理线圈,做绝缘处理 |
| | 电磁开关触点烧灼,接触不上 | 修理调整 |
| | 电枢轴弯曲或轴套与轴卡死 | 校正电枢轴或更换轴、轴套 |
| | 整流子表面严重烧灼 | 车光或磨光整流子 |
| | 绝缘刷架搭铁 | 表面加绝缘垫 |
| 空转 | 驱动齿轮与飞轮齿圈没有啮合 | 调整偏心螺丝的偏心位置 |
| | 拨叉脱钩 | 如挂钩磨损应补焊 |
| | 拨叉柱锁未装入套圈 | 重装 |
| 运转时发生强烈的撞击 | 驱动齿轮轴头螺母安装不正确 | 重装 |
| | 固定螺丝松 | 紧固螺丝 |
| | 驱动齿轮或飞轮齿圈过度磨损 | 锉修或更换 |
| | 电磁开关接盘和接点过早接触 | 在电磁开关与启动机接触面处加垫 |

| 故障 | 产生原因 | 排除方法 |
|---|---|---|
| 不发电 | 硅二极管击穿 | 更换 |
| | 电枢线圈或激磁线圈断路或短路 | 研磨接触面,如磨损严重则更换线圈 |
| 发电不稳 | 皮带过松 | 调节皮带 |
| | 电刷与滑环接触不良,电刷磨损,弹簧弹力不足,滑环有油污 | 研磨接触面,如磨损严重则更换电刷,清除油污 |
| | 电枢线圈或激磁线圈断路或短路 | 修理或重烧 |
| 不充电 | 触点脏污 | 清除脏污 |
| | 接线断开 | 重新接线 |
| | 调节器损坏 | 更换调节器 |
| 仪表无指示 | 保险断开,导线接触不良及仪表损坏 | 接通保险,正确接线并紧固,换新表 |
| | 感应器损坏 | 更换或修理 |

# 工作任务三 番茄机械收获

## 情境描述

操作 SL-350 型全自动自走式番茄采收机,采收 800 亩加工番茄作物。

## 作业质量要求

1. 地表平整,无大土块。
2. 切割番茄彻底,无漏割,不重采、不漏采,收割整齐,漏采率不大于 3%。
3. 果实与番茄茎秆分离干净,无落地果,损失率为 1%。
4. 红、青果分选、色选干净彻底,商品果中青果率不超过 1%,杂质不超过 3%。
5. 接运番茄的机车速度与番茄收获机保持一致,距离保持合理。
6. 割茬为 5~8 cm,茬高一致。
7. 总损失率不大于 4%(番茄最小直径应大于 2.8 cm)。
8. 采摘的番茄中不应出现大量土质及杂物。
9. 机采番茄成品成熟率应达到 86%。

## 学习目标

掌握 SL-350 型全自动自走式番茄采收机的构造、工作原理,熟悉其性能和技术规格。

## 技能目标

正确操作 SL-350 型全自动自走式番茄采收机进行采收作业,达到作业质量要求;掌握收获作业工作过程;能够熟练地进行采收机运输和作业的转换;正确地进行技术状态检查;合理地调整、使用和维护保养机具;掌握安全操作规程。

## 所需设备、工具和材料

1. SL-350 型全自动自走式番茄采收机。
2. 功率在 47.81~117.68 kW 的轮式拖拉机配套 20~40 t 挂车组成的运输车辆。
3. 调整安装用工具。
4. 直尺及卷尺(皮尺)。

🔻 相关知识

　　全自动自走式番茄采收机是目前广泛应用于番茄收获作业的作业机具,其中SL-350型全自动自走式番茄采收机的应用最为广泛。作业中,番茄采收机自动挑选成熟的果实并将其直接装入车中,附加特定装置后,还可采摘洋葱和马铃薯。整个作业过程包括采摘、振动、初选、终选、卸料等步骤。

一、全自动自走式番茄采收机的构造和工作流程

1. 全自动自走式番茄采收机的构造
　　SL-350型全自动自走式番茄采收机的整体构造如图5-59所示,其主要由采收部分、输送部分、振动分选部分、色选部分组成。

1—采收部分　2、4—输送部分　3—色选部分　5—震动分选部分　6、8—输送部分　7—色选部分

**图5-59　SL-350型全自动自走式番茄采收机**

　　采收部分:采收切割装置根据切割原理不同可分为两类,一类是往复式切割器,另一类是旋转式切割器,SL-350型番茄收获机的切割器为往复式切割器。采收切割装置能够顺利将番茄秧切下并进行切茬高度的调整。

　　输送部分:在番茄收获机上,输送装置的工作过程是最长的,它由金属杆构成,金属杆以栅格的形式被固定在挠性带上,金属杆的两端被固定,杆与杆之间存在一定距离的缝隙。其中,第一级输送链的栅格间隙比较大,大约为70~80 mm,它把切割下来的番茄秧输送给分离装置。番茄果、秧经过分离后,果实会通过大间隙的栅格掉落在栅格间隙比较小的二级输送链上,接着被输送到色选装置。

　　振动分选部分:由摇摆器和分离弹齿滚筒组成。当前使用比较成功的分离机构是偏心摇摆机构。

　　色选部分:色选装置由检测机构和执行机构两部分组成。根据番茄的成熟度与果实颜色的关系,检测机构把成熟度不符合调定值的青番茄识别出来,然后把信号传给执行机构,由执行机构把不符合标准的青番茄弹出,使其落到田地里。

2. 番茄收获机的工作流程

番茄果秧被切刀切断后,经扶持机构被输送到果秧分离装置处,经过摇摆滚筒的不断抛甩,番茄从果秧上抖落,并从输送链各栅条之间的缝隙落下,掉到栅条缝隙比较小的输送链上。此时果秧随着输送链被抛落在田地里,番茄果实则被输送到色选装置处。色选装置通过对番茄成熟度进行辨认筛选,把成熟度低的番茄弹出,使其落到田地里;成熟度合格的番茄则被输送到装载设备中。

二、全自动自走式番茄采收机主要部件的构成和工作原理

1. 采收部分

采收部分由叉指、割刀、拨秧器、分秧器、仿形轮组成。

(1)叉指:用于将作物捡拾、叉起,如图5-60所示。

(2)割刀:用于将茎秆割断,如图5-60所示。

(3)拨秧器:协助叉指的运动将作物送进输送皮带,如图5-61所示。

(4)分秧器:将缠绕在机器左侧的根茎分离,如图5-62所示。

(5)仿形轮:防止叉指入土太深而引起叉指变形所设置的防护装置,如图5-63所示。

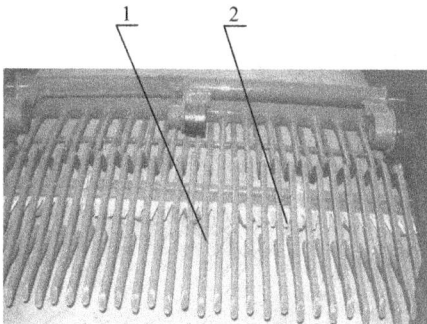

1—叉指 2—割刀
图5-60 叉指与割刀

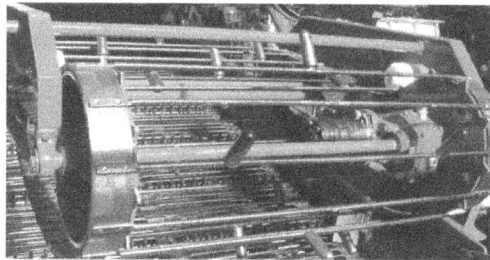

图5-61 拨秧器

图5-62 分秧器

图5-63 仿形轮

2. 输送部分

输送部分由八条输送带组成,包括:第一倾斜输送带、茎秆输送带、果实输送带(第二倾斜输送带)、果实横向输送带、色选输送带、果实纵向水平输送带、卸料提升机(输送带),如图 5-64 所示。

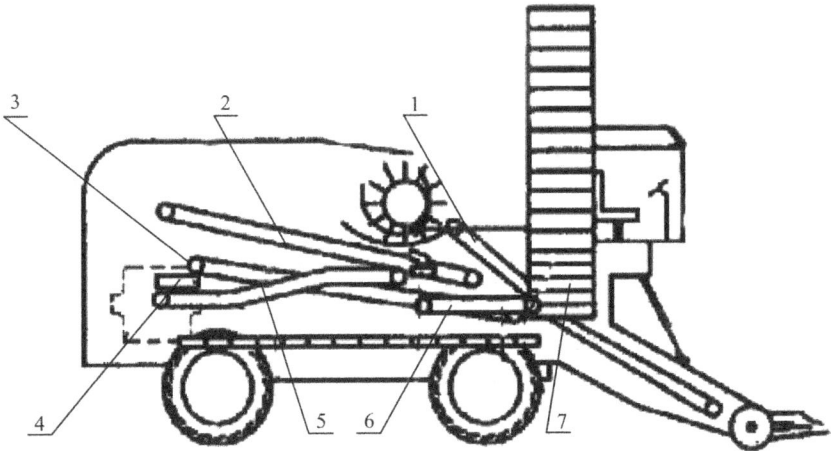

1—第一倾斜输送带　2—茎秆输送带　3—果实输送带　4—果实横向输送带
5—色选输送带　6—果实纵向水平输送带　7—卸料提升机

图 5-64　输送部分简易位置图

(1)第一倾斜输送带将作物连同茎秆输送到振动器下进行分选。

(2)茎秆输送带将振动器分选后的茎秆从机器尾部排出。茎秆的排出由此输送带后的滚筒和风机共同完成。风机既吹送了杂质,又吸走了发动机产生的热量,防止发动机过热引起着火。

(3)果实输送带(第二倾斜输送带)将振动器分选后的果实(含大块杂物)输送给果实横向输送带。

(4)果实横向输送带将果实(含土块等杂物)由采收机车体内输送至机体侧面的色选倾斜输送带。

(5)色选倾斜输送带将果实(含土块等杂物)向上输送给色选平皮带;色选输送带将果实(含大块杂物)输送到色选仪下进行色选。调整此皮带的速度将影响色选仪的选择效果。

(6)果实纵向水平输送带将色选仪分选过的果实输送给卸料提升机。

(7)卸料提升机由大臂、二臂、三臂三个油缸的开闭来控制,用以调整卸料装车的距离和高度,如图 5-65 所示。

3. 振动分选部分

振动分选部分是由振动器马达带动的装有选指的装置,边旋转边振动,将果实从茎秆上拨落,如图 5-66 所示。

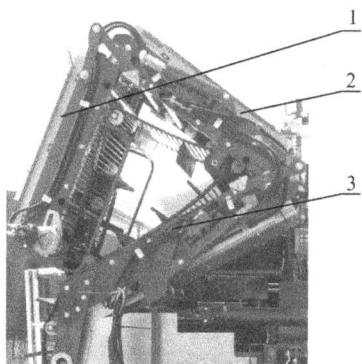

1—三臂 2—二臂 3—大臂

**图 5-65 卸料提升机**

1—振动器(指) 2—第一输送皮带后方皮带轮
3—选指

**图 5-66 振动分选部分**

### 4. 色选部分

色选部分由电子感应装置和气动弹指装置构成,如图 5-67、5-68 所示。色选仪对青果和无机物进行鉴别选择。

**图 5-67 电子感应装置**

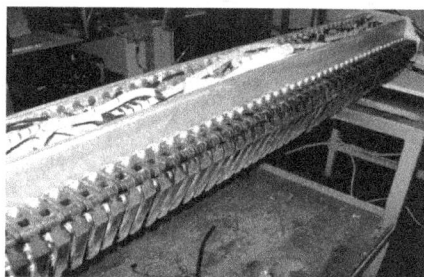

**图 5-68 气动弹指装置**

色选工作由色选(喂料)皮带、红外线/光学感应器(电眼)、气动弹指共同完成,色选部分工作原理如图 5-69 所示。番茄(含杂)以抛物线被皮带输出,电眼将物料的反射波长等信息反射给传感器,通过电磁阀启动弹指,将不需要的物料弹出,从检测到弹指弹出所需时间为 60 ms。番茄必须平铺在皮带上,皮带的速度会影响选择效果。

### 三、全自动自走式番茄采收机的其他部件

#### 1. 振动分选控制面板

SL-350 型番茄采收机的振动分选控制面板说明如下:

(1)"FrE":显示振动频率。

(2)"nAS"或"bEL":显示输送带速度。

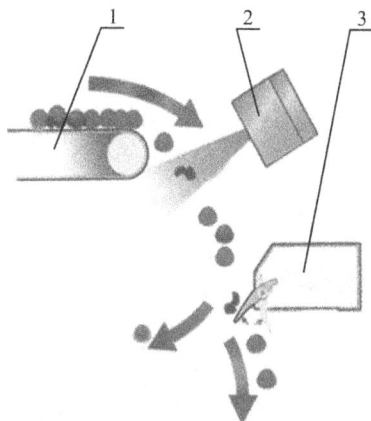

1—色选皮带 2—红外线/光学感应器
3—气动弹指

**图 5-69 色选部分原理图**

（3）按键 START/STOP：控制开启阀。

（4）按键 F：可从一个操作方式转换到另一个操作方式，两个标有上下箭头（↑、↓）的按键可以调整显示的数值。

（5）按键 ON/OFF：功能与 START/STOP 相同。

（6）在 FRE（振动频率）状态，按↑、↓键可提高或降低振动频率。将参数调至 375 左右（标定工况工作参数）即可。

2. 色选控制面板

SL-350 型番茄采收机的色选控制面板说明如下：

（1）COLOR SELECT：色选电源开关。

（2）START/STOP：色选控制仪开关。

（3）TEST：色选测试键。

（4）三位数显示表示色选分辨率（我们可称为可接收率）。色选分辨率参数可按↑、↓键增减，将参数调至 75 左右即可。数值越大，果实选出越少；数值越小，果实选出越多。

按 F2 键 5～10 s 可进入其他参数调整模式；按 F1 键可恢复工作状态。其他参数在出厂前已调好。

3. 采收、卸料控制面板

SL-350 型番茄采收机的采收、卸料控制面板各按键的功能如下：

（1）中间黄色区域：DOWN↓、UP↑软触摸键为割台升降控制键。

（2）黄色 LEVELLING 区域：L 侧的↑、↓，R 侧的↑、↓软触摸键分别为割台水平左轮、右轮升降控制键。

（3）红色 ELEVATOR-RAM 区域：HEAD 侧的↑、↓软触摸键为提升机二臂开闭控制键，MAIN 侧的↑、↓软触摸键为提升机大臂开闭控制键。

（4）黄色 FINGE 为叉指开关，RBELT 为提升机皮带开关。

4. 油缸手动控制手柄

SL-350 型番茄采收机的油缸手动控制手柄如图 5-70 所示，各手柄功能如下：

（1）右一为采收台升降控制手柄。

（2）右二为卸料提升机大臂控制手柄。

（3）右三为卸料提升机二臂控制手柄。

（4）右四为采收机左右位移控制手柄。

（5）右六、五为割台左、右轮升降控制手柄。

5. 调速阀速度控制

SL-350 型番茄采收机的调速阀速度控制如图 5-71 所示，从上至下各按钮功能如下：

（1）调节第一倾斜输送带速度。

（2）调节叉指与割刀速度。

（3）调节卸料输送带速度。

（4）调节色选输送带速度。

（5）调节分（挑）选输送带速度。

6. 组合键区

SL-350 型番茄采收机的组合键区如图 5-72 所示,各键功能如下:

图 5-70　油缸手动控制手柄

图 5-71　调速阀速度控制

（1）右一:转向模式开关,表示是否位于四轮转向位置。

（2）右二:色选仪电源开关。

（3）右三:自动平衡开关。

（4）右四:警示灯开关。运输车原料快满时,警示灯亮起,提示空车预备装接番茄。

（5）右五:工作灯开关。

7. 方向盘下组合键区

在 SL-350 型番茄采收机的方向盘下,有一个 3 键组合的键区,如图 5-73 所示,各键功能如下:

（1）左一键:差速锁键。

（2）左二键:警示灯键。

（3）左三键:快慢挡键。键上的"兔子"符号代表快挡(道路行驶时使用),"乌龟"符号代表慢挡。

8. 速度面积计算控制仪

SL-350 型番茄采收机的速度面积计算控制仪如图 5-74 所示,各指示灯功能如下:

图 5-72　组合键区

图 5-73　方向盘下组合键区

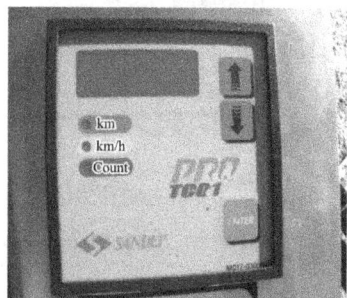

图 5-74　速度面积计算控制仪

（1）Km 灯亮时显示计算行走长度。

（2）Km/h 灯亮时显示小时单位行走速度。

（3）Count 灯亮时显示公顷。

9. 皮带控制开关区

SL-350 型番茄采收机的皮带控制开关区如图 5-75 所示，各键功能如下：

（1）按左一键，割台部分运行，即割刀、叉指、第一输送皮带、拨秧器、仿形轮、分秧器同时运行。

（2）按左二键，色选两皮带运行。

（3）按左三键，果实输送三段皮带同时运行。

10. 表盘区

SL-350 型番茄采收机的表盘区如图 5-76 所示，各表的含义如下：

（1）左上表：机油压力表。

（2）左下表：水温表。

（3）右上表：液压油温表。

（4）右下表：柴油箱液位表。

（5）中部表：发动机转速表。

11. 自平衡自动控制检测装置

SL-350 型番茄采收机的自平衡自动控制检测装置如图 5-77 所示，各符号的含义如下：

（1）POWER：表示电源显示。

（2）RUN：表示处于运行工作状态。

（3）A：表示采收机向右倾斜。

（4）B：表示采收机向左倾斜。

图 5-75　皮带控制开关区　　　　图 5-76　表盘区　　　　图 5-77　自平衡自动
控制检测装置

四、SL-350 型全自动自走式番茄采收机的主要技术参数

SL-350 型全自动自走式番茄采收机主要技术参数及配置见表 5-12。

表 5-12　SL-350 型全自动自走式番茄采收机主要性能参数及配置

| 序号 | 项目 | 参数及配置 | 序号 | 项目 | 参数及配置 |
|---|---|---|---|---|---|
| 1 | 行走方式 | 轮式自驱动 | 18 | 采收效率 | 最大为 20～35 t/h |
| 2 | 发动机功率 | 110.32 kW 柴油发动机 | 19 | 道路行驶要求 | 获准道路行驶 |
| 3 | 水平调整方式 | 自水平系统 | 20 | 色选仪配置 | 2000-40 通道 |
| 4 | 控制方式 | 中央控制把手 | 21 | 色选仪工作宽度 | 1 m |
| 5 | 发动机启动方式 | 电子启动 | 22 | 理论重量 | 10 300 kg |
| 6 | 发动机用燃料 | 柴油 | 23 | 长度 | 9.8 m |
| 7 | 驱动方式 | 4 轮驱动 | 24 | 宽度 | 3.18 m |
| 8 | 驱动动力输出方式 | 差动前后桥液压驱动 | 25 | 高度 | 3.257 m |
| 9 | 前后桥差速配置 | 差速锁紧装置 | 26 | 轮距 | 1.5 m |
| 10 | 刹车方式 | 4 轮液力刹车、手刹 | 27 | 番茄出料高度 | 3.2 m |
| 11 | 转向方式 | 4 轮液压助力转向 | 28 | 液压比 | 1/1 |
| 12 | 润滑方式 | 集中润滑 | 29 | 液压变速器效能 | 0.95 |
| 13 | 工作附属配置 | 枝叶吹出风机,配备"负载感应"系统的液压泵 | 30 | 差动装置比 | 1/3.25 |
| 14 | 独立调速器配置部位 | 第一输送带、分送台、出料输送带、收割台藤枝出料舱 | 31 | 最终减速齿轮比 | 1/4.8 |
| 15 | 独立调频配置部位 | 旋转式振动筛选器 | 32 | 油箱总容积 | 200 L |
| 16 | 速度范围 | 1 挡:0～1.0 km/h(作业挡) 2 挡:0～25 km/h(运输挡) | 33 | 牵引力 | 适合 |
| 17 | 分选台配置 | 一个自动分选台,附属人工操作平台(最多站 3 人) | 34 | | |

发动机参数

| 1 | 制造商 | IVECO-FLAT | 7 | 气缸直径 | 104 mm |
|---|---|---|---|---|---|
| 2 | 型号 | F4GE9684A * J602 | 8 | 行程 | 132 mm |
| 3 | 转换形式 | ALFO N67MNTX20.00 | 9 | 总容积 | 6 728 cm³ |
| 4 | 循环形式 | 内燃式 | 10 | 标定功率 | 129 kW(发动机转速 2 200 r/min) |
| 5 | 冲程数 | 4 次 | 11 | 标定扭矩 | 660 N·m(发动机转速 1 400 r/min) |
| 6 | 汽缸数目 | 6 个 | 12 | 冷却方式 | 水冷却 |

**工作过程**

一、工作课时

要求本单元的理论和实训课时分别为 12 课时和 60 课时。

二、工作过程

1. 机械采收前的田间准备

(1) 机械采收前 10～20 d(根据土壤类型和气候情况)停止灌水,地块土壤湿度不宜过大,以便机采。正常的机械采收期应从 8 月初开始,10 月上旬结束。

(2) 机械采收前 3～6 d 对田间进行实地调查,并做好采收作业的准备。

① 首先查看道路、桥梁,其宽度不小于 4 m,机器通过高度不小于 4.5 m。

② 采收地块的地头应留不少于 13 m 的机采、运输转弯带,地块两头机采运输转弯带要平整。机采前,须由人工将转弯带上种植的番茄放置在相对应的作业行上。

③ 停水后将地块中的滴灌带、支管、辅管收回,出水桩要做好醒目标记,以防被碰坏或损坏收获机。回收时间以不影响正常机械采收为宜。

④ 对田边地角机械难以采收但又必须通过的地段进行人工采收,采收后将番茄运出采收区域。

⑤ 应选择采收作业小区中心行的左右两侧共 5 行作为起割行(人工或机力)翻秧整形,减少采收机配套运输车辆行走所造成的损失。

⑥ 确定进出地块的路线,保证道路运输通畅,保障采收。

(3) 配备 2～3 名人员进行机采辅助除杂。

(4) 配置不少于 10～15 辆汽车(或拖拉机),保证 100 t 的运输能力(根据运输距离)。

(5) 组建机械采收调运调度机构,以便按照原料供应情况合理安排采收进度和调配运输车辆,组织协调番茄种植农场(团场)、采收运输车辆、酱厂等单位和相关环节的生产关系,保证采收、运输、交售、生产渠道的畅通。

(6) 机车进地采收之前,要先行人工采收地头 10～13 m,并整理出拉运番茄的机车行车道。

(7) 划分好作业小区。

2. 番茄采收机准备

(1) 番茄采收机作业前的技术调试

① 检查轮胎气压,必要时充气。

② 启动前检查发动机机油、柴油、冷却液,必要时添加;检查各传动部件间隙,必要时调整。

③ 检查各系统仪表指示是否正常,查找并排除报警故障,确认正常后,方可鸣号启动。

④ 启动机车,检查转向行走机构间隙,拉开人工分选站台。

⑤ 检查液压升降、液力传动系统,升降传动收割台及提升机,若出现升降传动不灵和不升降现象,应检查液压油、调压阀、开关阀及保险开关,必要时添加液压油或更换保险开关。

⑥ 运转采收、分选、抛秧、色选、提升机传动链耙,进行清除、保养,并检查色选传送带和抛秧辊链轮间隙。检查各部分传动减速箱,加注齿轮油。

⑦ 连接分机装置,检查其工作情况是否正常。

⑧ 检查色选系统,加注分选气缸润滑油,调试系统工作压力,检查气泵、阀、分选气缸

的工作情况。

⑨ 启动振动分选系统,检查其运转是否正常,如有不正常,须检查并调整张紧皮带、溢流阀压力。

⑩ 严格按操作说明书要求及保养要求进行操作、保养。

(2)番茄采收机田间作业现场的技术调试

① 检查并调整轮距,找准采收小区中心行及行走路线。

② 检查并调整收割台分秧器前倾角度和上升恢复弹簧张度。

③ 根据番茄成熟情况、植株生长情况,检查并调整色选仪分辨率和振动分选机频率,以达到最佳采收质量要求。

④ 检查报警装置和灭火装置。

(3)番茄运输车的技术准备

① 拖拉机工作必须正常,达到"五净""四不漏"标准。

② 拉运番茄的挂车,连接应可靠,必须安装安全销及保险链。

③ 保证卸料开关机构灵活可靠。

④ 拉运番茄的挂车车厢的门高度不大于 80 cm。

⑤ 运输车必须配备灭火器。

3. 采收作业

(1)使发动机及采收机处于良好的预备工作状态,把工作模式调至采收工作状态,发动机转速调整为 1 000 r/min 左右。

(2)采收机处于采收工作状态时,通过调整平移调节,使机身处于采收行中间位置,并把采收割台对准采收行。使行驶模式处于后轮导向模式,调整前轮、后轮,使其与采收行成一条预行走直线,同时锁定前轮,开启自平衡状态。

(3)放下采收台到地面,仅通过前左右小轮调整叉指与地面高度,叉指入土 1~2 cm,按一下控制面板上的采收台下行键,并让第一操纵杆手柄处于前倾斜工作状态,下车检查左右小轮的气压状态。

(4)把卸料提升机展开,先出大臂、再出二臂和三臂,将它们与拉运番茄车辆的距离和高度调节合适,通过控制面板开启卸料输送皮带开关,微开右侧旋钮组合阀中的卸料输送皮带,检查其运转是否正常。

(5)开启分选皮带开关,并通过旋钮微开这些分选皮带,下车检查这三条皮带及滚轮的运转是否正常。

(6)开启色选皮带开关,并通过旋钮微开这两条皮带,然后检查机器运转是否正常。

(7)开动振动器开关,将振动频率调到 375 次/min 左右,将茎秆输送皮带速度调到 75 m/min 左右,然后再检查其运转是否正常。

(8)将仿形轮降到刚好与地面接触,微开叉指、割刀,旋转仿形轮旋钮使其运转,观察其运转是否正常。

(9)开启第一倾斜输送皮带开关,微调旋钮使其运转正常。

(10)通过操纵杆调节拨秧器,使其处于抱合状态,并调节拨秧器和分秧器,使其运转正常。

（11）将发动机转速调至采收状态（1 800 r/min）慢挡，鸣喇叭，行车开始采收。

（12）可采用离心法或向心法行走方式分区作业。

4. 番茄采收机的停车及小区转移

（1）采收作业结束或进行地块转移时，将采收机停稳，把发动机转速降至 1 000 r/min 左右。

（2）关闭叉指、拨秧器、分秧器旋钮，扳回分秧器操纵杆，再关闭割刀开关（通过操纵手柄上的开关键），关闭第一倾斜输送带旋钮，关闭第一倾斜皮带运转开关。

（3）关闭振动器，关闭分选输送皮带旋钮及开关。再关闭色选仪、色选皮带旋钮及开关。关闭卸料提升旋钮及操纵面板上的开关，使机车的运转部分全部处在关闭状态。

（4）先将卸料提升机大臂收回一半，再将二臂和三臂收回，继续将大臂完全收回，并在大臂受力处垫上缓冲垫。

（5）将仿形轮收起。作业小区转移时，可将采收台提至可行进位置。长距离行驶时，须按道路行驶要求工作。

5. SL-350 型全自动自走式番茄采收机的技术保养

番茄采收机的技术保养分日保养、周期保养和入库保养。

（1）日保养

① 检查机油液位。

② 检查所有管道是否有泄漏。

③ 检查液压油油箱的液位。

④ 检查发动机水箱的水位。

⑤ 对滚轮打油润滑。

⑥ 检查差速器和减速箱分配器是否有泄漏。

⑦ 检查减速箱是否有泄漏。

⑧ 对差速器的补偿器打油。

⑨ 对泵的牵引和传送万向节接头打油。

⑩ 对风机的轴承打油。

⑪ 检查发动机空气过滤器油盘的油位。

⑫ 检查发动机初级过滤器。

（2）周期保养

① 运行第一个 10 h 后的保养

更换机油和发动机机油过滤器。

② 运行第一个 20 h 后的保养

a. 更换所有减速箱的油。

b. 更换液压油的过滤器。

c. 检查螺丝的锁紧情况，尤其是振动和发热部件的螺丝。

d. 检查轮胎的锁紧情况。

e. 以后每工作 20 h 后向所有标明"GREASE"的油嘴打油。

③ 运行第一个 100 h 后的保养

a. 排放柴油过滤器的冷凝水。

b. 检查所有的油位。

c. 对所有的滚动支撑打油。

d. 检查蓄电池电解液的液位,必要时补充蒸馏水。

④ 运行 200 h 后的保养

a. 更换机油和发动机过滤器。

b. 检查传送带的松紧和损坏情况。

⑤ 运行 400 h 后的保养

a. 更换发动机机油过滤器的滤芯。

b. 更换柴油过滤器的滤芯。

c. 清洗发动机油泵的过滤器。

d. 更换液压油过滤器的滤芯。

⑥ 运行 500 h 后的保养

更换差速器和减速箱分配器的油。

⑦ 每隔 2 d 的保养

检查发动机的第二级空气过滤器。

⑧ 每隔 8 d 的保养

a. 检查并排空空气管路中的冷凝水。

b. 检查发动机油位。

c. 检查发动机过滤器。

（3）入库保养

在作业生产季节结束后,应该进行以下保养:

① 清洗油箱,防止发生沉积和存在冷凝水。

② 放松水泵和发电机的传送带。

③ 清洗机车。

④ 将所有标明"GREASE"的油嘴打油。

⑤ 在活塞杆上抹黄油。

⑥ 将所有的机械部件喷上保护油。

⑦ 将轮胎充气（300～340 kPa）。

⑧ 锁紧轮胎的螺丝。

⑨ 检查发动机的冷却系统防冻液是否加满,若未加满可再加入一些防冻液。

⑩ 拆开蓄电池的端子。

⑪ 每隔 45 d 检查蓄电池的电荷和蒸馏水的液位。

⑫ 检查空气和油过滤器的情况。

### 三、操作及安全注意事项

1. 操作及作业注意事项

（1）作业时,要选择地势平坦、土壤疏松、地块较长、面积较大、杂草较少、运距较短的地块,不宜选择潮湿度较大的地块,以便于机械采收和提高采收效率。

（2）选择成熟集中、成熟度高、抗挤压、耐贮运、植株直立、不易枯萎、虫害较少、果形直径大于 2.8 cm、抗病的品种。

（3）田间杂草一定要除净。黑斑、虫眼等病虫害严重的番茄不宜机械采收,因为采收机只能分选红果中的青果、土、杂物,而不能分选发霉及带有黑斑、虫眼等的番茄。

（4）机采番茄成熟度要适中,采收原则是宁早勿晚,成熟度不大于 85%。一般正常机采的成熟度在 70% 为宜。

（5）喷施催熟剂和人工采收造成植株严重死亡的加工番茄地块禁止机械采收。

（6）雨后采收在各传动链耙不粘土时方可进行。

（7）机械采收完毕后,根据实际情况,如有必要可进行人工清田,以减少损失,待验收检查合格后,方可进行下一环节作业。

（8）采收机械必须达到完好的技术状态,牌证齐全,并备有必要的安全防护设施。

（9）驾驶操作人员必须经过技术培训,持有相应的有效驾驶证方可上岗。

（10）尽力避免跨幅机械采收。

（11）在田间作业时速度控制在 2~3 km/h。

（12）根据地块番茄产量、运输距离、工厂交售情况,确定拉运番茄机车的数量。

（13）每台番茄采收机必须配一名助手,负责机械采收质量检查及必要的辅助工作,此外,要坚持班次保养制度。

（14）拉运车辆必须服从采收机车工作人员的统一指挥、调度,做到相互配合,协调一致,以保证采收质量和效率。

（15）农场(连队)必须配备随机人员做好田间采收机组的服务、协调工作,共同严把质量关,减少浪费损失。

2. 安全注意事项

（1）非采收机组人员不得随意上机车进行作业(包括拉运番茄机车)。

（2）机车行走运转前必须发出行走运转信号。

（3）机车工作人员必须穿紧身工作服。机械运转时不得进行故障排除。排除故障时必须有两名机车工作人员在现场。非机车工作人员不得随意靠近运转的机车或爬上爬下机车。

（4）在作业区域内任何人不得躺卧休息。

（5）采收作业时,严禁在采收机和运输车辆周围活动。

（6）在番茄采收机空运转或工作时,严禁排除各种故障。

（7）夜间工作时必须有足够的照明设施。

（8）任何人不许在作业区内吸烟,夜间不许用明火照明,随车必须配备灭火设备。

（9）拉运番茄机车不许乘人,并应注意行车安全。

（10）严防机车漏油或加油时撒油现象发生。

（11）在作业区域内的任何人必须服从机组安全人员对违反安全的行为的劝阻。

## 质量检测

1. 采收结束后进行综合质量检查验收

检查机组是否按技术要求进行采收,质量是否达到技术要求,对照质量指标进行综合评价,然后三方在验收单上签字验收。

2. 采收异议处理

如果对采收质量有分歧,可由番茄机械采收工作小组进行协调、仲裁。

## 故障诊断与排除

番茄收获机常见故障、故障产生原因及排除方法见表5-13。

表5-13 番茄收获机常见故障、故障产生原因及排除方法

| 故障 | 产生原因 | 排除方法 |
|---|---|---|
| 割刀磨损较快 | 作业地块的石块太多 | 石块太多,说明该地块不适合机械化收获 |
| | 割刀的切割点太低 | 调节切割高度,把切割高度向上提至适当位置(又指入土1～2 cm为宜) |
| 切割装置出现壅土 | 切茬高度过低 | 将切割高度调到适当位置 |
| | 番茄地里的杂草太多 | 机械收获前做好除草工作 |
| | 机器的前进速度太快 | 减慢行驶速度 |
| 切茬后的茬地上仍有未被切掉的番茄果秧 | 切茬高度过高 | 将切割高度调到适当位置 |
| 成熟果实未完全从秧上分离下来 | 分离装置中的分离机构的摆动频率和摆动幅度比较小,抛甩力度不够 | 增大向分离机构输送动力的液压马达的转速(一般以(375±10) r/min为宜) |
| 切割过的番茄秧不能很顺利地被输送 | 输送带存在打滑现象 | 调整输送带的张紧度或是更换一条新的输送带 |
| | 番茄收获机的扶持装置受到严重磨损 | 对相关部件进行修整或更换 |
| 色选后番茄中仍有很多青番茄 | 色选装置中的识别机构的识别颜色没有调好 | 进行颜色调定 |
| | 色选装置中弹指不工作 | 调整气压 |
| | 清洁原因 | 清洁色选仪感应器的玻璃罩 |

# 工作任务四　棉花机械收获

## 情境描述

操作 4MZ-5 型采棉机,采收 400 亩棉花作物。

## 作业质量要求

1. 根据棉田情况合理选择采摘路线和作业速度。
2. 保证较高的采摘率,同时尽量减少棉株的损伤率。
3. 正确对采棉机进行维护作业。

## 学习目标

掌握采棉机的主要结构和工作原理,熟悉采棉机的技术参数和规格。

## 技能目标

会操作采棉机采收棉花,并能对采棉机进行日常维护和简单故障分析和排除。

## 所需设备、工具和材料

1. 4MZ-5 型采棉机。
2. 维护工具。
3. 装棉用拖车、打垛机。

## 相关知识

棉花机械采收技术也被称为棉花收获机械化技术,简称机采棉技术。国际上泛指用机械化手段对棉花主产品(籽棉与青僵棉桃)进行采收作业的综合技术。机采棉技术是一项涉及农业高产、优质、高效、综合技术和机械、化工、农艺、电气、烘干、棉检、标准等跨部门、多领域、高技术含量的系统工程。据资料介绍,当今世界上实现棉花收获机械化的国家有美国、澳大利亚、以色列和乌兹别克斯坦等,非洲的苏丹、埃及和欧洲的西班牙、南美洲的阿根廷等国也都曾引进美国、苏联生产的采棉机进行试验。目前,全世界采棉机的主要生产国家有美国、俄罗斯、以色列、中国。在我国使用较多的有美国约翰迪尔公司(简称迪尔公司)与凯斯公司以及中国新疆石河子贵航农机装备有限责任公司生产的采棉机。迪尔公司生产的有代表性的采棉机产品有:9910 型与 9930 型双行采棉机、9950 型与9965 型四行采棉机、9970 型五行采棉机与 9976 型六行采棉机。凯斯公司生产的有代表性的采棉机产品有:782 型、1822 型与 2022 型双行采棉机,1844 型与 2155 型四行采棉机,2555 型五行采棉机与 CPX610 型六行采棉机。采棉机示例如图 5-78、5-79 所示。

图 5-78 美国约翰迪尔 9970 型五行采棉机　　图 5-79 美国凯斯 2555 型五行采棉机

目前,广泛用于生产的棉花收获机械以美国生产的水平摘锭式采棉机和苏联(现乌兹别克斯坦)生产的垂直摘锭式采棉机为主。其他类型的采棉机,如气吸式、气流吹吸式、气吸振动式采棉机,自 20 世纪 50 年代至今一直处于研究阶段。苏联生产的摘辊式摘棉铃机和美国生产的链带式采棉机,用于生产的数量较少。

我国机采棉技术试验研究工作自新中国成立以来始终得到了各级政府的大力支持与高度重视,从国家到有关省(自治区)、地州农机科研单位都长期对此项工作给予了高度重视,抽调人、财、物组成机采棉技术专项研究试验工作机构,引进国外技术,结合我国的植棉生产特点,进行了多年试验研究,积累了大量的经验和技术资料。经过几十年不懈的努力与探索,2002 年中国航空工业第一集团所属贵州平水机械有限责任公司与中国农业机械化科学研究院,通过"产学研"方式合作设计,研制生产出了可以与迪尔和凯斯采棉机相媲美的国产采棉机——4MZ-5 型采棉机。

4MZ-5 型采棉机的研制成功,填补了国内采棉机的空白,打破了国外采棉机的长期垄断,为我国重大技术装备自主化积累了经验。截至 2008 年底,新疆已拥有国内外各种生产型采棉机 400 多台,4MZ-5 型采棉机正在逐步占领国内市场,并且在"十一五"末新疆生产建设兵团机采棉面积已占到其植棉面积的 80%,市场对采棉机的需求量依然很大。

采棉机的自主化对于工业反哺农业发挥了重要作用,促进了新农村建设。我国棉花种植面积 4 500 万亩,其中新疆 1 500 万亩。预测新疆地区采棉机需求量为 3 750 台,国产采棉机的推广具有重要的意义。

一、棉花收获机械的基本结构和性能

棉花收获机械按收获方法的不同分为摘棉铃机、采棉机、其他类型棉花收获机械三大类型。在国外,棉花收获机分为选收机和统收机。从采棉机采摘部件的工作原理及结构上看,棉花选收机可分为两大类:一类是美国迪尔公司、凯斯公司生产的水平摘锭自走式采棉机,二是苏联(现乌兹别克斯坦)塔什干棉花机械局(联合体)设计制造的垂直摘锭自走式采棉机。时至今日,这两种类型的采棉机在生产中均已有 70 余年的应用时间。其中水平摘锭式采棉机应用的地域较广,覆盖了以色列、澳大利亚、巴西及美国等世界主要产棉区;垂直摘锭自走式采棉机仅在苏联棉区应用。新疆生产建设兵团引进垂直摘锭采棉机开展了采收作业试验,结果表明:与水平摘锭式采棉机相比,其作业效率低(一次收两行等行距为 60 cm 的棉株)、采净率较低(87%)、含杂率高。目前,该类型采棉机在乌兹别克斯坦已停止生产。现代采棉机的发展方向以水平摘锭自走式(4~6 行)大型机为主,采收工艺也以一次采收为主。垂直摘锭采棉机的结构如图 5-80 所示。

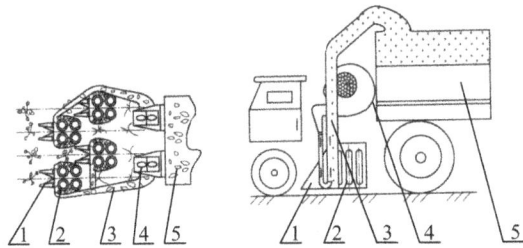

1—棉株扶禾器　2—垂直摘锭滚筒　3—输棉管　4—风机　5—集棉箱

**图 5-80　垂直摘锭采棉机**

4MZ-5 型采棉机的结构如图 5-81 所示,它是一种采用前置悬挂式采摘工作台、翻转自动输卸式棉箱、液压与机械混合式传动的大型(5 行)水平摘锭自走式采棉机,其综合指标达到了国际先进水平,部分指标优于国外采棉机,可完全替代进口采棉机。贵州平水机械有限责任公司已成为国内独家,也是全球第三家能够整机生产大型自走式采棉机的企业。

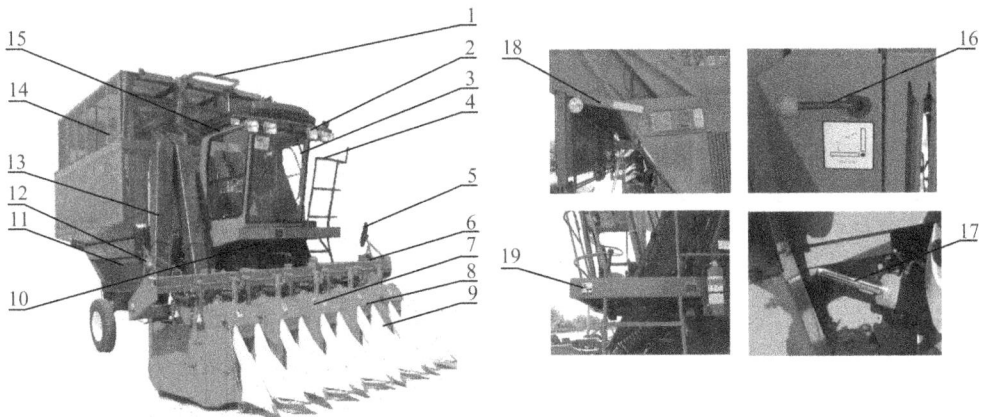

1—扶手　2—大灯　3—雨刮　4—扶梯　5—大后视镜　6—前、后反视镜　7—在位系统旁路检查装置
8—采棉头单体　9—扶禾器　10—喇叭　11—启动电机电磁线圈罩　12—前、后危险指示灯　13—输棉管
14—棉箱　15—驾驶室　16—棉箱油缸锁　17—采棉头升降油缸锁　18—慢行车辆标志牌　19—防滑台阶

**图 5-81　4MZ-5 型水平摘锭采棉机结构图**

4MZ-5 型自走式采棉机具有以下特点:

（1）功率强大，低耗、低音。该采棉机采用引进德国道依茨公司技术生产的 BFM1015 柴油发动机作为强劲的采棉机动力，保障 5 行采棉头同时工作，其燃油消耗经济性高。

（2）性能优良，适应性强。该机技术先进、实用，作业流程通畅，性能优良，适应多种棉花种植模式。

（3）操作方便，舒适感强。人性化设计的驾驶室使驾驶员舒适感增强，精巧的仪表盘可集中显示各部分工作情况，使驾驶员一目了然。该机功能齐全，操作手柄简单易用，转向灵活，制动性能好。

（4）18 层摘锭，两级采摘。采摘部件对作物的高度适应性强，并可随地表情况自动调节采棉头高度，既保护采摘部件，又可降低漏采数量。2 160 支摘锭分为 18 层、两级采摘，采净效果更加理想。

（5）大容量、快速卸棉。脱棉盘监视器随时监视棉花的输送过程，可实现异常报警。33 m³ 的大容量伸缩式棉箱，配有压实器，大大增加了棉箱的储棉量，并具有较快的卸棉速度。

（6）售后服务及时快速。该采棉机生产厂家（新疆石河子贵航农机装备有限责任公司），能迅速为使用者提供快捷的售后服务。

## 二、采棉机械采摘原理及操作

### 1. 摘棉铃机

该种采棉机在棉田中能一次采摘全部开裂（吐絮）棉铃、半开裂棉铃及青铃等，故也称一次采棉机。此类机具一般配有剥铃壳、果枝、碎叶分离及预清理装置，其采摘工作部件主要分为梳齿式、梳指式、摘辊式，机具结构简单，作业成本较低。但由于不能分次采棉，采摘后的籽棉中含有大量的铃壳、断果枝、碎叶片等杂质，并会使霜前霜后棉花混在一起，造成籽棉等级降低。因此，此类机器仅适用于棉铃吐絮集中、棉株密集、棉行窄小、吐絮不畅且抗风性较强的棉花，尚未得到大规模推广。

### 2. 采棉机

该类机具由于可按棉铃开裂吐絮的先后分次采摘籽棉，并基本不损伤未开裂棉铃及其他茎秆部分，也被称为分次采棉机。其主要采棉工作部件是摘锭，因此此类机器又被统称为摘锭式采棉机。按其摘锭相对地面的位置情况，摘锭式采棉机一般又可分为水平摘锭式与垂直摘锭式两类。水平摘锭式采棉机又分为滚筒式、链式及平面式，生产上使用较广泛的是滚筒式，其次是链式。

（1）水平摘锭式采棉机采棉原理

自 1850 年世界上第一台采棉机问世至今，不同国家诸多棉花收获机械研究者不懈努力，为进一步研究采棉工艺过程，寻求更加完善的工作部件积累了大量的资料及经验。摘锭式采棉机因具有采摘率高、落地棉损失少、含杂率低、功率消耗少等特点而被人们在生产中广泛使用。总的来说，苏联生产的垂直摘锭式采棉机结构相对简单，制造较容易，价格也较低，但采棉作业各项主要指标比水平摘锭式采棉机稍差；而美国生产的水平摘锭式采棉机结构复杂，制造工艺水平要求较高，价格也较昂贵，但由于电子监控及自动化控制程度较高,故采棉质量好,操作方便,作业生产率高,在生产中应用更为广泛。

水平摘锭采棉机可分次或一次(视棉花吐絮率高低)采收吐絮棉花。美国各公司生产的采棉机均为水平摘锭式采棉部件,其特点为:

① 采棉部件结构及配置发生重大改进。每个水平摘锭采棉工作部件均有 2 个滚筒[见图(5-82)],20 世纪 80 年代末之前,美国 2 家公司均采用左右相对、前后错开的滚筒布置方法,常规采棉行距为 97 cm 和 102 cm。迪尔公司于 20 世纪 90 年代初研发成功了单侧前后排列的采棉部件,该种配置缩小了采棉部件的宽度,适用于美国推广使用的植棉窄行距(76 cm)和我国新疆棉区宽窄行植棉模式的棉花采收。其采棉部件可在行距 76～102 cm 之间随意调整和组合,也可采用隔行采棉的方式。经实地试验,其可对新疆 30 cm+60 cm 宽窄行植棉模式的棉花进行采收作业,大大提高了采棉机的通过性和适应性。国产 4MZ-5 型采棉机采用的也是这种滚筒布置方式。

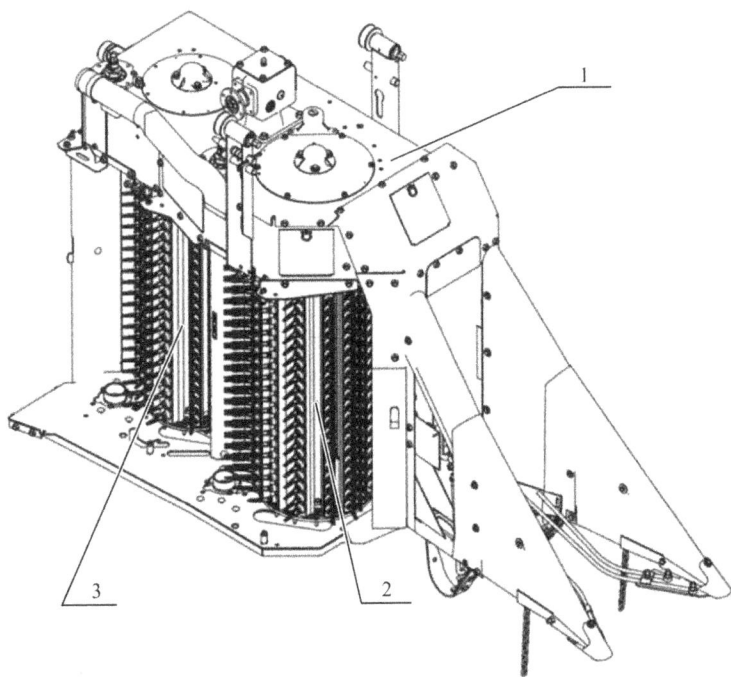

1—采棉头　2—前滚筒　3—后滚筒

图 5-82　水平摘锭工作单体

② 自动化程度显著提高。近 20 年,美国采棉机的结构和质量均有了重大改进:采用静液压传动系统简化了传动机构,降低了噪声;摘锭的润滑和清洗实现了自动控制,使操作变得简便,提高了工效;具有完备的电子监测系统,确保机器正常作业,减少故障;采棉滚筒具有良好的地面仿形功能,其运转与采棉机前进同步,提高了采棉质量和工作速度(3～6.8 km/h),减少了落地棉损失;采棉机整体制造质量和加工精度得到提高,使用可靠,操作轻便。

③ 工作部件采棉质量好。水平摘锭式采棉部件由于具有摘锭数量多,布局合理(每

组 288～480 支摘锭），适应性强等优点，使摘锭与棉铃的接触面积增大，采净率提高到 95% 以上；对棉花分枝多、株形大、结铃较分散的棉株也能采摘干净。其高位滚筒（每根座管上有 18～20 支摘锭）和低位滚筒（有 14 支摘锭）可对棉株高度为 60～120 cm 的棉株进行正常采棉作业。水平摘锭工作区较宽（棉株压紧板与栅板间隙为 80～90 mm），对棉株挤压力小，铃壳、棉枝和棉叶不易压碎并钩附于棉纤维上，因此，采棉的含杂率可降至 8%～10%。美国目前常用的采棉机通常为 5～6 行型，其中 9970 型与 2555 型五行采棉机新疆引进的也较多。

水平摘锭式采棉机每组采棉单体有 2 个滚筒，前后相对排列。摘锭成组安装在摘锭座管体上，每个座管体内装有一套带动相应摘锭旋转的传动主轴，每个摘锭座管体总成在滚筒圆周均匀配置；一般每个滚筒上配装 12 个摘锭座管总成，在每个摘锭座管上端装有带滚轮的曲拐。采棉滚筒做旋转运动时，每个摘锭座管总成相对滚筒回转中心进行"公转"，同时每组摘锭又"自转"。工作时，由于摘锭座管上的曲拐滚轮嵌入滚筒上方的导向槽，因此在滚筒旋转时，拐轴滚轮按其轨道曲线运动，而摘锭座管总成完成旋转到摆动的运动，使成组摘锭均在棉行成直角的状态进出采摘室，并以适当的角度通过脱棉盘和淋洗板刷。在采摘室内，摘锭上下、左右间距一般为 38 mm，呈正方形排列，以包围棉铃，栅板与挤压板形成采摘室。脱棉盘的工作面带有凸起的橡胶圆盘，并以与摘锭相反的方向旋转。淋洗板刷是长方形工程塑料软垫板，可滴水淋洗采棉滚筒摘锭。采棉机的采棉单体设在驾驶室前方，棉箱及发动机在其后部，一般行走导向轮置于机器后部，且大部分为自走式。

采棉工作单体（采收一行棉花所需部件总成）在工作时，扶导器将棉株扶起导入采摘室，棉株宽度被挤压至 80～90 mm，旋转着的摘锭有规律地伸出栅板，垂直插入被挤压的棉株，同开裂棉铃相遇，摘锭沟齿挂住籽棉，把吐絮棉瓣从开裂的棉铃中拉出来，并缠绕于自身，然后籽棉经栅板退出采摘室并由滚筒再送入脱棉区，高速旋转的脱棉盘将摘锭上的籽棉反旋向脱下。脱下的籽棉被气流自集棉室经输棉管道输送至棉箱。摘锭转到淋洗板刷下部，淋洗去植物汁液和泥垢（以利下次采棉和脱棉）后，再重新进入采棉室采棉。水平摘锭滚筒传动系统简图如图 5-83 所示。

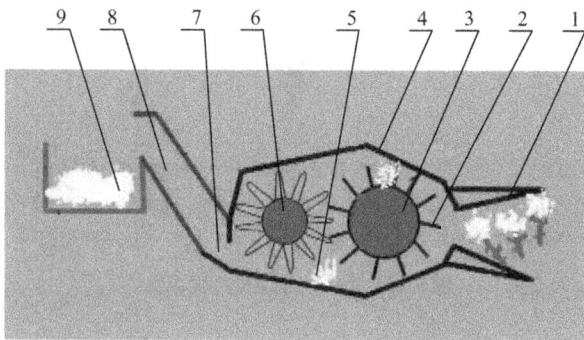

1—分禾器 2—摘锭 3—采棉滚筒 4—栅板 5—积棉室 6—脱棉盘 7—吸入门 8—风桶 9—棉箱

**图 5-83 水平摘锭滚筒子传动系统简图**

此类机器与垂直摘锭采棉机相比,结构复杂,制造难度较大。但自20世纪80年代以来,随着科学技术的进步,机具关键部件的生产在美国已由自动及半自动的专用生产设备及工艺来保证,从而降低了生产成本,缩短了生产周期。与此同时,科技进步亦使此类机器的操纵日趋简化,机器工作性能日益提高,尤其是静液压技术及电控新技术促使此类机具全面实现了自动监控、自动报警、自动工艺服务等,大幅度地提高了作业生产率。2000年,新疆生产建设兵团分别对美国迪尔公司、凯斯公司以及中国新联公司生产的水平摘锭式采棉机进行了沟灌棉田中的不同植棉模式下对比试验,结果表明:采净率均≥93%,总损失率≤6.5%,均能满足机采棉技术的基本技术作业指标要求。

(2)国产4MZ-5型自走式采棉机采棉原理

4MZ-5型自走式采棉机是一种采用前置悬挂式采摘工作台、翻转自动输卸式棉箱、液压与机械混合式传动的大型(5行)水平摘锭自走式采棉机。其主要由采棉头部件、液压系统、底盘、操纵系统、风力输棉系统、棉箱部件、电子监控系统、电气系统、淋润系统、自动润滑系统、动态防护系统等组成。

采棉机采棉作业是由采棉工作单体完成的,采棉工作单体主要包括:摘锭座管、水刷、淋洗器、摘锭锥齿轮、滚筒轴、曲拐、滚轮、导向槽、传动链轮、摘锭传动齿轮、座管轴锥齿轮、摘锭座管轴、座管轴锥齿轮、抽锭等,如图5-84所示。

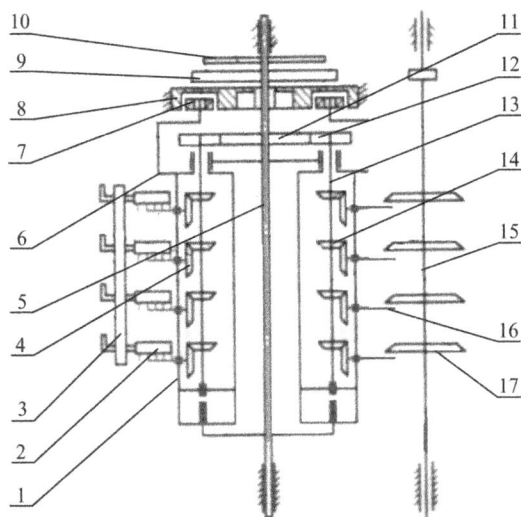

1—摘锭座管 2—水刷 3—淋洗器 4—摘锭锥齿轮 5—滚筒轴 6—曲拐 7—滚轮 8—导向槽
9,10—传动链轮 11—摘锭传动齿轮 12—座管轴传动齿轮 13—摘锭座管轴
14—座管轴锥齿轮 15—脱棉盘轴 16—摘锭 17—脱棉圆盘

**图5-84 水平摘锭式采棉单体**

工作时,机器前进,扶禾器将棉株导入采摘器,采摘室是一条缝隙,宽度约80~90 mm,它的一面是水平栅板,另一面是压紧板。棉株宽度被压至80~90 mm,采棉滚筒中水平安装的摘锭在转动过程中有规律地伸出栅板,垂直地(与前进方向垂直)插入到被

挤压在采摘室中的棉株里。摘锭一面受滚筒和导向槽控制,按一定轨迹运动;一面本身又通过锥齿轮高速自转,转速为 3 800~4 000 r/min。高速转动的摘锭遇到开裂的棉铃时,用钩齿挂住籽棉,把吐絮棉瓣从开裂的棉铃中拉出来缠绕于自身,然后依次退出采摘室,并将籽棉带到脱棉器处。脱棉器是一组带橡胶凸起的圆盘,其以与摘锭相反的方向高速旋转,将籽棉从摘锭杆上脱卸下来。籽棉继而由气流输送系统通过输棉管送入棉箱中。已脱卸籽棉的摘锭随滚筒转到淋洗器处进行清洁,淋洗器由供水管定期供水,摘锭与淋洗器接触时,淋洗器用有纹路的橡皮垫清洗和擦掉摘锭工作面上残留的棉纤维、液浆和有碍采摘的其他夹杂物。摘锭被湿润清洁之后表面上附有薄层液体(以利下次采棉和脱棉),再重新进入采棉室采棉。摘锭安装在摘锭座管上,每个滚筒有 12 个摘锭座管,每根座管一般安装 18 支摘锭,每个滚筒就有 216 支摘锭,可保证充分与棉花接触。

在每根摘锭座管的上端装有带滚轮的曲拐,滚轮沿着固定的导轨运动,保证水平摘锭在从伸进棉株到退出棉株的整个工作区内,始终垂直于机器的前进方向。

(3)垂直摘锭式采棉机采棉原理

垂直摘锭式采棉机的采棉部件主要有垂直摘锭滚筒、扶导器、摘锭、脱棉刷辊及传动机构等。每一个采棉工作单体有 4 个滚筒,前、后成对排列,通常每个滚筒上有 15 支摘锭,摘锭为圆柱形,直径为 24 mm(长绒棉摘锭直径 30 mm),摘锭上有 4 排齿。每对滚筒的相邻摘锭交错相间排列,摘锭上端有传动皮带槽轮,在采棉室,由外侧固定皮带摩擦传动,摘锭旋转方向与滚筒回转方向相反,摘锭齿迎着棉株转动采棉。在每对滚筒之间留有26~30 mm 的工作间隙,从而形成采摘区。在脱棉区内,摘锭上端槽轮由内侧固定皮带摩擦传动而使摘锭反转,迫使摘锭上的锭齿抛松籽棉瓣,实现脱棉。由于该类机器摘锭较少,结构较水平摘锭式简单,故制造容易,价格较低。但其采摘率稍低,落地棉较多,对棉株损伤偏大,自动化程度低,工艺辅助时间长,棉花的采净率和功效较水平摘锭低,一般采净率为 80%~85%,生产率也偏低。

垂直摘锭式采棉机在工作时,棉株由扶导器导入采摘室,左右滚筒从两侧给以挤压并向后相对旋转,使滚筒和棉株脱棉区接触的周边与棉株的相对速度等于零,使棉株保持直立;高速旋转的摘锭与棉铃接触,其上的齿抓住开裂棉铃内的籽棉并将其从铃壳中拉出,缠绕在摘锭表面;待摘锭被滚筒转动至脱棉区时,反向旋转的刷式脱棉器从摘锭上脱下籽棉,并抛入集棉室,然后利用气流将集棉室中的籽棉送入棉箱。机器在地头转弯时,清洗喷头朝旋转的摘锭喷水清洗。整机的结构布置与美国水平摘锭式采棉机相仿,但此机的前后两对滚筒可连续采摘棉株两次,且大部分机型为拖拉机整体悬装式。20 世纪 80 年代生产的垂直摘锭式采棉机主要有采收 60 cm 或 90 cm 等行距的两类机型。

3. 其他类型棉花收获机械

世界上第一台棉花收获机械诞生至今的 150 余年里,世界上已有各种棉花收获机械专利 1 000 余项,但一般可分为机械式、气流式、电气式、复合式几大类(均指采棉原理),其中应用较广的仍为机械式。典型的采棉机列举如下:

(1)气吸式采棉机

这种机器上装有真空罐,罐上接诸多气管,气管的另一端装有吸嘴。人工将吸嘴移至开裂棉铃附近,打开气阀,利用负压将吐絮棉花吸入吸嘴,并通过气管将棉花回收至真空罐。这种采棉机相对人工摘花效率提高不多。

（2）气吹式采棉机

这种机器利用高速气流吹离作用采摘棉花。采棉时将气流喷嘴对准棉桃，把棉花吹离棉秆并使其落入容器内。但吹离棉花的高速气流同时也会吹起大量杂质，使棉花含杂率增加。

（3）气力复合式采棉机

苏联1929年曾试制和试验了气力复合式采棉机。该机将吸与吹的气流同时作用于被采摘的棉株上。机器工作时，棉株从机器的两个气嘴之间通过，其中一个气嘴产生正压气流，另一个气嘴产生负压气流，在这两种气流联合作用下，籽棉被气嘴吸入并向外输送。试验结果表明：其采摘率低，落地损失大，很多籽棉被遗留在棉田中。

（4）气吸振动复合式采棉机

该种采棉机是在单纯气吸式采棉原理的基础上发展起来的。1972—1973年，新疆生产建设兵团农机部门研制出气吸振动式采棉部件，通过室内试验，此种采棉部件采收一遍时的棉花采摘率为77.3%～83.1%，但未经过田间验证。

（5）刷式采棉机

苏联在20世纪30年代也曾试验和研究过刷式采棉机，一种采用了金属齿带型采摘部件；另一种采用了表面上装有刷子的螺旋体采棉部件，作业时在棉行的两侧各有一个螺旋体，从两边同时进行采棉。经试验，这些机器采棉效率较低，落地棉多，且籽棉含杂率高。

4．采棉机的操作

下面以4MZ-5型采棉机为例介绍采棉机的操作方法。

（1）转向盘

1—转向盘　2—喇叭及转向灯开关

**图5-85　转向柱**

如图5-85所示，将转向盘右转，采棉机右转向；将转向盘左转，采棉机左转向。按下喇叭及转向灯开关时喇叭响；沿着转向盘转动方向拨动喇叭及转向灯开关，相应方向的转向灯就会亮。

采棉机各种控制键统一安装在控制盘上，如图5-86所示。因不同批次采棉机结构上略有差异，所以在操作时以实际控制盘为准。

（2）起动钥匙开关

此开关有四个位置。

① 关位。钥匙处于垂直位，没有钥匙采棉机不能启动。只有在关位才可拔下钥匙。

② 附件位。从关位逆时针转到附件位。在此位置，可打开收音机、选配的保养灯等，不需要连通仪表盘或启动发动机。

③ 开位。从关位顺时针拧至第一位，所有的警示灯会亮大约2 s，同时，燃油油位表、电压表、水温表将会指示当前的状态。

④ 启动位。从关位顺时针拧至第二位。如推进杆在空挡位，启动马达会启动发动机。发动机启动后，松开钥匙。

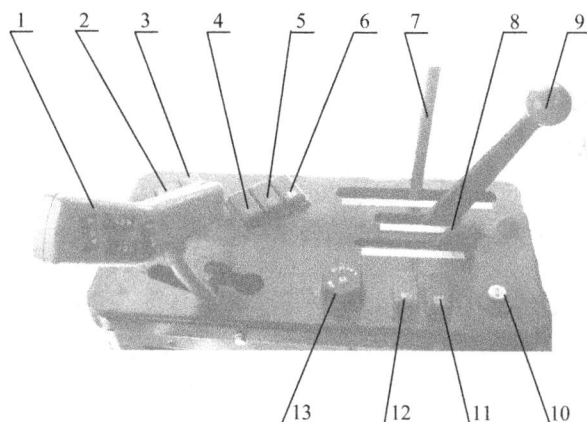

1—采棉头及行走操作手柄　2—风机开关　3—摘锭润滑开关　4—水压调整开关　5—棉箱倾倒开关
6—棉箱伸展开关　7—变速控制杆　8—手油门　9—采棉头控制杆　10—点火开关　11—田间照明灯开关
12—棉箱平台灯开关　13—田间照明转换开关

**图 5-86　控制盘**

为了防止其他人员擅自操作机器或电瓶引起意外放电,工作人员在离开驾驶室时必须拿走启动钥匙。

（3）变速杆

此杆用来切换变速箱挡位,移动此杆时发动机必须运转,如图 5-87 所示。

**图 5-87　变速杆**

N 挡表示空挡中间位,换挡拉杆仅在此位可以升起。

1 挡表示采棉作业挡位,此时采棉头结合,作业速度为 5.9 km/h。

2 挡表示也为采棉作业挡位,采棉头结合,作业速度为 7.8 km/h。

3 挡为采棉机运输时使用的挡位,在此挡位时,采棉头分离,运输速度为 23.5 km/h。

（4）换挡操作

实现一挡与二、三挡的换挡操作时必须踩下换挡脚踏板,然后推动变速杆。方向盘支座与脚踏开关见图 5-88。

（5）采棉头控制杆

此杆用来结合或分离采棉头驱动,方法为:当控制杆在采棉头位置时,将控制杆向前推即结合采棉头控制,向后推则分离驱动控制。

（6）驾驶员在位系统

设计驾驶员在位系统是为加强采棉机的安全性能,同时不妨碍机器的田间作业和保

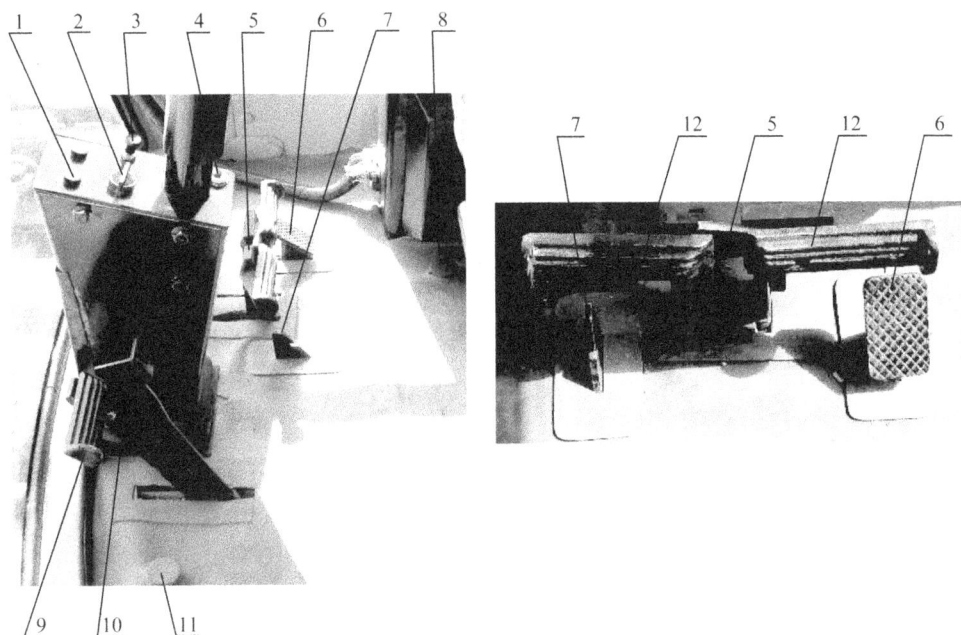

1—转向指示灯　2—转向指示器开关　3—行(驻)车闪光灯　4—喇叭按钮　5—制动踏板卡板
6—换挡脚踏板　7—方向盘支座倾斜踏板　8—压实机开关　9—驻车制动器踏板　10—"驻车"制动器解脱杆
11—湿润柱冲洗开关　12—制动踏板

**图 5-88　方向盘支座和脚踏开关**

养。驾驶员在位系统能保证不管变速箱挂在任何挡位,即使驾驶员离开座位,也不会影响采棉头旋转和机器前进。因此,在田间工作或公路行驶时,机器正常的功能不受影响。当变速箱在空挡位且驾驶员离开座位时,驾驶员在位系统会使采棉头停下。驾驶员返回座位后,采棉头也不再继续旋转,直到变速杆返回空挡位,使系统复位。

驾驶员在位系统检查系统有一个装有弹簧按钮的手动操作位置开关,压下按钮可控制采棉头缓慢旋转,其旋转速度取决于手油门的供油量。首先将位置开关从 4 号采棉头的存放位置取下,启动或检查驾驶员在位系统时不要靠近采棉头或站在采棉头上方的位置。在确认无安全隐患时,压下位置开关,采棉头会立即开始低速旋转,直至位置开关被松开。

(7) 采棉机仪表板

采棉机仪表板由四个部分组成,即数字转速表部分、开关部分、报警指示灯部分、仪表部分。采棉机仪表板显示及报警指示灯、仪表板仪表部分如图 5-89、图 5-90 所示。

① 数字转速表部分和开关部分

数字转速表由 5 个"触摸"开关组成,在双层显示表上可显示 6 种不同的数据:机器的行走速度、发动机转速、水压、风扇转速、发动机工作小时和风扇转速。仪表采用上下排显示方式,在显示表中显示参数的左侧有一个田字框,其四个象限各有一个指示灯,指示灯点亮分别对应底下四个开关按键位置设置有效。例如,当按下发动机转速键后,仪表显示发动机转速,与发动机按键相对应位置的指示灯亮,表示当前显示的是发动机转速,其他依次类推。

上下箭头表示的是改变上下排显示参数的选择键,上面有两个指示灯,在按键时会交替点亮。点亮的指示灯对应的箭头表示当前选择的是要改变哪一排的显示参数。如果要改变上排显示的参数,通过按选择键使与向上指示箭头所对应的指示灯点亮,然后再按其他键来选择操作者要观察的参数;反之亦然。

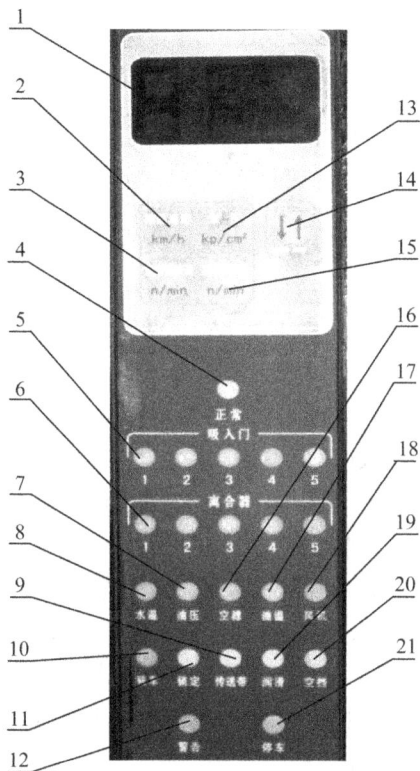

1—双层显示表　2—行走速度开关　3—发动机转速开关
4—工作正常指示灯　5—采棉头吸入门堵塞报警灯
6—采棉头离合器打滑报警灯　7—油压报警灯　8—水温报警灯
9—传动带指示灯　10—驻车指示灯　11—锁定指示灯
12—报警指示灯　13—水压显示开关　14—显示层设置开关
15—风机转速开关　16—空滤报警灯　17—油温报警灯
18—风机报警灯　19—润滑指示灯　20—空挡指示灯　21—停机指示灯

图 5-89　仪表板显示及报警指示灯

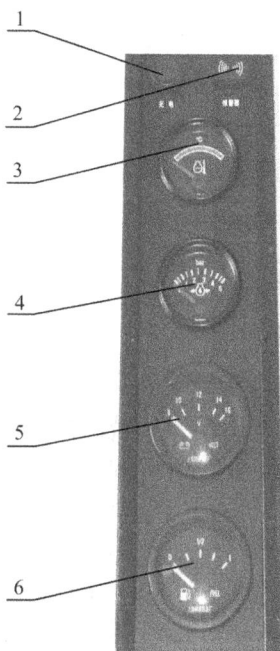

1—充电指示灯　2—报警迅响器
3—水温表　4—油压表
5—电压表　6—燃油表
图 5-90　仪表板仪表部分

用上述方法可以方便地选择显示机器的行走速度、发动机转速、水压、风扇转速这四项参数。仪表上排显示发动机转速,下排显示风机转速。要查看发动机累计工作时间时,可按住发动机转速键 3 s,待显示闪烁时放手,此时显示的是发动机累计工作时间的"秒"部分;再按一下发动机转速键将显示发动机累计工作时间的"分"部分;再按一下将显示发动机累计工作时间的"时"部分;再按一下则返回到最初的显示状态。要观察风机累计工作时间同样采用这一方法,只是将按发动机转速键换成按风机转速键。另外,当发动机工作时间累积到 50 h 时,显示屏上会出现"—50—"的显示状态并闪烁,这是提醒操作人员对机器或发动机进行保养,只需按一下发动机转速开关键,显示便回到正常显示状态。

②报警指示灯部分

a. 风机转速报警的设置。在驻车制动器处于结合状态时启动发动机,结合风扇,按转速表的风机转速开关,逐渐加大发动机油门,直到风机转速达到转速报警设置值为止,如果风机转速低于报警设置值,风机转速报警灯就会亮起,此时在上排会显示数码管,四象限指示灯中间有一个红色的指示灯会闪烁。发动机的额定转速为 2 200 r/min,风扇额定工作转速为 3 700 r/min,风扇最低转速报警值为 3 500 r/min,转速低于此值就报警。风机转速低可能是由皮带松动或发动机转速低引起的。风机结合 2 s 后才可能发出报警声,同时报警灯亮,以允许发动机提高转速。

b. 采棉头监测显示器。采棉头监测显示器上有采棉滚筒转速报警灯和吸入门堵塞报警灯。如果由于转轴缠绕而使采棉滚筒转动停止或减慢,相应的报警灯就会亮起。如果采棉头滚筒转动停止或吸入门堵塞,报警灯就持续闪烁,并持续发出脉冲报警声。此时应立即停机,脱开采棉头,找出故障原因。

如果吸入门和采棉滚筒工作正常,工作正常指示灯会亮起。如果齿轮箱或怠速离合器打滑,采棉滚筒就停止转动。

c. 灯泡的检查。将钥匙开关转到 ON(接通)与 START(启动)两位置中间,查看所有指示灯能否正常亮起,如果有指示灯不亮,检查其灯泡是否损坏或相关线路是否脱落。

d. 驻车制动指示灯。当驻车制动器结合时,驻车制动指示灯和报警灯会亮起。如果驻车制动器结合时,液压控制杆未处于中间位置,则发出连续脉冲报警声。当钥匙开关处于检查灯泡位置时[即在 ON(接通)与 START(启动)两位置中间时],指示灯亮起。

e. 液压油/静液油温度报警灯。连续工作可能使液压油温度上升太高,从而损坏机器。当液压油的温度达到 104.4℃时,液压油温度报警灯会亮起,并发出连续的报警声。此时应立即关机,并减小液压系统上的负载(脱开风机皮带压紧推杆),使液压油冷却;同时检查液压油油位,清除沉积在液压油冷却器内的渣屑。

f. 空气滤芯报警灯。当散热器密闭室空气浑浊超量时,空气滤芯报警灯会亮起,并发出连续脉冲报警声。这时应检查并清洗空气滤芯。

g. 发动机机油压力报警灯。当发动机机油压力太低时,发动机机油压力报警灯会亮起,并发出连续脉冲报警声。此时应立即关闭发动机,并在重新启动前找出并排除故障。

h. 发动机冷却液温度报警灯及温度表。当发动机冷却液过热时,发动机冷却液温度报警灯亮起,并发出连续脉冲报警声。为了防止发动机损坏,当发动机冷却液温度报警灯亮起,且温度表指针指向红色区域时,不能立即关机,否则会使冷却液温度升得更高,更有可能损坏机器;应先降低负荷,使发动机以较低的转速运转,以降低冷却液温度;如果冷却液的温度继续上升,应立即关闭发动机,同时检查散热器周围有无堆积物,检查冷却液补水箱中的液位是否太低。

i. 摘锭润滑指示灯。当控制盘上的润滑开关接通时,摘锭润滑指示灯亮起。

j. 棉箱输送链板指示灯。当棉箱输送链板开关接通时,棉箱输送链板指示灯亮起。

③仪表板仪表部分

当出现不需要立即关闭发动机去排除的故障时,报警迅响器发出连续脉冲报警声,这时要查看仪表和指示器,找出故障原因,尽快进行维护性检查或改变机器操作方法。

充电指示灯用于表明蓄电池的充放电状态,该灯点亮时表示电瓶放电,发动机点火后,该灯熄灭。

燃油表显示油箱内燃油大致油位。应在燃油表指针到达空标记前加注燃油。不允许在柴油发动机燃油将耗尽时再加注燃油。如果发动机燃油耗尽,燃油系统在加注燃油后需要进行排气处理。

水温表即发动机冷却液温度表,当水温表指针指向红色区域时要降低机器负荷,使发动机处于怠速工况,以降低冷却液温度。

发动机工作后机油压力会上升至正常值,在此之前不要加速或施加负荷。

电压表用来显示电瓶电压和充电系统的电压。当钥匙开关位于 ON 位置发动机不运转时,电压表的指针应指在 12 V 稍上一点。当电压表指针在 0 V 左右波动时,表示电瓶已放电或充电系统电压低,这时应检查电瓶的状况和发电机皮带的张力。

(8)安全带

采棉机上装有驾驶员座椅和安全带。不管是在田间或公路,开动采棉机前应确保系好安全带。经常检查安全带是否磨损,如必要应更换。启动发动机前确保系好安全带,不要把安全带和座椅上的其他物品缠在一起。

三、4MZ-5 型采棉机的主要技术参数

4MZ-5 型采棉机的主要技术参数见表 5-14。

表 5-14　4MZ-5 型采棉机主要技术参数

| 序号 | 名称 | 参数 | |
|------|------|------|------|
| 1 | 发动机额定功率/转速 | 214 kW/2 200 r/min | |
| 2 | 作业效率 | 10~15 亩/h | |
| 3 | 吐棉采净率 | ≥94% | |
| 4 | 籽棉含杂率 | ≤10% | |
| 5 | 机器可靠性 | ≥90% | |
| 6 | 采摘速度 | 1 挡:0~5.8 km/h | |
| | | 2 挡:0~7.0 km/h | |
| 7 | 运输速度 | 3 挡:0~24.0 km/h | |
| 8 | 棉箱总容积 | 32.8 m³ | |
| 9 | 燃料油箱 | 454 L | |
| 10 | 燃油消耗 | 1.7 kg/h | |
| 11 | 发电机 | 28 V、55 A | |
| 12 | 外部尺寸 | 工作状态 | 8 240 mm×4 600 mm×4 826 mm |
| | | 运输状态 | 8 240 mm×4 600 mm×3 800 mm |
| 13 | 重量 | 14 857 kg | |

◯ **工作过程**

一、工作课时

要求本单元的理论与实训课时分别为 12 课时和 60 课时。

二、工作过程

1. 采棉机作业前调整

首先检查输棉管和棉箱进棉口护板之间的间隙,输棉管不能与进棉口护板碰触。当棉箱升降时检查护板的运行轨迹是否有干涉,如有必要,可通过调整螺帽和输棉管固定螺栓的位置进行纠正。

(1)调平标准高度感应滑板

标准高度感应滑板的调整如图 5-91 所示。

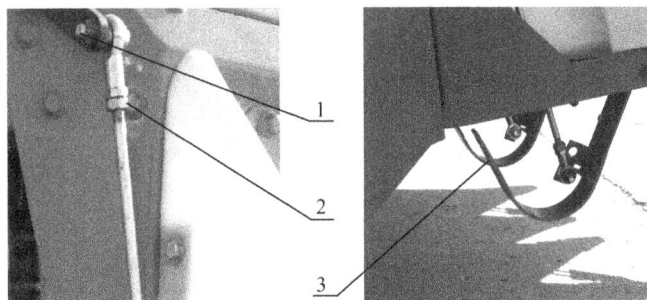

1—连接螺钉 2—锁紧螺母 3—滑板

**图 5-91 标准高度感应滑板的调平**

① 松开调节杆锁紧螺母。

② 取下连接螺钉。

③ 调整连杆,使里、外滑板高度一致。

④ 安装螺钉并拧紧锁紧螺母。

⑤ 检查滑板的水平。如果还需要进一步调整,在连杆的另一端重复以上步骤。

在调整采棉头高度感应系统之前,应先调整采棉头的倾斜度,如倾斜度调整不当,可能会导致采棉机或相关部件的损坏。在安装螺钉之前,确保至少有三圈螺纹进入了连接端。

(2)淋洗器柱高度调整

淋洗器水刷盘衬垫的磨损程度需经常检查,如果磨损程度太大,就需要垂直调整淋洗器柱的高度,以使每一个淋洗器水刷盘衬垫的所有翼片都刚好接触到摘锭。淋洗器水刷盘衬垫调整得太低会导致过度磨损,调整得太高,水刷盘衬垫与摘锭不能形成摩擦,会导致摘锭清洁不好。摘锭必须由淋洗器水刷盘衬垫清洁,而不是由脱棉盘清洁。

调整合适的高度应该保证当摘锭刚刚穿过淋洗器水刷盘衬垫的下面时,所有的翼片都稍微弯曲。对于新的淋洗器水刷盘衬垫,靠近定位套的翼片应比靠近摘锭顶部的翼片弯曲得多一点。淋洗器柱位置及高度的调整如图 5-92 所示。

① 松开锁紧螺母。

② 顺时针转动调节螺钉以提高淋洗器柱的高度。逆时针旋转以降低淋洗器柱的高度(调整淋洗器柱高度时应防止锁紧螺母旋转)。

③ 拧紧锁紧螺母。淋洗器柱高度调节完毕后,将门锁闭。

(3) 采棉头倾斜度的调节

采棉头在工作时,其前后滚筒相对水平面应前低后高,这可使前后滚筒的摘锭交叉缠绕更多的棉花,并使较多的残余物从采棉头底部漏出去。

如图 5-93 所示,通过调整螺母进行调整,使得前部滚筒比后部滚筒低 19 mm,调节支撑拉杆使两销之间的最初尺寸为 584 mm。采棉头最终的倾斜度调整应在棉田进行,因为最初尺寸会因为棉株高度的不同而有所变化。

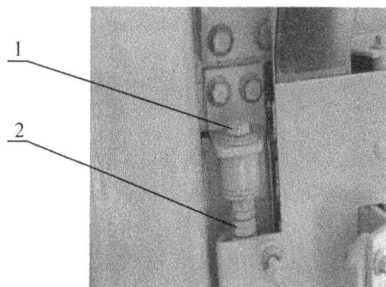

1—调节螺钉  2—锁紧螺母

图 5-92　淋洗器柱高度的调整

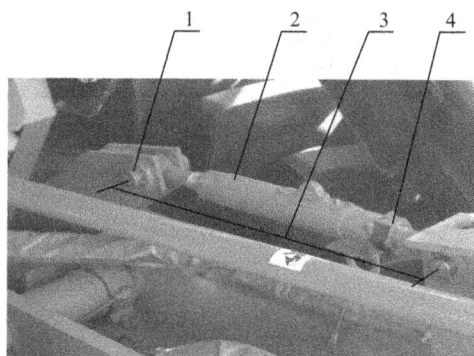

1—销  2—支撑拉杆  3—最初尺寸  4—调整螺母

图 5-93　采棉头倾斜度的调节

(4) 分禾器的调整

在调节分禾器之前,采棉头的斜度和高度感应必须调节合适。

用链条调节分禾器尖端,使其高于分禾器延展面的底平面 25 mm,如图 5-94 所示。

只有在棉桃低垂或枝条密集、凌乱而使棉花不易采摘的时候,才可以使分禾器的尖端部位低于延展部分的底平面。在这种条件下,要调节分禾器的尖端,使其擦过地面而不是深深地犁过地面。同时,需要定期检查分禾器尖端的金属磨损盘的磨损情况。

在那些低垂的植株和枝条上进行采摘的时候,分禾器会发生过度磨损,因此,调整时不要使分禾器低于某一限定值。分禾器链条必须固定在狭槽的底部,用来防止因链条松动而使分禾器的尖端接触地面。

(5) 栅格的调整

调节栅格是为了使摘锭在进入棉行采棉的时候不会与栅格发生干涉,而在摘锭离开棉行的时候缠绕的棉

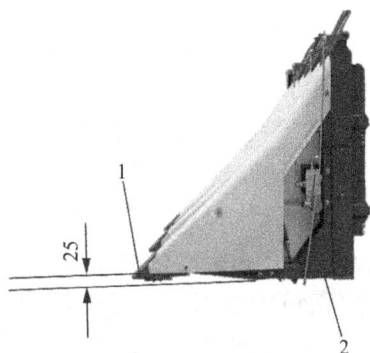

1—分禾器调节尖端  2—分禾器的延展面

图 5-94　分禾器的调节

花也不会往下掉。松开前后栅格立柱锁紧螺钉,移动栅格立柱上下安装位置,使其前后滚筒栅格的位置处于两个摘锭之间的中点处。所有栅格的调整位置都应保持一致。松开锁紧螺母可调节单个栅格的安装位置。栅格的调整见图5-95。

(6)压力板间隙的调整

在进行压力板间隙调节之前要修理或更换已变形或已磨损的压力板及拉杆。采摘前,检查压力板的间隙,使用旁路操作系统使采棉头缓慢旋转,如果摘锭顶部与压力板之间发生干涉相碰撞,则调节压力板拉杆螺母,使拉杆长度发生变化,作用于压力板的力随之发生变化,进而改变摘锭的尖端和压力板之间的间距,一般保证该间距在3～6 mm即可。压力板间隙的调整如图5-96所示。

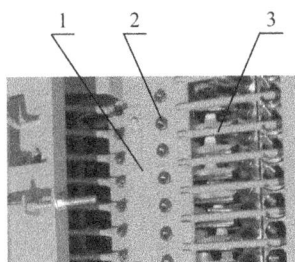

1—栅格立柱　2—锁紧螺母　3—栅格

**图5-95　栅格的调整**

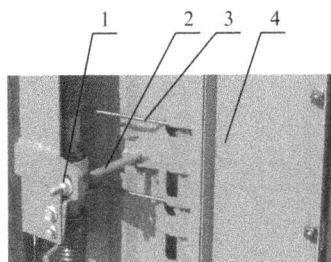

1—拉杆螺母　2—拉杆　3—压力弹簧　4—压力板

**图5-96　压力板间隙的调整**

向后调节压力板时,压力板和摘锭之间的距离不得超过6 mm,否则棉花会从摘锭与压力板的间隔中漏过,而使摘锭无法采摘。压力板与摘锭上下之间的距离应保持一致。需要注意的是,在调整过程中需要注意安全,一旦卷入运动的摘锭中,将会造成严重事故。

(7)压力板弹簧张力的调整

① 第一次采摘调整(如图5-97所示)。

a. 用扳手紧紧地旋转轴,拔出旋转压力轴定位转盘上的定位螺钉。

b. 旋转压力轴定位转盘直到压力弹簧刚刚接触到压力板。当弹簧对压力板施加压力后,采棉头框架上的两个孔要有一个和压力轴定位转盘上的某一个孔对正。

c. 前压力板要调整到对应三个压力孔的位置,对于多岩石的地块还要调整对应三个压力孔的位置。

d. 后压力板要调整到对应三个压力孔的位置。

② 第二次采摘调整

对于非常高或非常茂密的植株,第一次采棉时前压力板要调整到对应1/2压力孔的位置,后压力板调整到对应三个压力孔的位置。如果在植株上剩下的棉花过多,首先要拧紧后面的压力板。只有在必要的时候才能拧紧前面的压力板。

(8)脱棉盘组件高度的调节

① 采摘头摘锭座杆位置的调整:脱开采棉头滚筒与脱棉盘组件连接齿轮,单独旋转调整摘锭座杆上的一排摘锭,使其与底面狭槽排成一条直线,以确保脱棉盘和摘锭之间的相互位置。摘锭只能在此位置进入脱棉盘前面边缘的下方。

② 拧开锁紧螺母,转动调节螺栓,调节脱棉盘组件与摘锭之间的距离。调整时,手感摘锭和脱棉盘之间具有轻微的阻力即可。锁紧螺母时要十分注意脱棉盘组件不能有丝毫的轴向位移。脱棉盘组件高度调整示意图如图 5-98 所示。

③ 每天至少要检查两次脱棉盘高度的变化情况,如果需要,应重新调整脱棉盘组的高度。如果脱棉盘衬垫接触到了摘锭螺母,应重新调整脱棉盘组件。

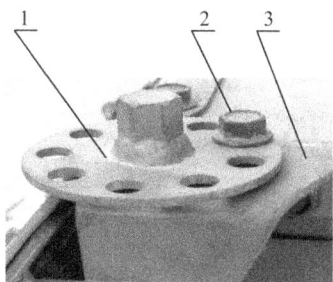

1—压力轴定位转盘  2—定位螺钉  3—采棉头框架

图 5-97  压力板弹簧张力的调整

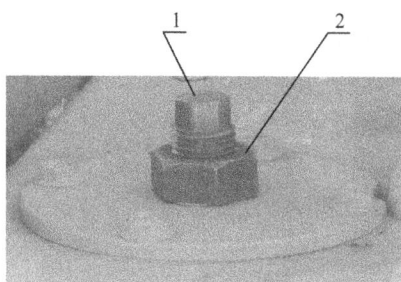

1—调节螺栓  2—锁紧螺母

图 5-98  脱棉盘组件高度调节

2. 棉田准备和地头处理

在采棉机进地之前要先对棉田进行一定的处理。

(1) 残膜处理

残膜是影响棉花质量等级的一个重要因素,虽然机采棉棉株在离地 20 cm 以下基本没有棉铃,但为了避免卷起的残膜卷入采摘头,在采摘前应用土将卷起的残膜填埋,以提高棉花质量等级。这里要注意,棉田里的滴灌带是埋在膜下的,为了避免破坏膜的完整性,在采摘前滴灌带绝对不能移动,要等棉花采摘完后再进行回收。

(2) 地头处理

采棉机进行采摘作业时,在棉田两端需要调头,因此对棉田两头棉花要进行人工采收,采收棉行的长度以距离地头 20 m 为宜(包括地头道路的宽度)。

3. 采棉机启动

(1) 启动前准备工作

① 检查发动机机油和液压油箱油位。

② 检查燃油系统、冷却系统和油底壳有无漏油现象发生。

③ 检查所有皮带和链条的张紧度。

④ 检查轮胎气压。

⑤ 检查散热器和溢流壶中的冷却液位,必要时加注冷却液。

⑥ 检查声响报警和指示灯。

⑦ 液压手柄放在空挡位置。

⑧ 输棉风机的开关放在关的位置。

⑨ 空调开关放在关的位置。

⑩ 采摘头结合手柄放在分离位置。

⑪ 油门放在最小位置。

⑫ 验灯,启动。

⑬ 缓慢加大油门,使发动机转速保持在1 000 r/min左右。

(2)正常启动步骤

① 松开负载及拖动设备。

② 将液压速度控制杆推到中立位置。

③ 将手油门放在向前1/3位置上。

④ 关闭所有照明开关和附件开关。

⑤ 启动发动机前鸣笛。

⑥ 旋动钥匙至开位,检查指示灯、棉流监视器和声响警报。

⑦ 旋动钥匙至启动位置,使发动机启动,时间不应超过30 s,然后松开钥匙。

⑧ 发动机一旦启动,应检查报警灯和仪表。如报警灯亮起,应停机检查原因。

4.采棉机采摘作业

(1)采摘路线确定

机采棉采摘作业根据棉田的面积可采用不同的采摘路线,目前常用的有两种路线,如图5-99所示。驾驶员可以根据棉田具体情况选择采收作业路线。

(2)开始采摘工作

采摘作业前,发动机和采棉头要先预热。作业时手油门处于最大位置,淋洗器内溶液压力要合适,采棉头要对准棉株的行。采摘第一遍时,应选用第一挡速度进行作业。采摘第二遍时,应选用第二挡速度进行作业。采摘到地头时,应降低机车行走速度,完全升起采棉头,使用单个制动踏板来帮助转向。风机驱动只能在油门控制杆处于怠速位置时结合或分离,要使水泵工作,风机必须结合。

为了充分利用棉箱的容量,当棉花接近前网时和棉花堆积到搅龙的压板时,应脚踏启动搅龙开关;当棉花完全盖住棉箱前网和压实搅龙时,连续使用搅龙。

(3)卸棉操作

当棉箱将要满时应卸棉,以防输送管被堵塞。

① 将需要卸棉的采棉机行驶到地头打垛机旁,降低发动机转速到怠速状态。

② 解脱采棉头和风机。

③ 使采棉机运行至卸棉位置。

④ 提高发动机转速到大油门位置。

⑤ 操作棉箱倾倒开关升起棉箱。

⑥ 操作输送链板开关启动输送链板。

⑦ 将棉花全部卸入打垛机内,然后,操作棉箱倾倒开关放下棉箱。

(4)停止采摘工作

当一天的采摘作业结束,最后一车棉花卸完后,应使采摘头升到最高位置(按整体升降按钮或左右升降按钮均可)。采摘头举升油缸安全锁定装置放在安全锁定位置,操作机车返回基地。

（a）地头宽度超过 100 m 的采摘路线

（b）地头宽度小于 100 m 的采摘路线

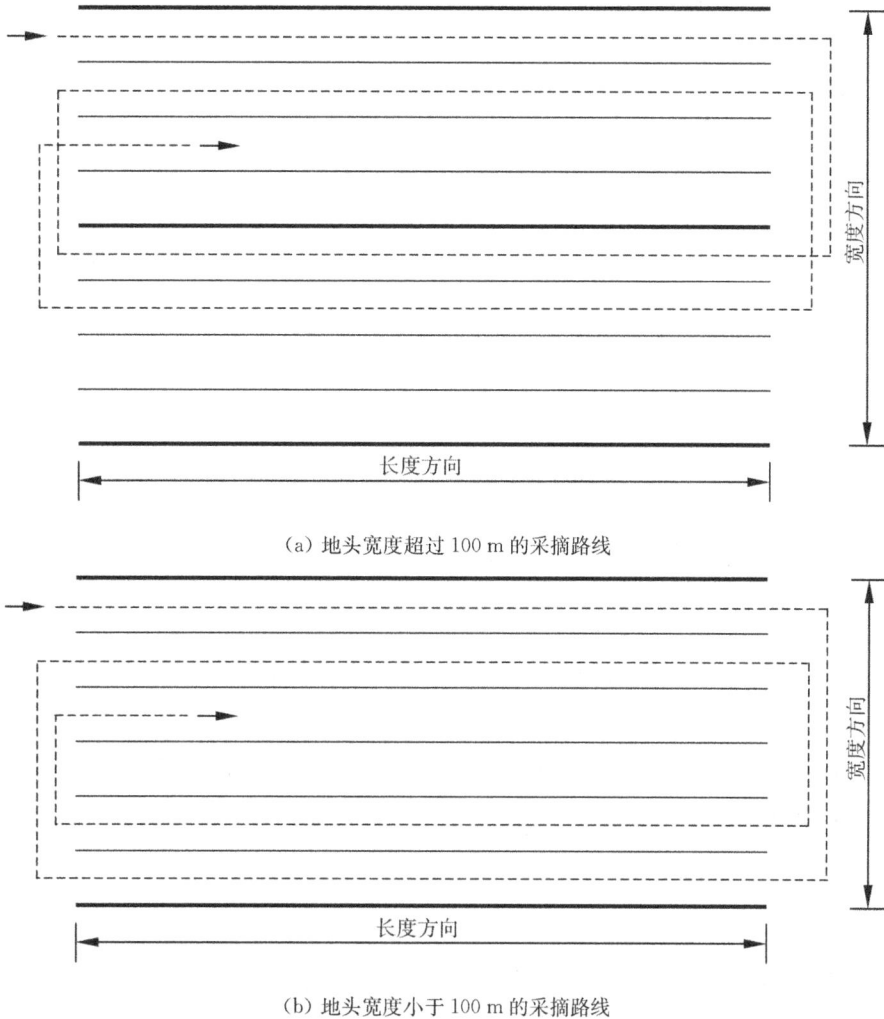

**图 5-99 采棉机采摘路线**

三、操作及安全注意事项

（1）持证上岗，遵守操作规程。

（2）行驶中严格遵守交通规则。

（3）不准酒后开车，不准疲劳驾驶。

（4）不准将机具停放在无人值守和不安全的地方。

（5）会识别安全信息，对采棉机上的安全警告标志的意思应完全理解。

（6）未经正规培训、不完全熟悉采棉机的人，禁止操作采棉机。

（7）采棉机只能由一人操作，不许带乘他人。

（8）作业期间不得在机车上跳上跳下，上下机器时保持与台阶及扶手栏杆的接触并面向机器抓紧扶栏。

（9）机具电气线路不准随意改装，维修操作必须规范。

（10）严禁在发动机运转时加注燃油。应先切断总电源，在室外远离明火、火花处加油。

（11）严禁在斜坡、台阶处及高架电线附近停车及卸棉，防止溜车。

（12）采棉机各部位有缠草或棉絮时要及时清除，以防起火。

（13）严禁在采棉机上或靠近采棉机棉垛附近抽烟，不得用明火照明。

（14）驾驶员应会正确使用灭火器，掌握急救方法，知道应急电话。

（15）采棉机发生意外火灾时，应及时分离风机、采棉头，顺风卸棉，同时立即通知相关部门人员救火，尽可能避免人身事故。

（16）火灭后认真清查，根除隐患，并将采棉机停在安全地方。

（17）不要打开热的散热器的端盖检查水位。

（18）禁止在湿润系统中使用易燃的凡士林稀释剂。

（19）每天检查轴承是否过热或间隙是否过大，及时调整或更换。

（20）转弯时要减速。

（21）棉箱在升起状态下，禁止开动采棉机。

（22）输送链工作时，禁止进入棉箱。

（23）远离旋转的传动轴及运转的发动机。

（24）对采棉头进行清理前，发动机应先熄火，并拔下启动钥匙，手、脚和衣服远离旋转零件。

（25）棉箱处于举升位置时，将棉箱油缸锁定阀扳至锁定位置，才能去棉箱下面工作。

（26）定期清理和维护电瓶，在维护和清理时防止打火和电解液伤人。

四、采棉机技术保养

1. 清理采棉机

（1）保持发动机和发动机部件干净，没有棉枝、棉绒或油污等。

（2）清理棉箱顶部和侧板，使杂物能从棉箱内出来，从而确保箱内棉花的质量。

（3）清理驾驶室后部的清洗液箱区域，从棉箱出来的棉花和杂物会积聚在这里。

（4）清理变速箱区域，棉箱里以及棉株上的棉花和杂物会掉到这里。

（5）保持湿润刷柱区域的清洁，尽量避免湿润刷损坏并达到最好的清洗效果。

（6）保持分禾器内部的清洁以降低仿形重量从而达到最好的仿形效果。

（7）保持脱棉盘区域和棉花出口处没有杂物积聚，以免影响棉流并磨损脱棉盘。

（8）通过保养门检查和清洁气舱，避免棉绒积聚。

（9）清除机器底部、轮胎和驱动轴上的棉绒和泥巴。

（10）清洁风机部件以避免杂物堆积，防止皮带和轴承损坏。

2. 灭火器的检查

（1）操作指示标牌应没有损坏并且清晰可读，否则须更换。

（2）铅封和拔销应没有损坏或丢失，如果有缺损须更换。

（3）检查灭火器指示表，指示表必须完好同时指针必须在绿色区域，否则须填充或更换。

（4）仔细检查灭火器,如发现明显的损伤、变形、泄漏或喷嘴堵塞,须更换。

（5）用秤称量或手掂量灭火器的重量以判断干粉是否装满,根据需要更换。

（6）在采摘季节开始前,以及在采摘季节中,每天早晨必须检查灭火器。

（7）灭火器的填充和维修必须由经过培训的专业人员来进行。

（8）采摘过程中随时都有发生火灾的危险,要经常对灭火器进行清理并保持机器的清洁,根据采收情况每天必须进行至少一次彻底清理工作。

3. 定期保养

可根据采棉机使用情况,对机车的相应部位进行定期的保养。4MZ-5采棉机保养周期表见表5-15。

表 5-15 4MZ-5 型采棉机保养周期表

| 序号 | 保养 | 10 h | 50 h | 100 h | 250 h | 400 h | 600 h | 2 000 h | 每年 | 每 2 年 |
|---|---|---|---|---|---|---|---|---|---|---|
| 1 | 润滑摘锭座杆、太阳齿轮系、上齿轮系、凸轮轨道,使用车载润滑系统 | ● | | | | | | | | |
| 2 | 清理加湿系统滤网 | ● | | | | | | | | |
| 3 | 清洁棉箱后油缸的底座周围 | ● | | | | | | | | |
| 4 | 清洁脱棉滚筒、摘锭加湿器、吸入门、采棉滚筒和基础的周围、摘锭座杆的后面 | ● | | | | | | | | |
| 5 | 润滑棉箱举升摇臂轴承 | ● | | | | | | | | |
| 6 | 润滑棉箱摇臂卸载油缸轴承 | ● | | | | | | | | |
| 7 | 检查棉箱输送链板链条的张力 | ● | | | | | | | | |
| 8 | 清洁发动机、发电机、风机、变速箱和制动器上的棉绒及垃圾 | ● | | | | | | | | |
| 9 | 润滑采棉头驱动万向联轴节的上、下叉 | ● | | | | | | | | |
| 10 | 复位数字转速表到正常运行状态 | | ● | | | | | | | |
| 11 | 润滑脱棉滚筒的下轴承 | | ● | | | | | | | |
| 12 | 清除启动电机周围的棉绒 | | ● | | | | | | | |
| 13 | 润滑采棉头举升气缸和转轴销 | | ● | | | | | | | |
| 14 | 润滑风机前后轴承 | | ● | | | | | | | |
| 15 | 润滑发动机风扇联轴节、曲轴和怠速轴销 | | ● | | | | | | | |
| 16 | 润滑采棉头交叉轴 | | ● | | | | | | | |
| 17 | 润滑前驱动轴外部轴承 | | | ● | | | | | | |
| 18 | 清洁受腐蚀的电瓶连接系统 | | | ● | | | | | | |
| 19 | 润滑静液压万向节 | | | ● | | | | | | |

续表

| 序号 | 保养 | 10 h | 50 h | 100 h | 250 h | 400 h | 600 h | 2 000 h | 每年 | 每2年 |
|---|---|---|---|---|---|---|---|---|---|---|
| 20 | 润滑采棉头升降螺套 | | | ● | | | | | | |
| 21 | 润滑最终驱动轴连轴器 | | | ● | | | | | | |
| 22 | 润滑采棉头支撑框架滚筒 | | | ● | | | | | | |
| 23 | 润滑导向轴和轴销 | | | ● | | | | | | |
| 24 | 检查采棉头锥齿轮箱润滑液液面,如有必要添加润滑液 | | | ● | | | | | | |
| 25 | 检查变速箱油液液面,如有必要添加油液 | | | ● | | | | | | |
| 26 | 拧紧导向轴的拐角螺栓 | | | ● | | | | | | |
| 27 | 清洁或更换润滑系统滤清器 | | | | | ● | | | | |
| 28 | 检查最终驱动系统的机油油面 | | | | | ● | | | | |
| 29 | 排空液压/静液压机油,更换机油滤清器,添加机油 | | | | | ● | | | | |
| 30 | 取下脱棉滚筒轴承盖,清除润滑脂并重新加注润滑脂 | | | | | ● | | | | |
| 31 | 用比重计检查冷却液状况 | | | | | ● | | | | |
| 32 | 检查车轮轴承,如有必要,重新安装 | | | | | ● | | | | |
| 33 | 检查驱动轮边减油箱机油油面 | | | | | ● | | | | |
| 34 | 润滑制动器踏板轴销 | | | | | ● | | | | |
| 35 | 润滑采棉头惰轮轴承 | | | | | ● | | | | |
| 36 | 检查座椅 | | | | | ● | | | | |
| 37 | 添加液态冷却液调节剂 | | | | | | | | ● | |
| 38 | 更换燃油滤清器部件 | | | | | | | | ● | |
| 39 | 排空、冲洗并充满冷却液系统 | | | | | | ● | | | |
| 40 | 排空并加满最终驱动器 | | | | | | | ● | | |
| 41 | 排空并加满变速箱 | | | | | | | ● | | |
| 42 | 检查发动机气门挺杆间隙 | | | | | | | ● | | |

注:表中"●"表示需要进行该项工作的周期。

### 质量检测

1. 棉花采净率在 90% 以上,采净率＝(总铃数－总损失铃数)/总铃数×100%。总损失铃数包括三部分:撞落损失、遗留损失、挂枝损失。

2. 籽棉含杂率小于 10%,籽棉含杂率＝籽棉杂质质量/籽棉总质量×100%。常规手工采收的籽棉含杂率在 1% 以下,含水 3%～5%,杂质以叶片、尘土为主;采棉机采收的籽棉含杂率应控制在 6%～9%，杂质以叶片居多，此外还有铃壳、枝杆、僵桃、僵瓣、土块等，籽棉含水一般为 10%～12%。

3. 采摘过程无失误操作。

4. 能合理选择采摘路线和卸棉位置。

### ◉ 故障诊断与排除

作业中，4MZ-5 型采棉机的常见故障、故障产生原因及排除方法，见表 5-16～5-26。

表 5-16　4MZ-5 型采棉机采棉头部件常见故障、故障产生原因及排除方法

| 故障 | 产生原因 | 排除方法 |
|---|---|---|
| 棉株不能进入或不能完全进入分禾器 | 没有正确调整分禾器 | 调整分禾器 |
| | 分禾器弯曲或被堵塞 | 检查分禾器是否损坏，并且润滑铰链 |
| | 栅格倾斜 | 重新安装栅格条 |
| 棉花仍留在枝上 | 压力板调节不当或弯曲，且铰链损坏、压力不足 | 调整、重新安装或修理压力板 |
| | 供水系统未调节好，摘锭过脏 | 清理摘锭，调整供水系统 |
| | 摘锭不脱棉 | 检查并调整摘锭和栅格条，检查润湿系统 |
| | 润滑系统有故障 | 视操作情况调整供水总量 |
| | 摘锭齿钝 | 更换摘锭 |
| | 多节棉花 | 调整压力板 |
| | 采棉头转动太慢 | 调节采棉头传导动皮带 |
| | 采棉头输入离合器故障 | 调整采棉头输入离合器的扭矩，更换损坏的离合器 |
| | 摘锭不转 | 更换摘锭驱动齿轮及弹性销 |
| 采棉头采摘后掉落棉过多 | 采摘速度过快或用第二挡速度采棉 | 降低采摘速度或用第一挡速度采摘 |
| | 压力盘太松或者弯曲、铰链损坏 | 调整、修理或者更换压力盘 |
| | 排气口和排水管及吸气堵塞门太湿 | 清洗、检查供水系统是否泄漏，调整空气系统 |
| | 栅格倾斜、丢失或不能调整 | 调节或更换栅格 |
| | 分禾器没有对正棉行 | 调整采棉头行距 |
| | 分禾器过高 | 降低分禾器 |
| | 摘锭不脱棉 | 检查并调整摘锭和摘锭座杆，检查润湿系统 |
| | 摘锭过度磨损或钩齿钝 | 更换摘锭 |
| 低处的棉桃漏采 | 分禾器太高 | 降低分禾器 |
| | 摘锭过度磨损或钩齿钝 | 更换摘锭 |
| | 采棉头调节过高或过平 | 调整采棉头高度和倾斜度 |
| | 棉花导杆调节过高 | 调整棉花导杆 |
| | 高度仿形调整不正确 | 调整高度探测器 |

续表

| 故障 | 产生原因 | 排除方法 |
|---|---|---|
| 采棉头采摘<br>绿桃过多 | 压力板调整过紧 | 调整压力板 |
| | 怠速鼓筒-离合器打滑 | 检查怠速离合器并更换损坏部件 |
| | 第二挡采摘或采摘速度过快 | 调整采摘速度、使用第一挡速度采摘 |
| | 采棉头离合器打滑 | 检查离合器齿部是否损坏、扭矩调整是否适当 |
| | 栅格丢失或变形 | 更换栅格 |
| | 分禾器延伸部分和采棉头前端出现间隙 | 重新调整分禾器延伸部分的位置 |
| 棉花过脏 | 采棉头门过脏 | 清洗采棉头门 |
| | 栅格弯曲或丢失 | 更换栅格 |
| | 采棉头太低或太平 | 调整采棉头的高度和倾斜度 |
| 吸气门或气管堵塞 | 污垢堆积在吸气门处 | 清洗吸气门 |
| | 吸气门和风筒连接形成交叉阻碍 | 调整吸气门和风筒 |
| | 吸气门潮湿 | 清理保养供水系统、增加摘锭清洁剂比率、降低压力设置 |
| | 喷嘴堵塞 | 清洗喷嘴处的棉絮或污垢 |
| | 空气泄漏 | 修理空气泄漏处 |
| | 风机转速降低 | 调整风机皮带，让风机在额定的速度下运转 |
| | 风机转子叶片过脏或堵塞 | 清洗转子叶片 |
| 摘锭不脱棉 | 摘锭高度不正确 | 调整摘锭高度 |
| | 摘锭断裂或严重磨损 | 更换摘锭 |
| | 摘锭的使用不正确 | 正确使用摘锭 |
| | 供水系统的调节、操作或清理不正确 | 清洗并调整供水系统 |
| | 润湿系统出故障 | 检查溶液比率是否正确以适应操作状况 |
| | 摘锭螺母衬套损坏 | 更换衬套,保证润湿器垫片和摘锭垂直 |
| | 摘锭不在同一个水平面内转动 | 增加或减少摘锭座杆下端旋转轴底面垫片的数量 |
| | 摘锭座杆螺栓松动或损坏 | 更换螺栓 |
| | 没有调节润湿柱 | 调节润湿柱,润湿器垫片必须摩擦摘锭表面 |
| | 脱棉滚筒倾斜不当 | 用曲度规和隔距片调节脱棉滚筒 |
| 摘锭沾满<br>绿色污点 | 润湿系统不干净,操作和调整不对 | 彻底清洗和调整润湿系统 |
| | 棉花叶没有被除掉 | 正确除掉棉花叶 |
| | 摘锭清洗液中的润湿剂或添加剂比率不对 | 以正确的比率使用润湿剂或摘锭清洗剂 |
| | 冲洗系统使用不正确 | 正确使用冲水系统 |
| | 没有调节润湿器柱 | 重新调整润湿器柱 |

续表

| 故障 | 产生原因 | 排除方法 |
|---|---|---|
| 采棉机噪音太大 | 摘锭座杆旋转摆臂与凸轮发生摩擦 | 更换或修理采棉头 |
| | 摘锭座杆润滑不良,快速运动时产生尖叫声 | 润滑摘锭座杆 |
| | 摘锭倾斜不正确 | 重新调整摘锭 |
| | 摘锭衬套损坏 | 更换衬套 |
| | 摘锭或者摘锭螺母撞击栅格(轻拍声) | 更换或者调整栅格 |
| | 摘锭滑动轴承损坏 | 更换滑动轴承 |
| | 摘锭座管螺栓松动 | 重新调整并拧紧螺栓 |
| | 摘锭太低 | 调整摘锭高度 |
| | 摘锭撞击压力板 | 调整压力板 |
| 滚筒离合器打滑 | 离合器结合子损坏 | 更换离合器 |
| | 棉絮堆积在润湿器柱里 | 清洗润湿器 |
| | 摘锭座杆弯曲 | 更换摘锭座杆 |
| | 滚筒被夹住 | 清除障碍物 |
| | 摘锭太低 | 调整摘锭高度 |
| 采棉头输入离合器打滑 | 摘锭座杆弯曲 | 更换摘锭座杆 |
| | 油脂太硬 | 换用推荐的摘锭润滑脂 |
| | 摘锭被缠绕 | 清理摘锭、调整润滑系统 |
| | 离合器结合子损坏 | 更换离合器 |
| | 离合器弹簧调整不到位 | 调整垫片、增加压力 |
| | 摘锭或摘锭座杆轴承或衬套损坏失灵 | 更换轴承或衬套 |
| | 摘锭太低 | 调整摘锭高度 |
| 脱棉盘过度磨损 | 润湿系统出故障 | 重新调整润湿系统 |
| | 摘锭安装得太紧 | 重新安装摘锭 |
| | 摘锭弯曲 | 更换摘锭 |
| | 摘锭衬套损坏 | 更换衬套 |
| | 摘锭太高或太低 | 调整摘锭至适当的高度 |
| 润湿器垫片过度磨损或损坏 | 润湿器柱超出调节范围之外 | 调整柱的高度、角度和位置 |
| | 摘锭衬套损坏 | 如果摘锭晃动明显则更换衬套 |
| | 润湿器柱太脏 | 清洗润湿器柱 |
| | 摘锭超出调节范围之外 | 调节摘锭的高度和倾斜度以消除摘锭上的缠绕物 |
| 湿润器系统的压力损失过大 | 皮带破裂或打滑 | 更换或绷紧皮带 |
| | 润湿系统堵塞 | 清洗并调整系统 |
| | 软管破裂 | 更换软管 |
| | 软管过脏、堵塞 | 用排水管给系统灌油清洗 |

表 5-17　4MZ-5 型采棉机自动高度控制常见故障、故障产生原因及排除方法

| 故障 | 产生原因 | 排除方法 |
|---|---|---|
| 采棉头不下降 | 仿形蹄片被夹住 | 调整连杆以使仿形蹄片和连杆能自由移动 |
| | 采棉头吸气门被卡住 | 调整或更换采棉头吸气门 |
| | 液压管路堵塞 | 清洗液压管路 |
| | 液压换向阀阀芯被卡住 | 检查阀芯 |
| | 换向阀管路接错 | 重新连接管路 |
| | 油缸的安全挡块没有撤出 | 将安全挡块拉出 |
| 采棉头不升高 | 采棉头上的连接风筒被卡住 | 调整连接部件 |
| | 液压换向阀阀芯被卡住 | 检查阀芯 |
| | 换向阀管路接错 | 重新连接管路 |
| | 液压管路堵塞 | 清洗液压管路 |
| | 液压油油面过低 | 添加液压油 |

表 5-18　4MZ-5 型采棉机棉箱举升常见故障、故障产生原因及排除方法

| 故障 | 产生原因 | 排除方法 |
|---|---|---|
| 棉箱下降不彻底或被卡住 | 罩网螺栓阻碍 | 将传送带导向调整到中心位置 |
| | 油缸失去常态并且棉箱倾斜 | 用吊车或其他提升机构来彻底升高棉箱,并且调整油缸至常态 |
| | 在中心上面的插销脱不开 | 除掉快锁销,将角部支撑移到中心位置,重新安装快锁销使插销不能合上;升高或降低举升装置使棉箱在自由状态下移动 |
| | 滑动面的摩擦 | 给传送带滑动导杆加注润滑油 |
| 棉箱升降太慢 | 控制阀上的油孔被堵塞 | 清理油孔 |
| 左边的棉箱插销不起作用 | 棉箱升降左右不均匀 | 将前棉箱举高孔用销插住 |
| | 油缸失去常态并且棉箱倾斜 | 通过吊车或其他提升机构来彻底升高棉箱,并且调整油缸至常态 |
| 在运输过程中棉箱升起 | 控制阀内部泄漏 | 在运输位置或更换阀等零件时,用销别住左前角 |
| 降低棉箱时,风筒不能正确地下降 | 风筒被杂物卡住 | 清理水箱、驾驶室后方及风筒与驾驶室之间的杂物 |
| | 内外风筒被杂物卡住 | 清理风筒等 |
| | 平台上的铰链板位置不对 | 在降低棉箱之前,将铰链板旋转向上放置 |
| | 风筒悬挂架锁定销结合 | 取出锁定销 |

表 5-19　4MZ-5 型采棉机棉箱控制常见故障、故障产生原因及排除方法

| 故障 | 产生原因 | 排除方法 |
|---|---|---|
| 棉箱不降低 | 组合阀体电磁阀线圈有故障 | 检查线圈是否短路 |
| | 棉箱连杆调整不正确 | 调整连杆 |
| | 液压油油面太低 | 添加液压油 |
| | 组合阀体电磁阀线圈失效 | 正确使用电磁阀 |

续表

| 故障 | 产生原因 | 排除方法 |
|---|---|---|
| 棉箱不升高 | 棉箱升降油缸锁止阀关闭 | 打开锁止阀 |
| | 组合阀体电磁阀线圈有故障 | 检查线圈是否短路 |
| | 组合阀体电磁阀互锁系统出错 | 调整或修理互锁系统 |
| | 组合阀体电磁阀线圈失效 | 正确使用电磁阀 |
| | 液压油油面太低 | 添加液压油 |
| 棉箱不能均匀升降 | 油缸调整不正确 | 调整油缸 |
| | 油缸和枢轴润滑不良 | 给油缸和枢轴的接触面加注润滑油 |
| 棉箱盖不能被均匀打开 | 棉箱盖连接件没有连在正确的连接孔中 | 将棉箱连接件装到正确的连接孔中 |

表5-20 4MZ-5型采棉机静液压驱动常见故障、故障产生原因及排除方法

| 故障 | 产生原因 | 排除方法 |
|---|---|---|
| 连接件受阻 | 球形接头及其他连接过度磨损或损坏 | 加注润滑油或更换连接件 |
| | 连接件弯曲或干涉 | 调整连杆或球头连接件 |
| | 控制轴卡住或抱死 | 加注润滑油或更换轴承 |
| | 液压驱动件控制轴卡住或抱死 | 请咨询制造公司 |
| 系统过热（报警灯亮） | 冷却中心的空气通道堵塞 | 清理冷却中心 |
| | 风扇皮带打滑或损坏 | 绷紧或更换风扇皮带 |
| | 液压件压力过度释放 | 转到低速挡 |
| | 侧面的滤网堵死 | 清理滤网 |
| 采棉机停止工作（不能向前或向后） | 液压系统电压不足,不能驱动控制开关 | 将液压控制杆调到中间挡并重新启动 |
| | 液压系统泄漏,不能维持系统压力 | 检查泄漏的地方,修理或更换零件 |
| | 变速箱不工作 | 检查变速箱或连接杆 |
| | 液压油油面太低 | 检查泄漏情况,添加液压油 |
| | 系统有空气泄漏 | 拧紧结合部分 |
| | 马达和变速箱的连接部分损坏 | 按技术要求维修 |
| | 从发动机到泵之间的管路连接有缺陷 | 按技术要求维修 |
| | 机油滤清器堵塞 | 更换滤芯 |
| | 液压件压力过度释放 | 转到低速挡 |
| 变速箱很难变挡或根本不变挡 | 液压控制杆不在空挡位置 | 调节液压控制杆到空挡位置或调整液压连杆 |
| 机器行驶速度不稳 | 机油油面过低 | 检查泄漏情况,加注机油 |
| | 机油滤清器堵塞 | 更换滤芯 |
| | 液压件压力过度释放 | 转到低速挡位置 |
| | 液压控制杆慢慢滑至空挡 | 按技术要求更换摩擦片或弹簧 |

| 故障 | 产生原因 | 排除方法 |
|---|---|---|
| 机器不响应液压系统 | 连接太松或损坏 | 按要求检查维修 |
| | 机油滤清器堵塞 | 更换滤芯 |
| | 系统有空气泄漏 | 拧紧结合部分,检查是否有损坏的液压管路 |
| | 机油油面太低 | 检查泄漏情况,加注机油 |
| 动力不足或动力损失 | 机油油面太低 | 检查泄漏情况,加注机油 |
| | 机油滤清器堵塞 | 更换滤芯 |
| | 油管或连接件有泄漏或损坏 | 按技术要求检查维修 |
| | 驱动系统不能维持或建立负荷压力 | 检查液压系统 |
| 采棉机在空挡位置时不能启动或液压控制杆在任何运行状态下采棉机都能启动 | 采棉头控制杆不在中间位置 | 调整液压控制杆到中间位置 |
| | 安全开关失去控制,导线有故障或开关不起作用 | 检查导线连接 |
| 变速箱在通气孔处漏油 | 液压控制杆加油过量 | 排出过量的油 |

**表 5-21　4MZ-5 型采棉机在位系统(驾驶员在位系统)常见故障、故障产生原因及排除方法**

| 故障 | 产生原因 | 排除方法 |
|---|---|---|
| 在位系统(位置按钮)没有达到预期效果 | 检查驾驶员在位系统是否失效 | 如果不能按要求工作,请咨询制造公司 |

**表 5-22　4MZ-5 型采棉机发动机系统常见故障、故障产生原因及排除方法**

| 故障 | 产生原因 | 排除方法 |
|---|---|---|
| 发动机很难启动或根本就不能启动 | 安全开关不起作用 | 更换开关 |
| | 油箱空 | 加油 |
| | 压缩比太低 | 送修 |
| | 电瓶输出低 | 查看电解液面高度和常用电瓶的比重,如果需要,重新给电瓶充电 |
| | 启动电路中电阻过大 | 清理并拧紧电瓶与启动机之间所有的连接件 |
| | 曲轴箱润滑油黏度太大 | 排干曲轴箱润滑油,注入正确黏度和质量的润滑油 |
| | 用汽油代替柴油或使用其他不正确的燃油或旧油 | 排干原有燃油,注入适合运转的燃油 |
| | 在油路系统中有水、污物或空气 | 排干、冲洗,填注燃油并放气 |
| | 节气门连接太松或不能正确调节 | 检查节气门连接并做适当的调整 |
| 发动机运转不正常或经常停机 | 冷却液温度过低 | 运转发动机直到温度足够并检查节温器 |
| | 燃油滤清器或滤网堵塞 | 更换滤芯并将燃油放气,清理滤网 |
| | 燃油系统中混有水、灰尘或空气 | 将燃油排干、冲刷后再加注燃油并放气,清理滤网 |

续表

| 故障 | 产生原因 | 排除方法 |
|---|---|---|
| 功率不足 | 发动机过载 | 降低机器速度 |
| | 进气受阻 | 清理空气滤清器 |
| | 节温器不合适 | 更换合适的节温器 |
| | 燃油滤清器堵塞 | 更换滤清器 |
| | 燃油质量不好 | 使用正确牌号的燃油 |
| | 发动机过热 | 检查冷却系统、散热器,配气正时 |
| | 节气门向后蠕动 | 将仪表盘上的枢轴螺栓拧紧 |
| | 液压控制杆没有转动 | 将枢轴紧固并检查其约束情况 |
| | 燃油排放口阻塞或受限制 | 检查并清洗油箱盖上的排油口 |
| 发动机过热 | 发动机超载 | 降低机器速度 |
| | 冷却液液面过低 | 将散热器中的冷却液加到合适高度,检查散热器或软管有无泄漏或连接松动 |
| | 散热器盖不合适 | 检修散热器盖 |
| | 侧部滤网过脏 | 清洗滤网 |
| | 冷却系统的主要部分(散热器、静液压油以及空调冷凝器)过脏或滤网过脏 | 将冷却系统主要部分的外部及滤网的外部所有异物清除掉;定期清除蒸气;检查滤网密封 |
| | 节温器有故障 | 修理或更换节温器 |
| | 风扇皮带松或过度磨损 | 更换已损坏的皮带 |
| | 润滑油黏度不合适 | 更换正确黏度的润滑油 |
| | 冷却系统阻塞 | 清洗并注满散热器 |
| | 运转时仅有水而无油 | 注入适量的冷却液 |
| 发动机温度低于正常状态 | 节温器、仪表或信号发送装置有故障 | 对节温器、仪表和其他装置进行检查 |
| 机油油压过低 | 曲轴箱中的机油油面过低 | 添加适量机油 |
| | 机油牌号不对 | 排干曲轴箱中的机油并注入合适黏度和质量的机油 |
| 发动机消耗机油过多 | 机油泄漏或发动机过热 | 检查垫圈和油塞周围有无泄漏 |
| | 曲轴箱中的机油黏度太小 | 排干曲轴箱中的机油并注入合适黏度和质量的机油 |
| | 进气系统受阻 | 检查空气滤清器并清理进气管 |
| | 曲轴箱通风口软管阻塞 | 清除污物 |
| 发动机消耗燃油过多 | 燃油牌号不合适 | 选择使用正确牌号的燃油 |
| | 空气滤清器受阻或脏污 | 清理空气滤清器 |
| | 发动机过载 | 减少载荷或降低速度 |

续表

| 故障 | 产生原因 | 排除方法 |
|------|---------|---------|
| 发动机排放灰烟或黑色烟尘 | 燃油牌号不合适 | 选择使用正确牌号的燃油 |
| | 空气滤清器受阻或脏污 | 清理空气滤清器 |
| | 发动机过载 | 减少载荷或降低速度 |
| | 消声器有故障 | 拆下消声器并运转发动机,如果发动机能正常工作,更换消声器 |
| | 燃油系统中混有空气 | 给燃油系统放气,检查所有的连接件是否有漏气现象,油箱中的油量是否足够 |
| 发动机排放白烟 | 发动机过冷 | 启动发动机直至其温度达到正常的工作温度 |
| | 燃油牌号不合适 | 选择使用正确牌号的燃油 |
| | 节温器有故障,太冷或温度额定值不对 | 调节节温器 |
| 电瓶不供电 | 电瓶有毛病 | 调整或更换电瓶 |
| | 交流发电机的皮带较松 | 调节或更换皮带 |
| | 连接线松动或腐蚀 | 清理并拧紧连接部位 |
| | 液压控制安全开关不起作用 | 将液压控制杆调整至中间位置 |
| | 配线松动或腐蚀或电瓶连线松动 | 清理并将松动的连接件紧固 |
| | 起动机线圈有毛病 | 修理或更换线圈 |
| | 天气太冷 | 安装新电瓶,保持正确的电解液比重,低温天气下将电瓶充满电 |

表 5-23    4MZ-5 型采棉机电路系统常见故障、故障产生原因及排除方法

| 故障 | 产生原因 | 排除方法 |
|------|---------|---------|
| 电压表指示电瓶电压过低(钥匙插上使发动机停止) | 启动—停止操作过于频繁 | 让发动机运转的时间长一些 |
| | 供电电压过低 | 检查供电线路 |
| | 电流回路电阻太大 | 检查供电线路 |
| | 电瓶有故障 | 给电瓶再充电或更换电瓶 |
| 电压表指示电瓶电压过低(发动机运转时) | 发动机速度过低 | 提高转速 |
| | 电瓶有故障 | 给电瓶再充电或更换电瓶 |
| | 交流发电机有故障 | 检查交流发电机 |
| | 皮带打滑 | 检查并绷紧皮带 |
| 电压表指示电瓶电压过高 | 交流发动机的连接有问题 | 检查线路的连接 |
| | 调压器有故障 | 检查调压器 |
| 风机执行器不能合上 | 皮带保护杆、风机执行器螺母松动 | 拧紧皮带上的螺母 |

表 5-24    4MZ-5 型采棉机制动系统常见故障、故障产生原因及排除方法

| 故障 | 产生原因 | 排除方法 |
|------|---------|---------|
| 刹车踏板无压力感(发动机运转停止时) | 系统中混有空气 | 排放制动器中的空气 |
| | 踩制动踏板时很费劲 | 清除制动蹄片上的油或其他异物 |

表5-25 4MZ-5型采棉机驾驶室系统常见故障、故障产生原因及排除方法

| 故障 | 产生原因 | 排除方法 |
|---|---|---|
| 通风不良 | 空气分布不良 | 调整导入空气的天窗,调整加热器到较高的温度,将增压机调整到压力较低的位置 |
| | 门的运动轨迹不恰当 | 调整门的运动轨迹 |
| 空气流量不足 | 空气滤清器阻塞 | 清洗滤清器 |
| | 空气进口滤网阻塞 | 清洗滤网 |
| | 加热器中心的空气流量受阻 | 用压缩空气清洗脱水器和机架 |
| | 电线连接松动 | 将电线接牢固 |
| 水从加热器的中心箱体滴漏或流出 | 软管夹松动 | 紧固夹子 |
| | 加热器软管破裂 | 更换软管 |
| | 加热器中心管路破裂 | 修理管路 |
| | 水滴弄脏操作面板 | 清理蒸发器面板和出口 |
| | 回水管路阻塞 | 清理回水管路 |
| | 线路有故障或松动 | 修理或更换线路 |
| 驾驶室中有异味 | 空气滤清器脏 | 清洗空气滤清器 |
| | 蒸发器冷凝器面板脏污 | 清理面板和出口 |
| | 排放管路堵塞 | 清理排放管路 |
| | 蒸发器外部出现烟气和焦油 | 清理滤清器 |
| 冷却条件不好的同时出现结霜和水珠 | 压缩机皮带打滑 | 更换皮带或带轮(如果磨损) |
| | 制冷剂减少 | 检查视野玻璃上有无气泡以及系统中有无泄漏,如有,添加冷媒 |
| 从蒸发器中吹出冰粒 | 温度设置太低 | 调节温度控制器到合适的温度 |
| | 吹风速度不够 | 提高吹风速度 |
| 不能制冷 | 空气滤网脏污 | 清洗滤网 |
| | 滤清器脏污 | 清洗滤清器 |
| | 两侧滤网板或散热器表面有杂物堵塞 | 清洗两侧滤网板或散热器 |
| | 冷凝器肋片上有棉绒或杂物 | 用压缩空气清洗冷凝器肋片 |
| | 压缩机驱动皮带松动 | 张紧皮带 |
| | 加热器接通 | 关闭加热器 |
| | 压缩机离合器不能结合 | 检查线路 |
| | 线路连接松动 | 紧固线路 |
| | 外部温度太低(低于零下21℃) | 在较暖和的天气条件下作业。如果系统中有故障,请咨询制造公司 |
| 不能制冷 | 冷凝器过热 | 检查冷凝器滤网、中心部位和冷凝器的肋片,检查油路冷却器和散热器 |
| 膨胀阀发出咝咝声 | 冷却剂不足 | 添加冷却剂 |
| | 冷却系统受阻 | 排除软管打结等故障 |

| 故障 | 产生原因 | 排除方法 |
|---|---|---|
| 电压表指针指在电压较低的红色区域 | 交流发电机堵塞 | 清理交流发电机滤网内、外部的垃圾 |
| | 交流发电机不能提供电能 | 在钥匙插上而发动机熄火状态下检查交流发电机电线上的电压 |
| | 电负荷过大 | 熄灭电灯,把风机的速度降至中等或较低的位置。清理空气调节器的滤网、芯部和滤清器 |
| | 润滑油黏度不合适 | 使用推荐的润滑油 |
| 加热器不能加热 | 加热器中有空气 | 给加热器放气 |
| | 发动机中的节温器有故障 | 更换节温器 |
| | 空气调节器接通 | 关闭空气调节器 |
| | 发动机的截流阀关闭 | 打开截流阀 |
| 收音机或录音机不能正常工作 | 保险丝烧毁 | 更换保险丝 |
| 收录机的声音效果不好 | 磁头有氧化物 | 清洗磁头 |
| 缺乏高频响应并且背景声音增加 | 磁头被氧化 | 使用消磁器,使磁头远离磁化用具 |
| 磁带转动不稳定或较慢 | 磁带本身有故障 | 维修或更换磁带 |
| 自动转换频道功能失效 | 频道开关脏污 | 用磁带清洗液或异丙基乙醇清洗频道开关 |

**表 5-26  4MZ-5 型采棉机润滑系统常见故障、故障产生原因及排除方法**

| 故障 | 产生原因 | 排除方法 |
|---|---|---|
| 灯或时钟不能正常工作 | 润滑油缺乏 | 添加润滑油 |
| | 油箱排放口堵塞 | 清洗排放口 |
| | 润滑泵皮带松动或断裂 | 调整或更换皮带 |
| | 电动离合器不能咬合 | 检查开关到泵的线路 |
| | 灯泡烧毁 | 更换灯泡 |
| | 电路连线不正确 | 检查维修电路 |
| | 抽油管泄漏 | 拧紧接头 |
| | 手动操作时压力开关出现故障 | 更换开关 |
| | 滤清器堵塞 | 更换滤清器 |
| | 润滑油黏度不合适或天气温度较低 | 使用推荐的润滑油 |
| 时钟工作正常,润滑油分配不合适 | 软管卷曲、损坏或破裂 | 检查并更换软管 |
| | 润滑油管路中有异物 | 清洗管路 |
| | 润滑油黏度不合适 | 使用推荐的润滑油 |

续表

| 故障 | 产生原因 | 排除方法 |
|---|---|---|
| 时钟或泵<br>不能正确关闭 | 开关损坏或断裂 | 更换开关 |
| | 电线破损且与元器件短接 | 修理电线 |
| | 压力开关有故障 | 更换开关 |
| 润滑油输送泵<br>不工作 | 线路接反 | 将反接的线路正接 |
| | 润滑油黏度不合适 | 使用推荐的润滑油 |
| | 泵与泵之间的连接有问题 | 修理或更换连接件 |
| | 软管卷曲、损坏或破裂 | 检查并更换软管 |